MANNING

React 实战

React IN ACTION

[美] 马克·蒂伦斯·托马斯（Mark Tielens Thomas） 著

任发科 陈伟 蒋峰 邱巍 译

人民邮电出版社

北京

图书在版编目（CIP）数据

React实战 /（美）马克·蒂伦斯·托马斯
(Mark Tielens Thomas) 著 ; 任发科等译. -- 北京 :
人民邮电出版社, 2020.5（2023.3 重印）
书名原文: React in Action
ISBN 978-7-115-53192-6

Ⅰ. ①R… Ⅱ. ①马… ②任… Ⅲ. ①移动终端—应用
程序—程序设计 Ⅳ. ①TN929.53

中国版本图书馆CIP数据核字(2019)第291625号

版权声明

◆ 著　[美] 马克·蒂伦斯·托马斯（Mark Tielens Thomas）
译　任发科 陈 伟 蒋 峰 邱 巍
责任编辑　杨海玲
责任印制　王 郁 焦志炜
◆ 人民邮电出版社出版发行　北京市丰台区成寿寺路 11 号
邮编　100164　电子邮件　315@ptpress.com.cn
网址　http://www.ptpress.com.cn
北京七彩京通数码快印有限公司印刷
◆ 开本：800×1000　1/16
印张：19.25　2020 年 5 月第 1 版
字数：429 千字　2023 年 3 月北京第 8 次印刷
著作权合同登记号　图字：01-2018-4835 号

定价：69.00 元

读者服务热线：(010) 81055410　印装质量热线：(010) 81055316
反盗版热线：(010) 81055315
广告经营许可证：京东市监广登字20170147号

内容提要

本书涵盖了构建 React 应用所涉及的概念和 API，全书共 13 章，分为 3 个部分，从 React 的核心思想和关键点讲起，并随着进展涉及更具体和高级的主题。首先介绍 React 的核心思想，探讨了 React 的一些关键点，展示 React 如何适应使用者的开发过程；然后开始深入 React，描述数据如何在 React 中流动，介绍组件生命周期 API，开始构建 Letters Social 示例项目，处理表单以及路由的关键部分；最后将注意力专门放在把应用转换到使用 Redux，介绍 Redux 状态管理方案，探索服务器端渲染，并简要地介绍 React Native 项目。

本书结构清晰，内容由浅入深，适合任何对 React 感兴趣，想学习 React 的读者，也适合前端开发人群。

译者简介

任发科 火币网高级研发总监，曾任职亚马逊、唯品会等多家互联网公司，担任研发和技术管理工作，有丰富的软件架构、开发和管理经验。个人长期从事和关注高效研发组织的构建和管理，并有丰富的团队管理实践。近年来主要关注和从事研发效能、DevOps 体系的建立，目前从事稳定性工程的相关工作。

陈　伟 哗啦啦前端架构师，曾在唯品会、火币等公司任前端工程师和前端架构师。对 JavaScript 语言以及 Node.js、Vue、React 等前端框架有深入理解，并在前端组件化方向有深入的工程化研究。目前致力于可视化的页面编辑器的设计和开发，赋能产品与前端，提升公司开发效率。

蒋　峰 火币网资深前端工程师，曾就职于国家农业信息化中心、阿里健康、融数金服等从事软件研发、基础架构等工作，目前主要负责火币网前端相关产品研发管理工作。早年间致力于微软.NET 框架研发，近年来专注于前端研发体系架构，有大量的 C#、Node.js 和 JavaScript 项目开发经验，对 Electron 跨平台应用有极大的兴趣与研究。目前正在积极推进企业内中后台微前端应用方案的验证与实施。

邱　巍 现就职于哗啦啦研发中心，曾就职于作业盒子、融数金服、火币网等从事软件研发工作，目前主要负责数据可视化基础组件研发。对图表绘制、图表交互、数据建模与分析等相关内容有极大兴趣。目前致力于提供展现更准确、分析更高效的数据可视化工具研发。

前言

当我最初开始学习和使用 React 的时候，JavaScript 社区刚开始从一个快速创新和颠覆的周期安定下来。React 正变得很流行，而 JavaScript 社区在诸多方面仍旧像《狂野西部》一样。我对 React 这一技术感到兴奋，因为它展现出真正的希望。心智模型似乎很可靠，组件让构建 UI 变得更简单，API 灵活且富于表达性，整个项目看起来“恰到好处”。暂且不提 API 外观、可用性和理论基础，还有一个事实就是，对我来说 React 真的很酷，而且我喜欢用它。

自那时起，已经发生了很多变化——与此同时，有些方面并没有太多改变。React 的基本概念和 API 基本保持不变，但已经涌现和演化出一套知识和最佳实践，而且有更多的人在使用它。一个由库和相关技术组成的开源生态正蓬勃发展。会议、聚会和社区或多或少都会涉及 React。React 核心团队在 React 的版本 16 重写了 React 内部架构，它既保持了向后兼容又为未来的大量创新铺平了道路。所有这些“没有太大变化的改变”都指向我所认为的 React 的最大优势之一：维持稳定性和创新之间的紧张关系，在不让人望尘莫及的情况下推动采用。

鉴于以上原因，React 持续占据技术主导地位而且只会变得更加流行。许多大公司、无数的创业公司以及其他各类公司都在以某种方式使用它。许多目前没有使用 React 的公司正尝试切换到 React 来将它们的前端应用现代化。

React 的流行发展并未拘囿于 Web——它还向其他平台进军。React Native，React 在移动平台的港口，也成为一项重大创新。它展示了 React 的“一次学习，到处编写”的方法。将 React 作为平台的想法意味着不要局限于将其用于基于浏览器的应用。

让我们忘记对 React 的大肆宣传并聚焦于本书应该为读者做什么。我对本书的主要期望是它能帮助读者有效地理解和使用 React，它甚至可以让读者更好地全面构建用户界面，即使一点点。我无意参与流行词驱动的开发或推动读者转向“魔法”技术，相反，我将赌注压在健壮的心智模型以及结合实际例子的深入理解会让读者用 React 做不可思议的事情，无论自己做还是和别人一起。

关于作者

Mark Tielens Thomas 是一位全栈软件工程师和作者。他和他妻子在南加州生活和工作。Mark 喜欢解决大规模工程问题并带领团队交付高影响力、高价值的解决方案。他深爱上好的咖啡、很多书、快速的 API 以及漂亮的系统。他为 Manning 出版社写作并在个人博客上创作。

资源与支持

本书由异步社区出品，社区（https://www.epubit.com/）为您提供相关资源和后续服务。

配套资源

本书提供本书源代码，要获得这一配套资源，请在异步社区本书页面中点击 配套资源 ，跳转到下载界面，按提示进行操作即可。注意：为保证购书读者的权益，该操作会给出相关提示，要求输入提取码进行验证。

如果您是教师，希望获得教学配套资源，请在社区本书页面中直接联系本书的责任编辑。

提交勘误

作者和编辑尽最大努力来确保书中内容的准确性，但难免会存在疏漏。欢迎您将发现的问题反馈给我们，帮助我们提升图书的质量。

当您发现错误时，请登录异步社区，按书名搜索，进入本书页面，点击“提交勘误”，输入勘误信息，点击“提交”按钮即可。本书的作者和编辑会对您提交的勘误进行审核，确认并接受后，您将获赠异步社区的100积分。积分可用于在异步社区兑换优惠券、样书或奖品。

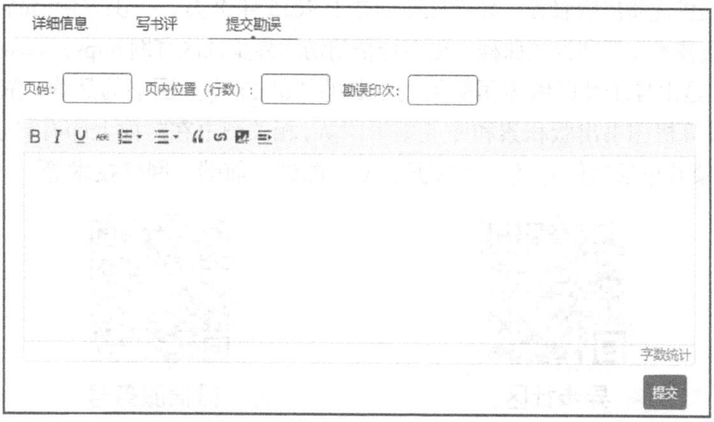

扫码关注本书

扫描下方二维码，您将会在异步社区微信服务号中看到本书信息及相关的服务提示。

与我们联系

我们的联系邮箱是 contact@epubit.com.cn。

如果您对本书有任何疑问或建议，请您发邮件给我们，并请在邮件标题中注明本书书名，以便我们更高效地做出反馈。

如果您有兴趣出版图书、录制教学视频，或者参与图书翻译、技术审校等工作，可以发邮件给我们；有意出版图书的作者也可以到异步社区在线投稿（直接访问 www.epubit.com/selfpublish/submission 即可）。

如果您来自学校、培训机构或企业，想批量购买本书或异步社区出版的其他图书，也可以发邮件给我们。

如果您在网上发现有针对异步社区出品图书的各种形式的盗版行为，包括对图书全部或部分内容的非授权传播，请您将怀疑有侵权行为的链接发邮件给我们。您的这一举动是对作者权益的保护，也是我们持续为您提供有价值的内容的动力之源。

关于异步社区和异步图书

“异步社区”是人民邮电出版社旗下 IT 专业图书社区，致力于出版精品 IT 技术图书和相关学习产品，为作译者提供优质出版服务。异步社区创办于 2015 年 8 月，提供大量精品 IT 技术图书和电子书，以及高品质技术文章和视频课程。更多详情请访问异步社区官网 https://www.epubit.com。

“异步图书”是由异步社区编辑团队策划出版的精品 IT 专业图书的品牌，依托于人民邮电出版社近 30 年的计算机图书出版积累和专业编辑团队，相关图书在封面上印有异步图书的 LOGO。异步图书的出版领域包括软件开发、大数据、AI、测试、前端、网络技术等。

异步社区　　微信服务号

致谢

别等到事情完美才与他人分享。尽早展示，频繁展示。当我们到达时它会变漂亮，但沿途并非如此。

——Ed Catmull，《创新公司：皮克斯的启示》

有价值的努力很少是独立完成的，但许多情况下，成功却完全归于一个人或几个人，这种将功劳归于少数人的方式掩盖了致力于最终目的的更大的贡献者网络。那些声称“独自完成”的人常常没有意识到其他人帮助他们的方式，无论通过示范帮助他们还是通过指示帮助他们。另外，他们也没有意识到在社区中工作的力量会推动其获得更为难以企及的成功和卓越。独自工作意味着受限于个人（并且只有个人）能做什么，合作却可以通过让我们敞开心胸接受谦虚、新想法、不同视角和无价的反馈来提供一条通往卓越的道路。

我不会愚蠢到认为这本书是我一个人写的，哪怕这种想法只有一秒。我的手指敲击了键盘，我的名字出现在封面上，但那并不意味着这是个人秀。不，就像我生命中所有让我感恩的东西，这本书是由一群聪明、谦逊和有爱心的人所组成的丰富多彩的社区的结果，他们愿意对我付出耐心、善意，有时还有严苛。

首先，我要感谢我的妻子 Haley。她是我的开心果、我最好的朋友、我的创作伙伴。她已经为这本书忍受了很长时间。深夜，更多深夜，没完没了地讨论这本书。她这位才华横溢的优秀作家在我遇到写作障碍时帮助我，在我感觉成书无望时鼓励我。她始终如一地爱和祈祷，总是在我低谷时抚慰我，在我自我怀疑时质疑我，在欢乐时与我一同分享。她在整个过程中一直非常出色，我迫不及待地想要报答她，在她未来想写的许多书上帮助她。我会一直无限地感激她。

我还要感谢在这个过程中支持我的我生命中的其他人。我真诚地感谢拥有这样一个美妙的家庭。我妈我爸——Annmarie 和 Mitchell——在我编写本书的过程中（以及我整个生命中）一直鼓励我，他们还承诺完整地读这本书，虽然我不会强迫他们这么做。我两个哥哥——David 和 Peter——也一直支持和鼓励我，他们没有承诺读这本书，但我会在接下来的一年里（或者不管多长时间）大声读给他们听。我的那些教友、玩伴和工友也一直非常热心地帮助我，他们帮了很大的忙，一直通过追问“写完了没？”来激励我，而且容忍我对 React 的解释。我还要感谢我的教授，特别是 Diana Pavlac Glyer 博士，她教我如何思考和写作。

Manning 出版社的工作人员在我写作的过程中提供了很多帮助。我要特别感谢 Marina Michaels（开发编辑）、Nickie Bruckner（技术开发编辑）和 German Frigerio（技术检验员），他们花了无数小时阅读和帮助我写作。没有他们就不会有这本书。我还要感谢 Brian Sawyer 联系我写这本书以及 Marjan Bace 最初给我写这本书的机会。Manning 出版社的每个人都致力于帮助世界各地的人们以有效的方式学习有影响力的重要技能和概念，我坚信并很高兴能帮助进一步履行 Manning 出版社的教育使命。

关于本书

这是一本关于 React 的书，React 是构建 Web 用户界面的库。本书涵盖了构建 React 应用所涉及的概念和 API。读者将会在阅读本书的过程中使用 React 构建一个示例社交网络应用。这个应用将涉及各种主题，从添加动态数据到服务器端渲染。

目标读者

本书是为那些想要学习 React 的人写的，无论是软件工程师、工程副总裁、首席技术官（CTO）、设计师、工程经理、大学或编程训练营的学生，还是其他对 React 感兴趣的人，都适合阅读。读者可以根据自己的需要，将注意力集中在本书的不同部分。我在本书的第一部分先介绍 React，并随着学习进展涉及更具体和高级的主题。

如果读者对 JavaScript 有一定了解，会有更好的阅读体验。本书大量使用了 JavaScript，但不是一本关于 JavaScript 的书。我不会涉及 JavaScript 的基本概念，但如果它们与 React 的讨论相关，我会稍加涉及。如果读者对 JavaScript 基本熟练并理解如何通过 JavaScript 进行异步编程，那么应该能够通读示例。

本书还假定读者已经从技术角度了解构建前端 Web 应用的一些基础知识——了解基本浏览器 API 会很有帮助。我们将使用 Fetch API 这样的东西进行网络请求、设置和读取 cookie，处理用户事件（按键、点击等），我们还会与库打交道（尽管不是非常多）。熟悉现代前端应用的基本知识会帮助读者最大限度地利用本书。

幸运的是，我已经将所有围绕工具和构建过程（这也是构建现代 Web 应用的必要部分）的复杂性抽象出来。项目的源代码包含了所有依赖和构建工具，因此读者应该不必为了阅读本书而去理解 Webpack 和 Babel 是如何工作的。总而言之，读者应该至少基本熟练 JavaScript 和一些前端 Web 应用概念才能充分享受阅读本书的乐趣。

路线图

本书共 13 章，分为 3 个部分。

第一部分介绍 React。第 1 章先介绍 React 的核心思想。它探讨 React 的一些关键点，展示 React 如何适应使用者的开发过程，看看 React 能做什么以及不能做什么。第 2 章是“展示代码”的章。我将带领读者钻研 React API 并用 React 组件构建一个示例评论框。

第二部分开始深入 React。读者将在第 3 章看到数据如何在 React 中流动，了解组件生命周期 API，并在第 4 章开始构建 Letters Social 示例项目。这个项目将贯穿本书的剩余部分。第 4 章会介绍从应用源代码设置项目，并解释本书的剩余部分如何使用它。第 5 章到第 9 章更深入介绍 React。第 5 章涉及表单处理，并教会读者用另一种方式来处理 React 中的数据和数据流。第 6 章延续相同的思路并基于第 5 章的工作成果构建更复杂的 React 地图展示组件。第 7 章和第 8 章处理路由这一几乎所有现代前端应用的关键部分。读者将从头构建一个路由器并设置应用处理多个页面。第 8 章继续介绍路由，并与 Firebase 平台进行集成，以便能够对用户进行身份验证。最后，第 9 章介绍 React 应用和组件的测试。

第三部分涉及更高级的 React 主题，并将注意力专门放在把应用转换为使用 Redux。第 10 章和第 11 章介绍 Redux 这个状态管理方案。将应用转换为使用 Redux 之后，我们将在第 12 章探索服务器端渲染。这一章还涉及将自建路由器转换为 React Router。第 13 章会简要地介绍 React Native，另一个 React 项目，这一项目允许开发人员为移动设备（iOS 和 Android）编写 JavaScript React 应用。

关于代码

本书使用两组主要的源代码。对于前两章，读者将处理项目代码库之外的代码。读者将能够在 CodeSandbox 这个在线代码平台上运行这些代码示例。该平台负责打包代码并实时运行，因此读者不必操心搭建构建过程。

第 4 章将搭建项目源代码。这些源代码可以从出版社网站及以 React in Action 命名的本书 GitHub 仓库上下载，项目最终结果运行在 https://social.react.sh。每章或者每几章有自己的 Git 分支，读者可以轻松地切换到后续章或者跟随本书的项目进程。所有源代码都在 GitHub 上，欢迎读者随时在 GitHub 上提问。

应用的 JavaScript 都使用 Prettier 进行格式化，用最新的 ECMAScript 规范（本书编写时是 ES2017）编写。Prettier 使用该规范中的概念、语法和方法。项目包含了 ESLint 配置，但如果读者想修改它以适应自己的需要，请随意。

软件和硬件要求

本书没有严格的硬件要求。读者可以自由使用任何类型的计算机（物理机或是像 Cloud9 这样的虚拟机提供者），但我不会解决开发环境差异所造成的不一致问题。如果问题出现在单独的包中，这些包的代码库或 Stack Overflow 是寻求帮助的最好选择。

至于软件，下面是一些要求和建议。

- 示例项目的构建过程使用 Node.js，因此需要安装最新的稳定版。查看第 4 章了解更多 Node.js 搭建的信息。
- 还需要一个文本编辑器和 Web 浏览器，建议使用 Visual Studio Code、Atom 和 Sublime Text。
- 将使用 Chrome 作为本书的主要浏览器，特别是它的开发者工具。

关于封面插图

本书封面插图的标题为 *The Capitan Pasha, Derya Bey, admiral of the Turkish navy*。Pasha 上尉是奥斯曼帝国海军的最高指挥官。这幅画取自奥斯曼帝国的套装合集，由伦敦老邦德街（Old Bond Street）的 William Miller 在 1802 年 1 月 1 日出版。该合集的标题页已遗失，我们无法追查到它的日期。书的目录用英语和法语标识出这些图，每幅插图上都有两位创作这幅插画的艺术家的名字，如果他们发现自己的艺术品出现在 200 年后的计算机书籍的封面上，毫无疑问，他们一定会感到吃惊。

Manning 出版社的一位编辑在麦哈顿西 26 街“Garage”的古董跳蚤市场购买了这个合集。卖家是一位驻土耳其安卡拉的美国人，交易发生时他正在收拾摊位。Manning 出版社的编辑没有带够购买所需的大量现金，而信用卡和支票都被礼貌地拒绝了。由于卖家当晚要飞回安卡拉，情况变得越来越没有希望。怎么办？结果是达成了以握手保证的老式口头协议。卖家简单地建议把钱汇给他，而编辑走时带着一张写有银行信息的纸以及夹在腋下的一组画。不用说，我们第二天就转了钱，我们仍对这位不知名的人对我们中的一员保有的信任心存感激，并对他印象深刻。这幅画让人回忆起发生在很久之前的事情。

我们在 Manning 出版社赞美基于两个世纪前丰富多彩的地域生活的书籍封面的创作性、首创性，以及计算机业务的乐趣，这些生活从这些图片中恢复生机。

目录

第一部分　初识 React

第二部分　React 中的组件和数据

第一部分

初识 React

如果你近两年开发过前端 JavaScript 应用，可能已经听说过 React 了。即使你刚刚接触用户界面构建，可能也已经听说过它了。就算这是第一次听说 React，你应该也已经接触过 React：有很多非常流行的应用使用了 React。如果你使用过 Facebook，观看过 Netflix，或者在 Khan 学院学习过计算机科学，那就已经用过 React 创建的应用了。

React 是一个用于构建用户界面的库。它由 Facebook 的工程师创建，自其发布以来就在 JavaScript 社区掀起了热潮。过去几年中，它日益普及，成为很多团队和工程师构建动态用户界面的首选工具。实际上，React 的 API、思维模型和活跃的社区结合在一起，已经将 React 的开发带到了其他平台，包括移动端甚至虚拟现实。

本书将探索 React，看看它成为如此成功且有用的开源项目原因何在。第一部分将从头开始学习 React 的基础知识。由于构建健壮的 JavaScript UI 应用所涉及的工具可能非常复杂，我们将避免陷入这些工具之中，并专注于学习 React API 的方方面面。我们也会避免“魔法”，并致力于建立对 React 及其工作原理的具体理解。

第 1 章将从较高层次学习 React。我们将介绍一些重要思想，如组件、虚拟 DOM，以及 React 中的一些权衡和取舍。第 2 章会大致过一遍 React 的 API，并通过创建一个简单的评论框组件来着手实践 React。

第1章 初识React

本章主要内容

- React 概述
- React 的一些高层概念和范式
- 虚拟 DOM
- React 中的组件
- 就团队而言的 React
- 使用 React 的一些权衡

如果你在技术行业中做 Web 工程师，可能听说过 React。有可能是从网上听到的，如 Twitter 或 Reddit。可能是朋友或同事提到了它，又或者是在一次聚会上听到了有关它的讨论。无论是在哪儿，我敢打赌，听到的要么是赞美要么是怀疑。大部分人对 React 这样的技术有着鲜明的观点。有影响力的技术往往会产生这样的效应。这些技术流行起来并触及更广泛的受众前，最初通常只会有很小一部分人“了解它”。React 就是以这种方式开始的，但现在它在 Web 工程全球极受欢迎并被广泛使用。它的流行并非没有原因：它不但提供了很多东西而且能够重新激发、更新甚至转变你思考和构建用户界面的方式。

1.1 初识 React

React 是一个用于构建跨平台用户界面的 JavaScript 库。React 给予开发者强大的思维模型并帮助开发者以声明式和组件驱动的方式构建用户界面。这是 React 最宽泛和最简短的定义，我们将在本书中详细解释这些观点。

在广阔的 Web 工程领域中，React 位于何处？React 经常在 Vue、Preact、Angular、Ember、Webpack、Redux 以及其他知名 JavaScript 库和框架的相同领域中被谈及。React 通常是前端应用的主要部分并且与我们刚刚提到的其他库和框架拥有类似的特性。事实上，相比以往，许多流行的前端技术现在都与 React 莫名地类似。曾几何时，React 的做法是新颖的，而其他技术自那时就被 React 的组件驱动、声明式做法所影响。React 持续保持“重新思考已建立的最佳实践”的精神，其主要目标是为开发人员提供一种富有表现力的思维模型和一种高性能的技术来构建 UI 应用。

是什么使得 React 的思维模型如此强大？这是因为它利用了计算机科学和软件工程技术的深层领域。React 的思维模型广泛使用了函数式和面向对象编程的概念，并重点将组件作为构建的主要单元。React 应用中，开发人员可以用组件创建用户界面。React 的渲染系统管理着这些组件并保持着应用视图的同步。组件通常对应着用户界面的一个部分，如日期选择器、页头、导航等，但它们也可以负责客户端路由、数据格式化、样式以及客户端应用的其他职能。

React 中的组件应该易于理解并很容易与其他 React 组件集成；它们遵循可预测的生命周期，能够维护自己的内部状态，并与“常规 Javascript”兼容。我们将在本书的后续部分深入探讨这些理念，但目前我们可以先从较高层次来看看它们。图 1-1 给出了 React 应用的主要“成分”的概览。

让我们大致了解一下每个部分。

- 组件——封装的功能单元，它是 React 的主要单元。它们利用数据（属性和状态）将 UI 渲染为输出。我们将在第 2 章及之后的各章中探讨 React 组件处理数据的方式。某些类型的 React 组件也提供了一组可以“挂载”的生命周期方法。渲染过程（基于数据输出和更新 UI）在 React 中是可预见的并且组件可以使用 React 的 API“挂载”到其中。
- React 库——React 使用一组核心库。React 库的核心与 `react-dom` 和 `react-native` 紧密配合，其侧重于组件规范和定义。它让开发者能够构建一棵浏览器或其他平台的渲染器所能使用的组件树。`react-dom` 就是这样一个渲染器，它针对的是浏览器环境和服务器端渲染。React Native 库专注于原生平台，它能够为 iOS、Android 和其他平台创建 React 应用。
- 第三方库——React 并不自带数据建模、HTTP 调用、样式库或其他前端应用的常见工具。这使开发人员可以在自己的应用中自由地使用其他代码、模块或者其他中意的工具。尽管这些常见技术并没有与 React 捆绑在一起，但围绕 React 的更广泛的生态系统中却充满了极为有用的库。本书中，我们将使用其中一些库，并将在第 10 章和第 11 章研究 Redux——一个状态管理库。
- 运行 React 应用——React 应用运行在开发人员为之构建应用的平台上。本书关注的是 Web 平台并构建了一个基于浏览器和服务器的应用，而其他诸如 React Native 和 React VR 这样的项目则创造了应用在其他平台上运行的可能性。

本书中我们会花大量的时间来探索 React 的方方面面，但开始之前可能会有一些问题。React 真的有所帮助吗？还有谁在使用 React？权衡使用或不使用 React 的依据有哪些？在采用一项新技术之前，这些都是希望得到回答的重要问题。

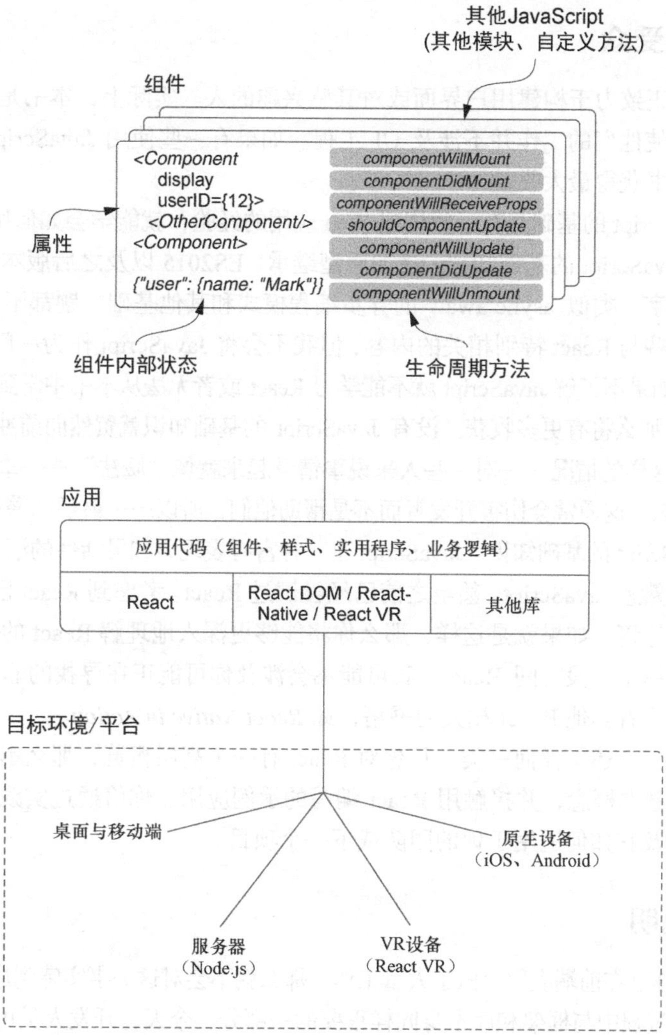

图 1-1 React 能够用组件创建用户界面。组件维护了自身的状态，使用“vanilla”JavaScript[①]编写与运行，并从 React 继承了许多有用的接口。大部分 React 应用是为基于浏览器的环境编写的，但也可以用于 iOS 和 Android 这样的原生环境。关于 React Native 的更多信息，查阅 Nader Dabit 的 *React Native in Action*，也可以从 Manning 出版社网站获取

① 这实际上是作者开的一个小玩笑。一个叫 Vanilla JS 的框架声称自己是占有率最高的库，各大顶级公司如 Facebook、Google、Amazon 等都在使用它。它的官方文档还说自己的使用量是 jQuery、Prototype、YUI 等框架的总和还多。框架不需要下载，因为浏览器已经内置了这个框架。在它的官方网站中它非常严肃地声明了上述事实。但实际上，Vanilla JS 指的就是原生的 JavaScript，这个框架及它的官网只是一个玩笑而已，作者在这里用这个玩笑指代原生 JavaScript。——译者注

1.1.1 本书的受众

本书面向那些正致力于构建用户界面或对其感兴趣的人。实际上，本书是写给任何对 React 感兴趣的人的，即使他们的工作并不涉及 UI 工程。如果有一些使用 JavaScript 构建前端应用的经验，读者将从本书获得最大收益。

只要了解 JavaScript 的基础并有一些构建 Web 应用的经验，就能学会如何用 React 构建应用。本书中不会涉及 JavaScript 的基础知识。诸如原型继承、ES2015 以及之后版本的代码、强制类型转换、语法、关键字、类似 async/await 的异步编程模式和其他基础主题都不在本书的范围内。我只会稍微涉及一些与 React 特别相关的内容，但我不会将 JavaScript 作为一门语言来深入研究。

这并不意味着如果不了解 JavaScript 就不能学习 React 或者无法从本书中学到任何东西。但如果你学过 JavaScript，那么将有更多收获。没有 JavaScript 的基础知识就贸然向前冲会让事情变得更加困难。可能会遇到这样的情况——对一些人来说事情看起来就像“魔法”——事情可以奏效，但这些人却不理解为什么。这通常会伤害开发者而不是帮助他们，所以……最后的警告是：在学习 React 之前要先熟悉 JavaScript 的基础知识。JavaScript 是一种富有表现力和灵活性的语言，你会爱上它的！

你可能已经很熟悉 JavaScript，甚至之前已经尝试过 React。考虑到 React 已经变得如此流行，这并不会让人太过惊讶。如果就是这样，那么你将能够更深入地理解 React 的一些核心概念。但是，如果你已经使用了一段时间 React，我可能不会涉及你可能正在寻找的非常特定的主题。对于这类读者，可以看看其他 React 相关的书籍，如 *React Native in Action*。

你可能不属于（上述）任何一类，只想对 React 有一个高层概览，那么本书对你同样适用。你将了解 React 的基本概念，并接触用 React 编写的示例应用。你将通过实践了解构建 React 应用的基础知识，以及它如何适用于你的团队或下一个项目。

1.1.2 工具说明

如果过去几年你已在前端应用上做了大量工作，那么就不会对这一事实感到惊讶——围绕应用的工具已经成为开发过程中与框架和库本身同样重要的一部分。今天，开发人员可能会在应用中使用 Webpack、Babel 或其他工具。这些工具和其他工具在本书中占据什么位置？你需要知道哪些东西呢？

你并不需要精通 Webpack、Babel 或其他工具就能阅读这本书。我创建的示例应用使用了为数不多的重要工具，你可以通过阅读示例应用中的配置代码来了解这些工具，但我在本书中不会深入介绍这些工具。工具变化的速度很快，更重要的是，深入讨论这些主题将远远超出本书的范围。当工具与我们的讨论相关时，我一定会提示，但除此以外我将避免涉及它。

我还觉得，学习像 React 这样的新技术时，工具可能会让人分心。你已经试着让自己的思维转换到一套新的概念和范例，为什么还要学习复杂的工具来扰乱它呢？这就是为什么第 2 章要先着重学习“原生”React，然后再介绍那些需要构建工具的特性，如 JSX 和 JavaScript 语言的一些特性。你需要熟悉的一个工具是 npm。npm 是 JavaScript 的包管理工具，我们将使用它安装项目依赖并在命令行运行项目命令。你可能对 npm 已经很熟悉了，但如果没有，不要因此而放弃阅读本书。你只需要最基本的命令行和 npm 技能就能继续。

1.1.3　谁在使用 React

当涉及开源软件时，谁使用它（以及谁不使用它）不只是关乎流行的问题。它影响使用该技术的体验（包括支持、文档和安全修复的可用性）、社区的创新水平，以及某个工具的潜在生命周期。那些有着活跃社区、健壮生态以及各种各样的贡献者经验和背景的工具，使用起来通常会更有趣、更容易，总体上也更顺利。

React 最初是一个小项目但现在广受欢迎并已经拥有了活跃的社区。没有社区是完美的，React 社区也不例外，但就开源社区而言，它具有许多成功的要素。此外，React 社区还包含其他较小的开源社区的子集。这令人生畏，因为 React 生态系统看起来非常庞大，但它也使社区更加健壮和多样。图 1-2 展示了一张 React 生态系统的地图。在本书的整个过程中，我提到了各种各样的库和项目，如果想要更多地了解 React 生态系统，我整理了一份指南放在我的博客上。我将持续更新它并确保它随生态系统演进。

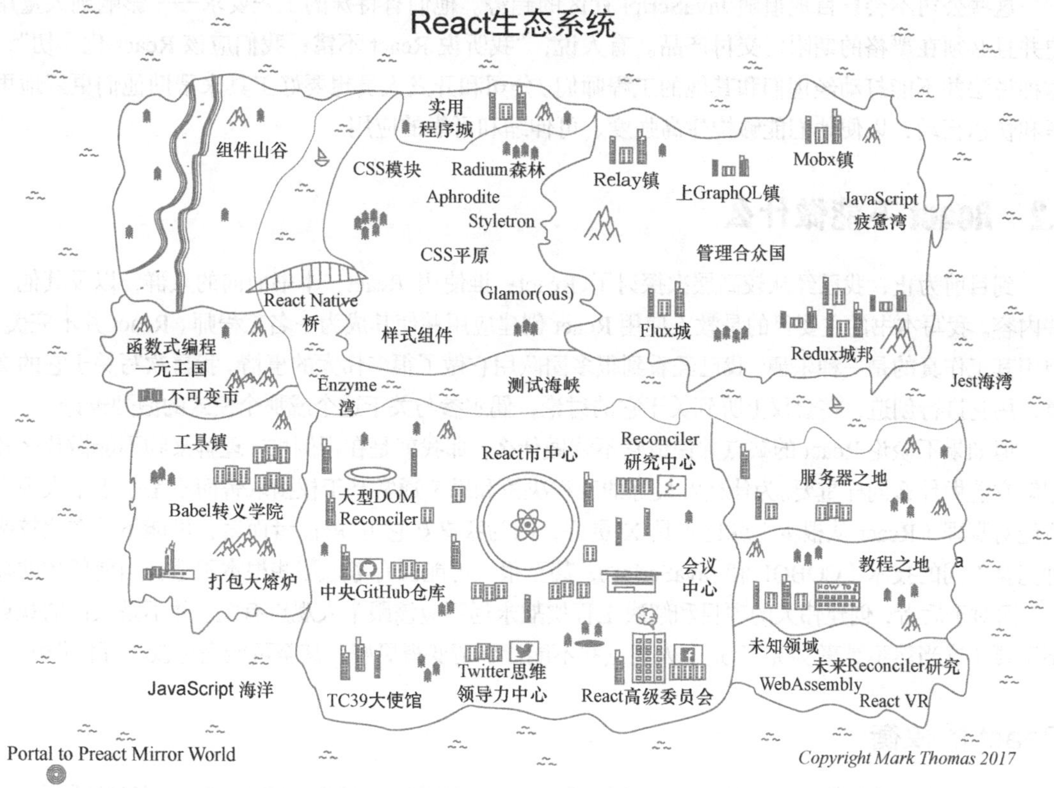

图 1-2　React 生态系统的地图是丰富多彩的，甚至比我在这里表示的还要多

虽然开源（项目）可能是开发人员与 React 互动的主要方式，但你可能每天都在使用 React 开发的应用。许多公司以令人兴奋的不同方式使用 React，下面是使用 React 来为其产品助力的一些公司：

- Facebook；
- Netflix；
- New Relic；
- Uber；
- Wealthfront；
- Heroku；
- PayPal；
- BBC；
- Microsoft；
- NFL；
- 还有更多！
- Asana；
- ESPN；
- Walmart；
- Venmo；
- Codecademy；
- Atlassian；
- Asana；
- Airbnb；
- Khan Academy；
- FloQast；

这些公司不会盲目地追随 JavaScript 社区的趋势。他们有特殊的工程要求——影响到大量用户并且必须在严格的期限内交付产品。有人说，"我听说 React 不错；我们应该 React 化一切"，这种说法并不能打动经理们和其他的工程师们。公司和开发人员想要好工具来帮助他们更好地思考和快速行动，以便他们能够构建高强度、可伸缩和可靠的应用。

1.2 React 不能做什么

到目前为止，我已经从较高层次探讨了 React：谁使用 React，本书面向的人群，以及其他一些内容。我写本书的主要目的是教人使用 React 创建应用并使其成为一名工程师。React 并不完美，但用其工作真的是一种乐趣，我已经看到很多团队用它做了很多伟大的事情。我喜欢写关于它的文章，用它进行创造，在会议上听到关于它的讨论，偶尔参与关于这个或那个模式的激烈辩论。

但如果不谈论 React 的缺点并说清它不能做什么，那我就是在帮倒忙。理解某物不能做什么和理解它能做什么同样重要。为什么？最好的工程决策和思考通常基于权衡取舍而不是基于个人观点或绝对真理（React 从根本上就比工具 X 更好，因为我喜欢它）。就前者而言，可能不是在比较两种完全不同的技术（COBOL 和 JavaScript），甚至很大可能没有考虑那些根本不适合当前任务的技术；而对于后者，创建伟大的项目和解决工程挑战永远不应该跟个人观点有关。并不是人们的观点不重要（这当然不是事实），而是个人观点并不能让事情变得更好，甚至可能完全没有任何作用。

React 的权衡

如果权衡是良好软件评估和讨论的基本，那么 React 中有什么权衡？首先，React 有时被称为"只是视图"。这可能会被误解，因为它会让人认为 React 只是一个像 Handlebars 或 Pug（曾用名 Jade）

的模板系统，或者它必须是 MVC（模型-视图-控制器）架构的一部分。这都不对。React 可以是这两种东西，但它可以做得更多。为了让事情更简单，我将更多地用 React 是什么而非 React 不是什么来描述 React，例如，“只是视图”。React 是一个声明性的、基于组件的库，用于构建在各种平台上，甚至是未来的虚拟现实平台上（React VR）工作的用户界面：Web、原生、移动、服务器和桌面。

这导致了第一个权衡：React 主要关注 UI 的视图方面。这意味着它并不是通过构建来完成更为全面的框架或库所要做的诸多工作。与 Angular 这样的框架进行一个快速比较可能有助于真正理解这一点。在最近的主要发布中，较之以前，Angular 在概念和设计方面与 React 有了更多的共同点，但在其他方面，它涵盖了比 React 更大的领域。Angular 包含了下列内置解决方案：

- HTTP 调用；
- 表单构建和验证；
- 路由；
- 字符串和数字格式化；
- 国际化；
- 依赖注入；
- 基本数据建模原语；
- 自定义测试框架（尽管这并不像其他领域那样是什么重要的区别）；
- 默认包含的服务 worker（一种用 worker 形式来执行 JavaScript 的方法）。

够多了，以我的经验看，人们对伴随一个框架而来的所有特性通常会有两种反应[①]。要么类似“哇，我不需要自己搞定所有这些事了”，或者是“哇，我都没法选择自己做事情的方式了”。Angular、Ember 这类框架的好处是，它们通常有精心设计的方式来做事。例如，Angular 中的路由是由内置的 Angular 路由器完成的，HTTP 任务都是通过内置的 HTTP 例程完成的，等等。

这种方式没有什么本质上的错误。我曾在使用这种技术的团队中工作过，我也在采用更灵活的方式的团队中工作过，团队会选择“只把一件事做好”的技术。我们用这两种技术都取得了很好的效果。我个人倾向于“自主选择，专精一事”的方法，但这真的不是非此即彼，这只是权衡。对于 HTTP、路由、数据建模（尽管它确实对视图中的数据流有自己的看法，我们稍后会看到），或者其他可能在 Angular 这类框架中看到的东西，React 并没有内置的解决方案。如果团队认为没有单一框架就绝对做不了事，那么 React 可能不是最佳选择。但依我的经验看来，大多数团队都想要 React 的灵活性以及它带来的思维模型和直观 API。

React 的灵活方式的一个好处是可以自由地选择对于工作来说最好的工具。不喜欢某个 HTTP 库的工作方式？没问题，用其他库替换它。想要用不同的方式编写表单？放手去做，没问题！React 提供了一组强大的原语。公平地说，其他框架，如 Angular，通常也允许把东西换掉，但实际起作用的和社区支撑的做事方式通常是把所有东西内置或包含进来。

拥有更多自由的明显缺点是，如果习惯了像 Angular 或 Ember 这样的更全面的框架，那么需

① 绝非有意一语双关，看，这是一本关于反应（React）的书，就是这样。

要为应用的不同领域想出或者找到自己的解决方案。这是好是坏取决于诸多因素，如团队开发人员的经验、工程管理偏好，以及其他特定于具体情况的因素。"通用型"和"专一型"这两种方式都有非常充分的理由。我更倾向于相信这种方法：将决定或创建正确工具的责任交给团队，随着时间推移去适应和做出灵活的、视情况而定的有关工具的决策。再考虑到无比广阔的 JavaScript 生态系统——终归会为正在解决的问题找到些东西。但最终，实际上优秀的、高影响力的团队会用这两种方式（有时在同一时间！）来构建他们的产品。

在继续之前，如果不提一下锁定，那就是我的失职了。JavaScript 框架很少能真正地相互协作是一个无法回避的事实；通常不能让应用一部分是 Angular，一部分是 Ember，一部分是 Backbone，一部分是 React，至少在不细分每个部分或严格控制它们之间的交互的情况下不要这么做。当可以避免这种情况时，把自己置身于这样的处境中通常是没有意义的。通常，人们会在一个特定的应用中使用一个或暂时性地最多使用两个主要框架。

但是当需要改变时会发生什么？如果使用的工具像 Angular 那样具有广泛的职责，那么迁移应用时可能由于与框架的深度集成而需要完全重写。可以重写应用程序的较小部分，但不能只是替换几个函数就期望一切都正常工作。这正是 React 的闪耀之处。它使用了非常少的"魔法"方言。这并不意味着它能让迁移变得毫无难度，但它确实有助于摆脱与 Angular 这样的框架紧密集成所带来的迁移成本——迁移到框架上或从框架上迁移出来。

选择 React 时需要做出的另一个权衡是，它主要由 Facebook 开发和构建并且是为了满足 Facebook 的 UI 需求。如果你的应用与 Facebook 应用的 UI 需求有本质区别，那么使用 React 可能要吃不少苦头。幸运的是，大多数现代 Web 应用都在 React 的技术范围内，但也有一些应用不在此范围内。这可能还包括那些不适用现代 Web 应用的常规 UI 范式的应用，或是那些具有非常特殊性能需求的应用（如高速股票行情自动收录器）。然而，即使是这些应用，也可以用 React 来解决，尽管有些情况下需要更为专门的技术。

我们要讨论的最后一个权衡是 React 的实现和设计。融入 React 核心的系统会在组件中的数据发生变化时处理 UI 的更新。开发人员可以使用被称为*生命周期方法*的特定方法来挂载进它们执行更改的过程。我会在后面几章中详细介绍这些内容。React 处理 UI 更新的系统使人们更为容易地专注于构建应用能够使用的模块化的、健壮的组件。React 将 UI 与数据保持同步的大部分工作抽象分离出去是其受开发人员青睐的一个重要原因，也是其成为开发人员手中的一个强力工具的重要原因。但还不能说明驱动这个技术的"引擎"没有缺点或没有折中。

React 是一种抽象，因此它作为抽象的代价仍然存在。由于 React 是以特定的方式构建并通过 API 向外暴露的，开发人员不会对其使用的系统有太多的可见性。这也意味着需要以一种地地道道的 React 方式来构建 UI。幸运的是，React 的 API 提供了"紧急出口"，让开发者可以深入到较低的抽象层级中。人们仍然可以使用 jQuery 这样的工具，但是需要以一种与 React 兼容的方式使用。这又是一种折中：一种更简单的思维模型，代价是不能完全以喜欢的方式做所有事情。

开发者不仅会失去对底层系统的一些可见性，还需要为 React 的行事方式买单。这往往会影响应用栈的一小部分（只有视图而不是数据、特殊的表单构建系统、数据建模等），但仍然会有影响。我希望是人们看到 React 的好处远远超过其学习成本，并且在使用它时所做的权衡通常会让使用者成为一个更好的开发者。但是，如果我假装 React 会神奇地解决所有的工程挑战，那就虚伪了。

1.3 虚拟 DOM

我们已经讨论了一些 React 的高级特性。我认为 React 可以帮助研发团队更好地创建用户界面，并且这得益于 React 提供的思维模型和 API。所有这一切背后隐藏着什么？React 的主旨是推动简化复杂的任务并把不必要的复杂性从开发人员身上抽离出来。React 试图将性能做得恰到好处，从而让研发人员腾出时间思考应用的其他方面。它这么做的主要方式之一就是鼓励开发人员使用声明式编程而不是命令式编程。开发人员要声明组件在不同状态下的行为和外观，而 React 的内部机制处理管理更新、更新 UI 以反映更改等的复杂性。

驱动这些的主要技术之一就是虚拟 DOM。这种虚拟 DOM 是模仿或镜像存在于浏览器中的文档对象模型的数据结构或数据结构的集合。我之所以说“这种虚拟 DOM”，是因为其他像 Ember 这样的框架采用了它们自己的类似技术的实现。通常，虚拟 DOM 会作为应用程序代码和浏览器 DOM 之间的中间层。虚拟 DOM 向开发人员隐藏了变更检测与管理的复杂性并将其转移到专门的抽象层。在接下来的小节中，我们将从更高层次来了解它是如何在 React 中起作用的。图 1-3 展示了 DOM 和虚拟 DOM 之间的关系，我们稍后将对此进行讨论。

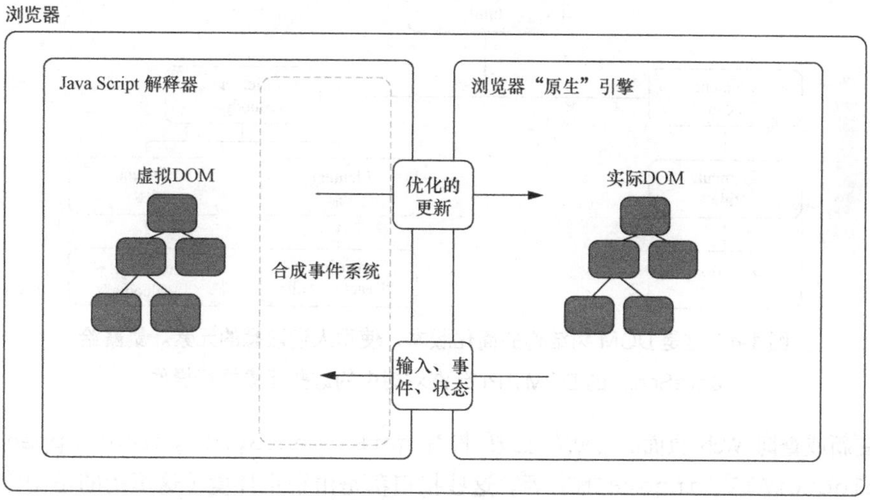

图 1-3 DOM 和虚拟 DOM。React 的虚拟 DOM 处理数据的变更检测并将浏览器事件转换为 React 组件可以理解和响应的事件。React 的虚拟 DOM 还为性能专门优化了对 DOM 的更新操作

1.3.1 DOM

确保我们理解 React 的虚拟 DOM 的最佳途径就是首先检查我们对 DOM 的理解。如果觉得

自己对 DOM 已经了然于心，可以选择跳过这部分。但如果不是，让我们从一个重要的问题开始：什么是 DOM？DOM 或文档对象模型是一个允许 JavaScript 程序与不同类型的文档（HTML、XML 和 SVG）进行交互的编程接口。它有标准驱动的规范，这意味着公共工作组已经建立了它应该具有的标准特性集以及行为方式。虽然存在其他实现，但是 DOM 几乎已经是 Chrome、Firefox 和 Edge 等 Web 浏览器的代名词了。

DOM 提供了访问、存储和操纵文档不同部分的结构化方式。从较高层面来讲，DOM 是一种反映了 XML 文档层次结构的树形结构。这个树结构由子树组成，子树由节点组成。这些（节点）是组成 Web 页面和应用的 `div` 和其他元素。

人们之前可能使用过 DOM API——但他们没有意识到自己正在使用它。每当使用 JavaScript 中的方法访问、修改或者存储一些 HTML 文档相关的信息时，几乎可以肯定，人们就是在使用 DOM 或 DOM 相关的 API。这意味着，你在 JavaScript 中使用的方法不全是 JavaScript 语言本身的一部分（`document.findElemenyById`、`querySelectorAll`、`alert` 等）。它们是更大的 Web API 集合（浏览器中的 DOM 和其他 API）的一部分，这些 API 让人们能够与文档交互。图 1-4 展示了可能在 Web 页面中看到的 DOM 树结构的简化版本。

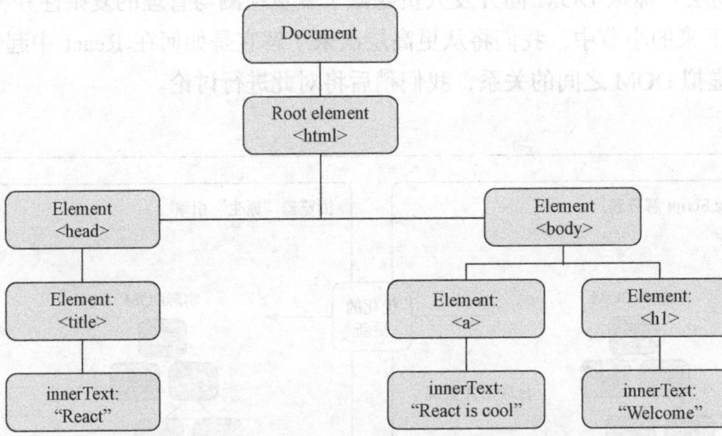

图 1-4 这是 DOM 树结构的简化版本，使用人们熟悉的元素。暴露给 JavaScript 的 DOM API 允许对树中的这些元素执行操作

用来更新或查询 Web 页面的常见方法或属性有 `getElementById`、`parent.appendChild`、`querySelectorAll`、`innerHTML` 等。这些接口都是由宿主环境（这里指的是浏览器）提供的并允许 JavaScript 与 DOM 交互。没有这些能力，我们就没有那么有趣的 Web 应用可用了，也可能没有关于 React 的书可写了。

与 DOM 交互通常很简单，但在大型 Web 应用中可能会变得复杂。幸运的是，当使用 React 构建应用时我们通常不需要直接与 DOM 交互——我们基本上把它都交给了 React。有些场景下我们可能希望绕过虚拟 DOM 直接与 DOM 交互，我们将在后面的几章对此进行讨论。

1.3.2 虚拟 DOM

浏览器中的 Web API 让我们可以使用 JavaScript 通过 DOM 与 Web 文档进行交互。但如果我们已经能做到这一点，为什么在这之间还需要别的东西？首先我想说明的是，React 实现虚拟 DOM 并不意味着常规 Web API 不好或者不如 React 好。没有它们，React 就不能工作。然而，在更大的 Web 应用中直接使用 DOM 的确有一些痛点，通常这些痛点出现在变更检测方面。当数据变化时，我们希望通过更新 UI 来反映它，但很难以一种有效且易于理解的方式做到这点，所以 React 致力于解决这个问题。

出现这个问题的部分原因是浏览器处理与 DOM 交互的方式。当访问、修改或创建 DOM 元素时，浏览器常常要在一个结构化的树上执行查询来找到指定的元素。这只是访问一个元素，而且通常仅是更新的第一部分。通常情况下，作为更改的一部分，它不得不重新进行布局、缩放和其他操作——所有这些操作往往计算量都很大。虚拟 DOM 也无法绕过这个问题，但它可以在这些限制下帮助优化对 DOM 的更新。

当创建和管理一个处理随时间变化的数据的大型应用时，可能需要对 DOM 进行许多更改，这些更改通常会发生冲突或以不太理想的方式完成。这可能会导致一个过于复杂的系统，这个系统不但对工程师来说难以使用而且可能会导致用户体验不佳——这是“双输”。因此，性能是 React 设计和实现的另一个关键考虑因素。实现虚拟 DOM 有助于解决这个问题，但应该注意的是，它设计得只是“够快”而已。React 的虚拟 DOM 更为重要的是提供了健壮的 API、简单的思维模型和诸如跨浏览器兼容性等其他特性，而不是对性能的极端关注。我之所以强调这一点是因为人们可能听说虚拟 DOM 是某种“性能银弹”。它确实是高性能的，但它并不是神奇的“性能银弹”，最后我想说的是，React 的许多其他好处对于使用 React 更为重要。

1.3.3 更新与差异比对

虚拟 DOM 是如何工作的？React 的虚拟 DOM 与另一个软件世界有一些共同点——3D 游戏。3D 游戏有时会使用一个渲染过程，其工作原理大致如下：从游戏服务器获取信息，将信息发送到游戏世界（用户看到的视觉表现），确定需要对虚拟世界进行哪些更改，最后让显卡决定所需的最小更改。这种方法的一个优点是，只需要一些资源来处理增量更新，这种更新方式通常比全部更新快得多。

这是对 3D 游戏渲染和更新方式的粗略描述，当审视 React 执行更新的方式时，这个基本思想为我们提供了一个很好的参考。DOM 变更做得不好的话代价可能会很大，所以 React 试图在更新 UI 方面更有效率并采用了类似 3D 游戏的方法。

如图 1-5 所示，React 在内存中创建并维护了一个虚拟 DOM，并且一个像 React-DOM 这样的渲染器基于更改对浏览器 DOM 进行更新。React 可以执行智能更新并且只更新已更改的部分，因为它可以使用启发式对比来计算内存 DOM 的哪些部分需要更新到 DOM。理论上讲，这比“脏检查”或其他更暴力的方法更加简洁优雅，但主要的实践意义是，开发者可以少考虑很多复杂的状态追踪。

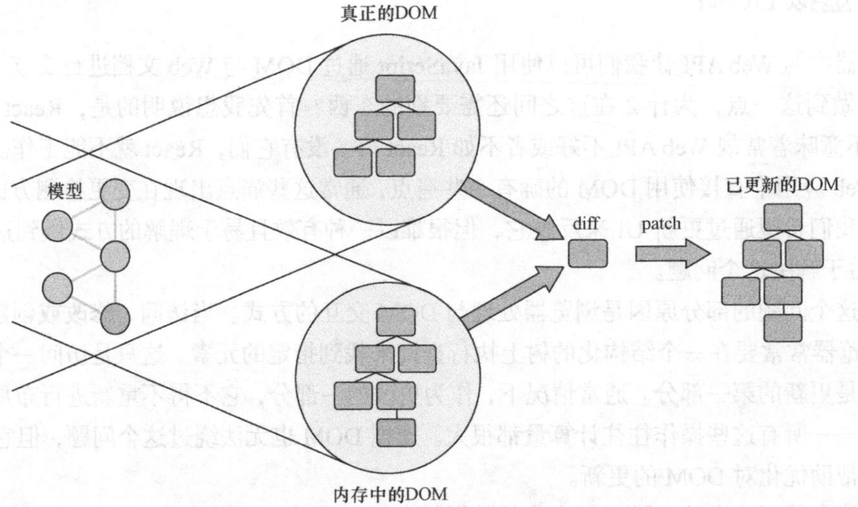

图 1-5 React 的对比和更新流程。当改变发生时，React 确定实际 DOM 和内存 DOM 的差异，然后对浏览器 DOM 执行高效更新。这个过程通常被称为 diff（什么改变了）和 patch（只更新改变的东西）过程

1.3.4 虚拟 DOM：渴求速度

正如我所指出的，虚拟 DOM 有很多比速度更重要的东西。它通过设计得到高性能，并且通常会产生简单快速的应用，这样的速度对于现代 Web 应用的需要已经足够快了。工程师们对性能和更好的思维模型如此欣赏，以至于许多流行的 JavaScript 库都在创建自己版本的虚拟 DOM 或者变体的虚拟 DOM。即使是在这些情况下，人们也倾向于认为虚拟 DOM 主要关注的是性能。性能是 React 的关键特性，但与简单相比较，它却是次要的。虚拟 DOM 一定程度上能够让开发人员推迟思考复杂的状态逻辑并专注于应用中其他更重要的部分。总而言之，速度和简单意味着更快乐的用户和更快乐的开发者——双赢！

我花了些时间来讨论虚拟 DOM，但我并不想让人觉得它是使用 React 的重要部分。实际上，人们不需要过多考虑虚拟 DOM 是如何完成数据更新或如何对应用进行更改的。这正是 React 简单的地方：人们被解放出来去关注应用中最需要关注的那些部分。

1.4 组件：React 的基本单元

React 不只是用新颖的方式来处理数据随时间变化的问题，它还专注于将组件作为组织应用程序的范式。组件是 React 中最基本的单元。用 React 创建组件有几种不同的方法，后面的几章会介绍这些方法。以组件的方式思考不仅对于理解 React 的工作方式至关重要，而且对于理解如

何在项目中更好地使用它也至关重要。

1.4.1 组件概览

什么是组件？这是一个更大的话题。人们可能已经很熟悉组件的概念了，并且可能经常看到它们，即使他们可能没有意识到这一点。在设计和构建用户界面时，使用组件作为思维和可视化工具能够得到更好、更直观的应用设计与使用。可以将任意东西作为组件，尽管并不是所有东西作为组件都有意义。举个例子，如果认定整个界面是一个组件，并且没有子组件或进一步细分，那么你可能并没有帮到自己。相反，将界面的不同部分分解成可以组合、复用和易于重组的部分是很有帮助的。

为了开始以组件的方式思考，我们将查看一个示例界面并将其分解为不同的组成部分。图 1-6 展示了一个将在后续部分使用的示例界面。用户界面通常包含一些能够在界面的其他部分复用的元素，即使它们没有被复用，它们至少是独特的。这些不同元素——界面的独特元素——可以被认为是组件。图 1-6 中左边的界面被分解为右边的组件。

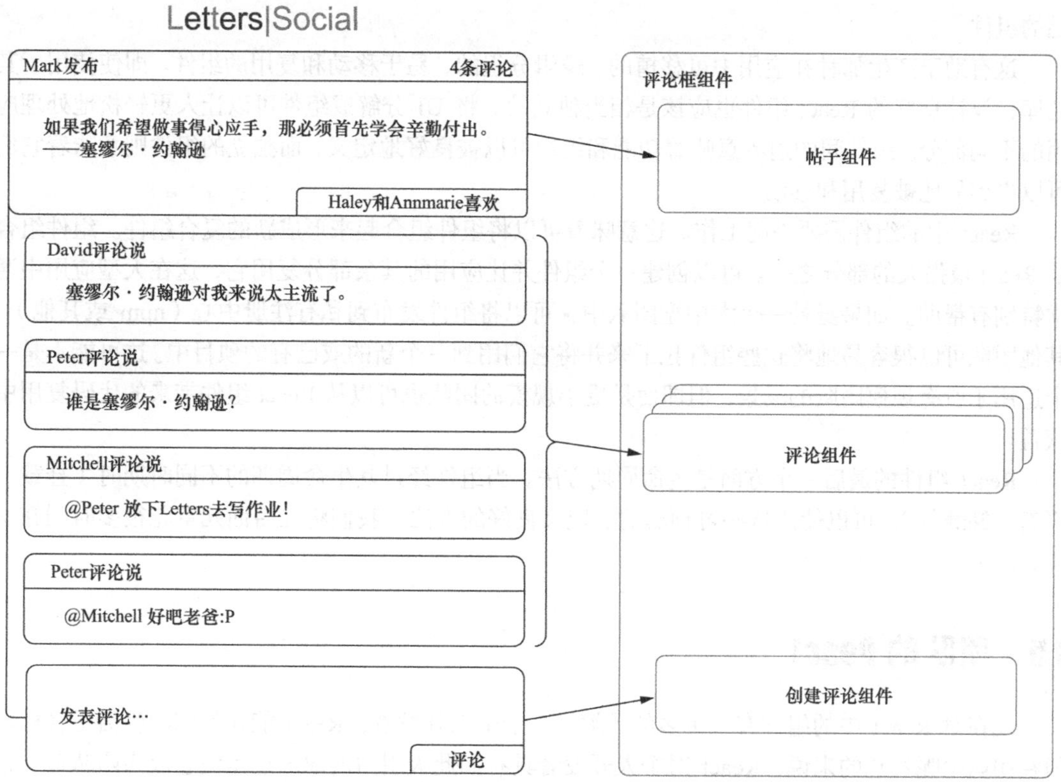

图 1-6　一个界面被拆解为组件的例子。每一个不同部分都可以被认为是一个组件。具有相同性质的重复项可以被认为是一个组件在不同数据上得到复用

练习 1-1　组件思维

访问一个喜欢或常去的网站（如 GitHub）并将其界面拆解成组件。当这样做的时候，你可能会发现自己把事物拆解成了不同的部分。那什么时候停止拆解呢？一个独立的字母应该作为一个组件吗？组件什么时候才算小呢？什么时候要将一组元素作为一个组件？

1.4.2 React 中的组件：封装与复用

React 组件具有良好的封装性、复用性和组合性。这些特性有助于为用户提供一种更简单、更优雅的方式来思考和构建用户界面。应用可以由清晰、简洁的分组组成，而不是像意大利面条那样一团乱。使用 React 来构建应用就像使用乐高积木来构建项目一样，不同的是构建应用时有取之不尽的“积木”。人们可能会遇到 bug，但幸运的是不会踩到“积木”上。

在练习 1-1 中你实践了使用组件进行思考并将界面拆解成了组件。可以用很多方法来做这件事，并且这些方法可能没有特别的组织方式或惯例。这没关系。但是，当使用 React 中的组件时，考虑组件设计上的组织和一致性就非常重要了。需要设计独立的并且关注特定问题或一组相关问题的组件。

这有助于产生那种在应用中可移植的、逻辑分组的、易于移动和复用的组件。即使使用了其他库，设计良好的 React 组件也应该是相当独立的。将 UI 分解成组件可以让人更轻松地处理应用的不同部分。组件间的边界意味着功能和组织可以被良好地定义，而独立的组件则意味着它们可以更容易地被复用和移动。

React 中的组件需要一起工作。这意味着可以将组件组合起来形成新的复合组件。组件组合是 React 最强大的部分之一。可以创建一个组件并让应用的其余部分复用它，这在大型应用中通常特别有帮助。如果身处一个大中型团队中，可以将组件发布到私有注册中心（npm 或其他），其他团队可以很容易地将这些组件拉下来并将它们用到一个新的或已有的项目中。这可能不是一个适用于所有规模团队的场景，但即使是更小规模的团队也可以从 React 组件带来的代码复用中获益。

React 组件的最后一个方面是生命周期方法。当组件经过其生命周期的不同时期时（挂载、更新、卸载等），可以使用这些可预测的、定义良好的方法。我们将在后面几章花很多时间在这些方法上。

1.5 团队的 React

现在对 React 中的组件有了更多的了解。对于个人开发者，React 能让他们的生活更轻松。但在团队中呢？总的来说，React 对个人开发者具有如此吸引力的原因也是使它成为团队最佳选择的原因。无论炒作或狂热的开发者如何鼓吹，同任何技术一样，对每个案例或项目来说，React 并不是适用于每种情况或每个项目的完美解决方案。正如已经看到的，有很多事情 React 都没有做，但只要是 React 做的事情，它都做得非常好。

是什么使 React 成为大型团队和大型应用的优秀工具？首先，使用它很简单。简单和简易不是一回事。简易的方案往往又脏又快，最糟糕的是，它们可能欠下技术债。真正简单的技术是灵活和健壮的。React 既提供了能够掌控的强大抽象，也提供了在必要时可下降到底层细节中去的方法。简单的技术更容易理解和使用，因为简化和删除不必要东西的困难工作已经完成了。在很多方面，React 都让简单变得容易做到，它提供了有效方法却没有引入有害的“黑魔法”或不透明的 API。

所有这些对个人开发者来说都很棒，但这种效应在更大的团队和组织中会被放大。尽管 React 肯定有改进和持续增长的空间，但使其成为一种简单灵活的技术的艰苦工作使工程团队们得到了回报。具有良好的思维模型的更简单的技术往往能减轻工程师的思维负担，让他们行动更快，这会产生更大的影响。作为额外的收获，一套更简单的工具对新员工来说更容易学习。尝试让一个团队新成员加入一个过于复杂的技术栈不仅要花时间培训工程师，还可能意味着新的开发者在一段时间内无法做出有意义的贡献。由于 React 力图仔细重新思考已建立的最佳实践，因此范式转换会有初始成本，但那之后通常是大而长期的收益。

与同一领域中的其他工具相比，React 是一个相当不同的工具，但在职责和功能方面，React 却是一个非常轻量的库。像 Angular 这样的框架要求使用者为更全面的 API 买单，而 React 却只关注应用的视图。这意味着将它与使用者当前的技术集成起来要简单得多，并且在其他方面为使用者留下了选择的空间。一些功能固化的框架和库要求使用者在要么全盘接受要么彻底不用之间进行抉择，但 React“仅是视图”的范畴以及与 JavaScript 的全面互操作性意味着情况并非总是如此。

与其一下子全扑上去，使用者可以将不同的项目或工具逐步转换为 React 而又不必对其结构、构建技术栈或其他相关领域进行重大改变。对几乎所有技术来说，这都是理想的方式，而这正是 React 开始在 Facebook 尝试时的方法——在一个小项目上使用。从那里，随着越来越多的团队看到并体验到 React 的好处，它逐渐成长并扎根。这一切对使用者的团队意味着什么？这表示使用者无须冒险用 React 完全重写产品就可以评估 React。

React 的简单、非固化的本质以及性能让它非常适合大大小小的项目。随着使用者不断探索 React，你将看到它是如何适合团队和项目的。

1.6 小结

React 是一个用来创建用户界面的库，最初由 Facebook 创建并开源。它是一个考虑了简单、高性能和组件化的 JavaScript 库。它没有提供创建应用的全面工具集，而是允许使用者选择如何实现以及使用什么来实现数据模型、服务器调用和其他应用的关注点。这些关键因素以及其他因素使得 React 可以成为大大小小的应用和团队的绝佳工具。下面简单总结一下 React 对几个典型角色的好处。

- 个人开发者——一旦学会React，开发者可以很容易地快速构建应用。更大的团队通常更容易在应用上开展工作，复杂的特性更容易实现和维护。
- 工程经理——开发者学习 React 时会有一定的初始成本，但最终他们将能够更容易、更快地开发复杂应用。
- CTO或者高层管理——React，与任何技术一样，是一项有风险的投资。但React最终带来的生产力的提高与思维负担的减轻常常会胜过为它花费的时间。这并非所有团队的情况，但对大多团队来说确实如此。

总而言之，React对刚入职的工程师来说比较容易学习，它可以减少应用中不必要的复杂性，还可以通过促进代码复用来减少技术债。花点时间回顾一下到目前为止了解到的React。

- React是一个用来构建用户界面的库，它最初是由Facebook的工程师创建的。
- React提供了一个基于组件的简单、灵活的API。
- 组件是React的基本单元，在React应用中被广泛使用。
- React在程序和浏览器DOM之间实现了一个虚拟DOM层。
- 虚拟DOM使用快速比对算法对DOM进行高效更新。
- 虚拟DOM具有优秀的性能，但最大的好处是它提供的思维模型。

既然已经对React的背景和设计有了更多了解，那么我们就可以对React进行深入讨论了。在下一章，我们将创建第一个组件并进一步了解React是如何工作的。我们将了解更多关于虚拟DOM、React中的组件以及如何创建自己的组件的知识。

第 2 章 <Hello World/>：我们的第一个组件

本章主要内容

- 使用组件思考用户界面
- React 中的组件
- React 如何渲染组件
- React 中创建组件的不同方式
- 在 React 中使用 JSX

第 1 章主要从理论方面探讨了 React。如果你是“show me the code!”的那类人，那本章就是为你准备的。我们将在本章近距离审视 React。随着我们学习 React 的一些 API，我们将创建一个简单的评论框，这将有助于读者理解 React 的实际运行机制并开始固化有关 React 工作方式的思维模型。一开始，我们不会使用任何“语法糖”或可能隐藏底层技术的便利措施来构建 React 组件。在本章最后，我们将探讨 JSX（一个轻量级标记语言，它有助于我们更容易地创建 React 组件）。后面几章的内容会更复杂，我们将了解一下如何用 React 组件创建一个完整的应用程序（Letters Social），但在本章中，我们将把范围限制在几个相关的组件上。

在深入探索之前，让我们再简要地了解一下 React 以确定自己学习的方向。图 2-1 概括了大多数 React 应用的核心方面。

让我们来看看各个部分。

- 组件——封装的功能单元，这是 React 的基本单元。这些就是制作视图的东西。它们是 JavaScript 的函数或类，它们接收属性作为输入并维护自己的内部状态。React 为某些类型的组件提供了一组生命周期方法，这样就可以将其挂载到不同的组件管理步骤中。
- React 库——React 应用基于 React 库运行。React 的核心库（`react`）由 `react-dom` 和 `react-native` 支持。React DOM 处理浏览器或服务器端环境中的渲染，React Native 则提供了原生绑定，这意味着可以为 iOS 或 Android 创建 React 应用。
- 第三方库——React 不会就数据建模、HTTP 调用、样式的特定领域（如外观和感觉）或应用的其他方面将观念强加给开发人员。对于这些，使用者可以根据自己的意愿来集成其他技术构建应用。并不是所有库都与 React 兼容，但是有很多方法可以将它们中的大多数与 React 集成在一起。我们将在第 4 章、第 10 章和第 11 章探讨如何在 React 应用中使用非 React 代码。

- 运行 React 应用——由组件创建的 React 应用运行在你选择的平台上：Web、移动端或原生平台。

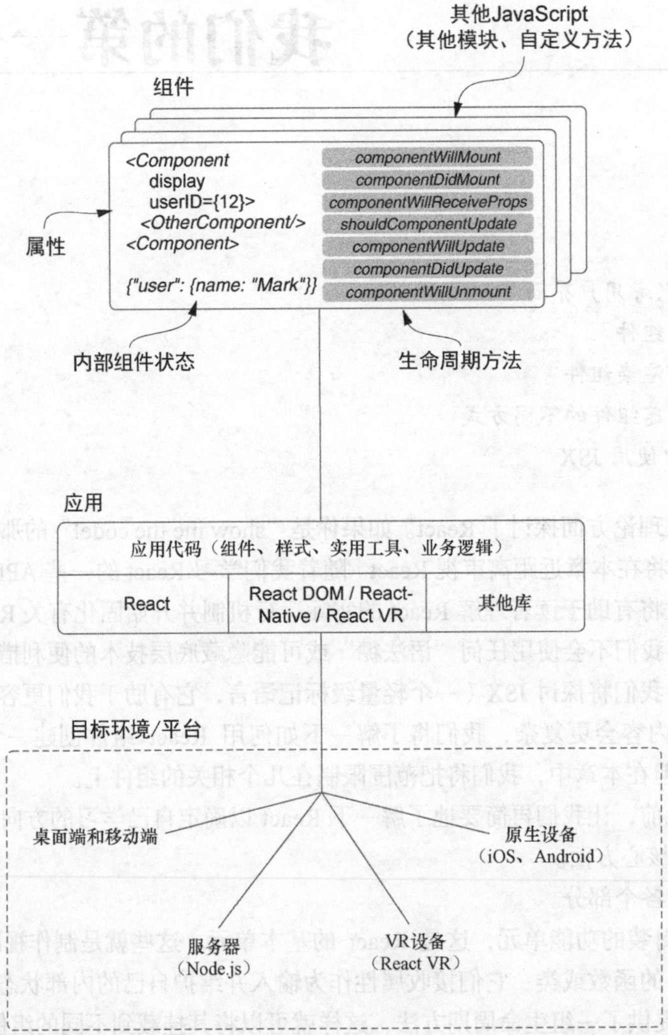

图 2-1 这是从较高层面看到的 React，可能你在第 1 章就见过了。通过 React，可以使用组件构建用户界面，这些界面可以运行在浏览器上以及 iOS 和 Android 这样的原生平台上。React 不是一个综合性框架——它允许开发人员自由选择用于数据建模、样式、HTTP 调用等的库。可以在浏览器中运行 React 应用，并借助 React Native 在移动设备上运行 React 应用

2.1 React 组件介绍

组件是用 React 编写客户端应用的基本单元。使用者肯定会创建很多组件！在本章中，我们将引导亲自动手用组件构建一个简单的评论框并走马观花地过一下 React。但首先，让我们花点时间来探索一下“组件化思维”，看看它将如何造就评论框。在本书的大部分内容中，我们通常会直接深入代码中，而不会花太多时间对事情进行规划，但就第一次涉足 React 而言，我们将做一些规划来确保我们的思维方式是对的。看一下图 2-2。

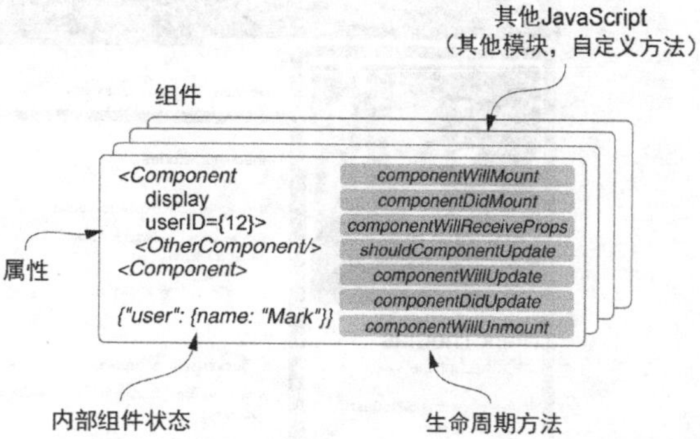

图 2-2　React 组件概览。我们将在本书的其余部分探索这些关键部分

本书中，我们将假装自己是一个叫作“Letters”的虚构创业公司的雇员。我们将创建下一代社交网络（用户可以在其中发帖子、评论、点赞——真正史无前例的创新）。本章中，我们将探索作为公司潜在技术选择的 React。我们的任务是创建一组简单的组件来感受一下这项技术。我们有一些设计团队给的非常粗略的原型，但仅此而已。图 2-3 展示了将要创建的东西的一个优美版本。

我们将如何开始创建这个页面呢？让我们先了解一下应用所需要的数据，然后看看如何将其转换为组件。如何将原型转换为组件？我们完全可以在对 React 一无所知的情况下一头扎下去，并开始尝试创建组件，但如果不了解它们的工作机制或者它们的用途，最终可能会创建出一团糟或不合乎 React 的东西。我们将在接下来的几节中做一些规划，以便对如何构造和设计评论框有更深的理解。

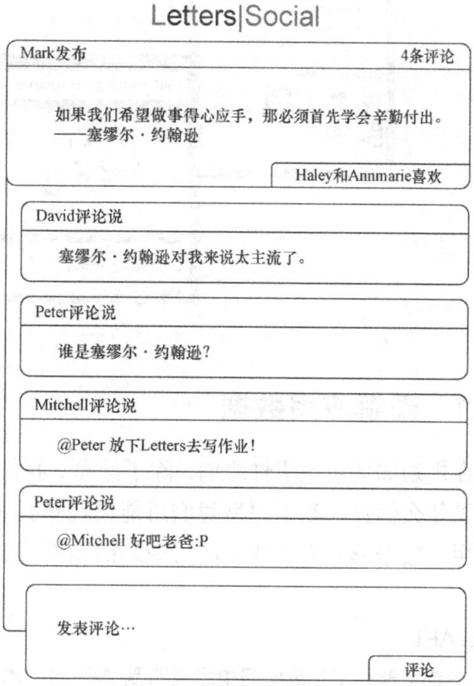

图 2-3　粗略的评论框原型。我们将创建一个 UI，用户可以在其中给帖子添加评论并查看以前的评论

练习 2-1　界面拆解回顾

继续之前，花些时间回顾一下上一章的练习。我们查看了一个 Web 界面并花时间自己将其拆解开来。现在，花点时间重新查看一下那个界面，看看在对 React 的组件有了更多了解后，是否会有不同的做法。

你会采取不同的分组吗？下面用一个标记过的 GitHub 用户档案界面来唤起我们的回忆。

2.1.1 理解应用数据

在规划如何组织组件之前，除了原型，我们还需要其他一些东西。我们需要知道 API 会给应用提供什么信息。基于原型我们可能已经猜到了一些能获取到的数据。在开始创建 UI 之前，了解应用的数据形式将是我们进行规划的重要组成部分。

Web API

人们可能在工作或学习中经常听到 API 这个术语。如果已经很熟悉这个概念，随意跳过这个部分。如果还不熟悉，那么这个部分可能有所帮助。API 是什么？API 或者应用编程接口是一组构建软件的例程和协议。这听起来可能很含糊，而且这是一个相当笼统的定义。API 是一个宽泛的术语，适用于从公司平台到开源库的所有东西。

在 Web 开发和工程中，API 几乎已经成为基于 Web 的远程公共 API 的同义词。这意味着 API 通常是一种向外部暴露程序或平台交互方式的清晰的办法，通常通过互联网，供人们使用和消费。这样的例子非常多，但两个最广为人知的是 Facebook 和 Stripe 的 API，它们提供了一组通过 Web 与其程序和数据进行交互的方法。

Letters 公司（我们虚构的公司）的后端团队已经创建了这样的 API 供人使用。基于 Web 的 API 有许多不同的形式和种类，在本书中使用的这个 API 是一个 REST 风格的 JSON API。这意味着服务器会返回 JSON 格式的数据而且可用的数据是围绕着像 users、posts、comments 等这样的资源进行组织的。REST 风格的 JSON API 是远程 API 的常见形式，因此如果你还没有用过的话，这应该不会是你唯一一次使用它。

代码清单 2-1 展示了评论框通过 API 接收到的数据的一个例子以及它是如何与原型匹配的。

代码清单 2-1 JSON API 示例

```
{
  "id": 123,                    <- 这个没有在原型中出现，但这并不代表不需要这项数据
  "content": "What we hope ever to do with ease, we must first learn to do
    with diligence. — Samuel Johnson",
  "user": {
    "name": "Mark Thomas",
    "id": 1
  },
  "comments": [{                <- 接收到一组评论对象
    "id": 0,                    <- 评论也有 ID
    "user": "David",
    "content": "too. mainstream."
  }, {
    "id": 1,
    "user": "Peter",
    "content": "Who was Samuel Johnson?"
  }, {
    "id": 2,
    "user": "Mitchell",
    "content": "@Peter get off Letters and do your homework!"
  }, {
    "id": 3,
    "user": "Peter",
    "content": "@mitchell ok dad :P"
  }]
}
```

这个 API 返回了一个包含单个帖子的 JSON 响应。它有一些重要属性，包括 `id`、`content`、`user` 和 `comments`。`id` 是一个数字，`content` 和 `user` 是字符串，而 `comments` 是一个对象数组。每条译论都有自己的 ID、发表评论的用户以及评论的内容。

2.1.2 多组件：组合关系和父子关系

我们已经有需要的数据和原型，但要如何着手打造使用这些数据的组件呢？例如，我们需要知道组件如何与其他组件组织到一起。React 的组件被组织成一个树形结构。React 的组件像 DOM 元素一样，也可以嵌套而且能够包含其他组件。它们也可以出现在其他组件“旁边”，这表示它

们可以与其他组件出现在相同的层级上（见图 2-4）。

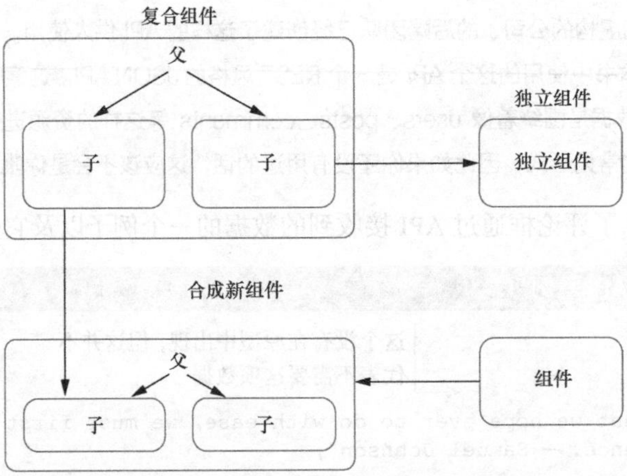

图 2-4 组件可以拥有不同类型的关系（父与子），既可以用来创建其他组件，也可以独立存在。因为它们独立且移动时不带任何负担，所以它们常常易于移动。由此，它们被认为是可组合的

这带来了一个重要问题：组件有哪些种类的关系。人们可能认为使用组件能够创建相当多不同种类的关系，从某种意义上说，这是对的。但组件能够以灵活的方式被使用。因为组件独立且常常不带任何“负担”，所以它们被认为是可组合的。

可组合的组件通常易于移动并且能够通过复用来创造其他组件。我们可以把它们想象成乐高积木。每个乐高积木都是独立自主的，所以它能够很容易地移动——没必要为了一块积木而携带一整组积木——它很容易与其他组件相适应。虽然可移植性并非终极目标，但它常常是精心设计的 React 组件的特色。

因为组件是可组合的，所以可以在应用的许多地方使用。无论在哪里使用组件，都可能形成某种特定的关系：父与子。如果一个组件包含另一个组件，则它被认为是父组件。一个组件在另一个组件中，则它被认为是子组件。同一层次上的组件不具有任何直接关系，即便它们可能就在彼此旁边。组件只“关注”它们的父母和孩子。

图 2-4 展示了组件如何以父子方式彼此关联以及如何组合在一起创建新组件。注意到，尽管有直接的父子关系，但两个兄弟组件之间却缺乏直接关系，我会在探索 React 的数据流时再涵盖这方面的更多内容。

2.1.3 建立组件关系

我们了解了界面的数据和视觉外观以及组件形成的父子关系。现在，我们可以开始定义自己的组件层次结构，这是应用目前所学东西的过程。我们将确定组件的内容以及它的位置。建立组件关系的过程对每个团队或项目而言并非千篇一律。组件关系也可能随时间而变化，所以不要期

望第一次建立就完美。更容易的 UI 迭代恰恰是 React 的使用让人愉快的部分原因。

在我们继续之前先花一两分钟尝试将原型分解为组件。虽然到目前为止已经做过几次分解，但只有练习用组件的方式思考才能让使用 React 更为容易。当练习时，谨记如下事项。

- 确保组件以合理的方式组织到一起。组件应该围绕相关联的功能进行组织。如果几乎无法在应用中移动组件，那么可能正在创建一个过于死板的层次结构。虽然情况并非总是如此，但最好注意一点儿。
- 如果发现有一个界面元素重复出现多次，那么这个界面元素通常是成为组件的好选择。
- 如果没有第一次就把所有事情都搞好，这没什么。通常要迭代地改进代码。最初的计划并不会消除未来的变更，但会设置合适的开始方向。

记住这些指导方针，可以查看现有数据和原型并开始把它们分解为一些组件。图 2-5 展示了一种将界面分解为组件的方式。

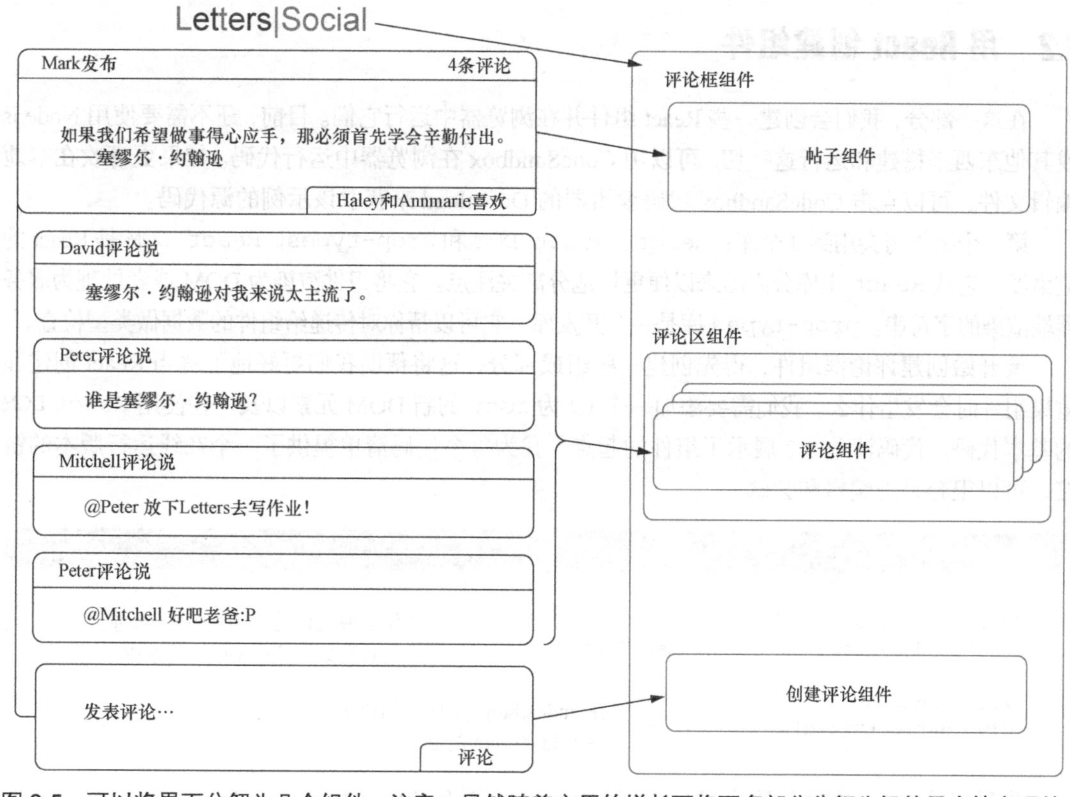

图 2-5 可以将界面分解为几个组件。注意，虽然随着应用的增长而将更多部分分解为组件是合情合理的，但是没必要为界面的每一个元素都创建组件。再者，注意相同的评论组件被用于一个帖子的每个评论上。还要注意到，我为了可读性而将这些画在了边上，但有些人可能会直接画在原型上

使用 React 可以灵活地设计应用。虽然我们只给出了 4 个组件，但你可以用很多方法来分解

这些组件。React 在组件之间强制建立起父子关系，但除此之外，人们可以用最适合自己和自己团队的方法自由地定义层次结构。例如，有些情况下，人们会把 UI 的一小部分分解为许多不同组件。UI 的规模与组成它的组件是多是少并没有直接关系。

既然我们做了一些初步规划，就可以投身进去开始创建评论框 UI 了。在接下来的一节中，我们将开始创建 React 组件。用不着任何像 JSX 这样的语法助手。相反，我们将着重于“原生的” React，但在寻求使用这些助手之前我们要先了解该技术的核心机制。

人们可能会因为不得不放弃使用那些常规 React 开发中所用的辅助工具而倍感沮丧。而我对此却感到高兴，因为这表示使用者对将要使用的这些抽象更为真切地欣赏和理解。虽然情况并非总是如此，但依我的经验看来，从一项新技术的底层元素起步通常让人能够更好地长期使用它。当然，我们不需要用汇编代码写 JavaScript 程序，但我们也不想在对一项技术的核心机制一知半解的情况下使用该技术。

2.2 用 React 创建组件

在这一部分，我们会创建一些 React 组件并在浏览器中运行它们。目前，还不需要使用 Node.js 或其他东西来搭建和运行这一切。可以用 CodeSandbox 在浏览器中运行代码。如果更喜欢在本地编辑文件，可以点击 CodeSandbox 代码编辑器的 Download 来获取该示例的源代码。

第一个组件将会用到 3 个库：`React`、`React DOM` 和 `prop-types`。`React DOM` 是 React 的渲染器，它从 `React` 主库分离出来以便更好地分离关注点。它将组件渲染为 DOM 或者处理为服务器端渲染的字符串。`prop-types` 库是一个开发库，它可以帮你对传递给组件的数据做类型检查。

要开始创建评论框组件，得先创建一些组成部分，这将帮助我们更好地了解当 React 创建和渲染组件时会发生什么。我们需要添加一个 ID 为 `root` 的新 DOM 元素以及一些使用 `React DOM` 的基本代码。代码清单 2-2 展示了组件的起点。我为每个代码清单提供了一个在线运行版本的链接，可以很容易地编辑和尝试。

代码清单 2-2　起步

```
//... index.js
const node = document.getElementById("root");   <-- 保存根元素的引用——React 应用会被渲染到这个 DOM 元素中

//... index.html
<div id="root"></div>                            <-- 在 index.html 文件中创建了一个 id 为 root 的 div
```

代码清单 2-2 的在线代码位于 https://codesandbox.io/s/vj9xkqzkvy。

2.2.1 创建 React 元素

到目前为止，代码除了下载 React 库和查找 `id` 为 `root` 的 DOM 元素并没有做什么事情。

如果要实现一些实质性的东西，需要使用 React DOM。我们需要调用 React DOM 的 render 方法来让 React 创建和管理组件。要使用需要渲染的组件和容器（就是之前变量保存的 DOM 元素）来调用这个方法。ReactDOM.render 的签名看起来像这样：

```
ReactDOM.render(
  ReactElement element,
  DOMElement container,
  [function callback]
) -> ReactComponent
```

React DOM 需要一个 ReactElement 类型的元素和一个 DOM 元素。我们已经创建了一个能够使用的有效 DOM 元素，现在需要创建一个 React 元素。但 React 元素是什么？

定义 React 元素是 React 中轻量、无状态、不可变的基础类型。React 元素有 ReactComponent-Element 和 ReactDOMElement 两种类型。ReactDOMElement 是 DOM 元素的虚拟表示。ReactComponentElement 引用了对应着 React 组件的一个函数或类。

元素是描述符，我们用它来告诉 React 我们想要在屏幕上看到什么，它是 React 中的核心概念。大多数组件是 React 元素的集合。它们会围绕 UI 的一部分创建一个“边界”，以便能够将功能、标记和样式组织到一起。但就 React 元素是 DOM 元素的虚拟表示而言，这意味着什么呢？这意味着，React 元素之于 React 如同 DOM 元素之于 DOM——React 元素是构成 UI 的基础类型。当创建普通 HTML 标记时，会使用各种各样的元素类型（div、span、section、p、img 等）来包含和组织信息。在 React 中，可以使用 React 元素——它将想渲染的 React 组件或常规 DOM 元素告诉 React——来组成和构建 UI。

也许 DOM 元素和 React 元素之间的相似性没有立即点化你。没有问题。还记得 React 要如何通过创造一个更好用的思维模型来帮助使用者？DOM 元素和 React 元素之间的相似性是达成此目的的一种方法。这意味着使用者得到了一种可用的熟悉的思维结构：一种与常规 DOM 元素相似的元素的树形结构。图 2-6 可视化了 React 元素与 DOM 元素之间的一些相似之处。

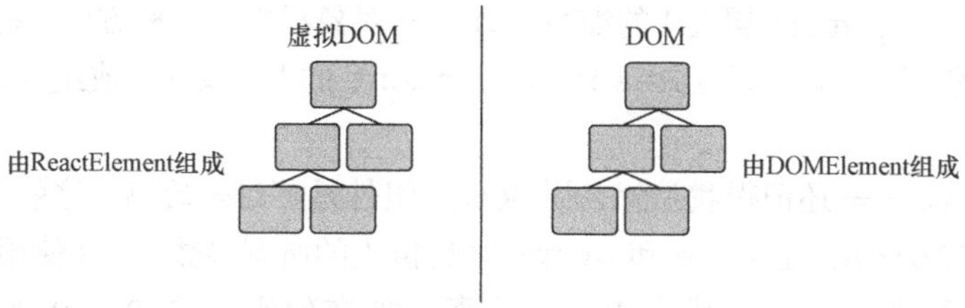

图 2-6 虚拟和“实际”DOM 有着相似的树状结构，这使得使用者可以很容易地用相似的方式思考 React 中的组件结构和整个应用的结构。DOM 由 DOMElement（HTMLElement 和 SVGElement）组成，而 React 的虚拟 DOM 由 React 的元素组成

另一种思考 React 元素的方式是将其当作提供给 React 使用的一组基本指令，就像 DOM 元素的蓝图（blueprint）一样。React 元素是 `React DOM` 接收并用来更新 DOM 的东西。图 2-7 展示了 React 元素在 React 应用的整个过程中被使用的情况。

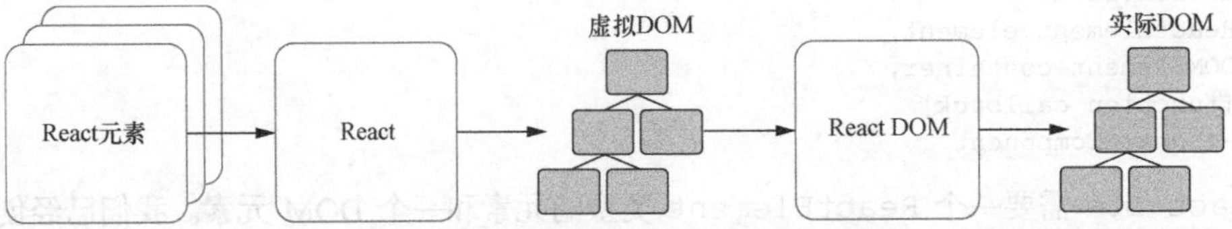

图 2-7 React 使用 React 元素来创建虚拟 DOM，React DOM 管理和使用虚拟 DOM 来协调和更新实际 DOM。它们是 React 用来创建和管理元素的简单蓝图

现在对 React 元素的基本知识有了更多了解，但它们是如何被创建出来的以及创建它们需要什么？`React.createElement` 被用来创建 React 元素——想到了吧！让我们看看它的函数签名，了解应该如何使用它：

```
React.createElement(
  String/ReactClass type,
  [object props],
  [children...]
) -> React Element
```

`React.createElement` 接收字符串或组件（要么是扩展了 `React.Component` 的类，要么是一个函数）、属性（`props`）对象和子元素集合（`children`）并返回一个 React 元素。记住，React 元素是你想让 React 渲染的东西的轻量级表示。它可以表示一个 DOM 元素或者另一个 React 组件。

让我们更仔细地看一下这些基本指令。

- `type`——可以传入一个表示要创建的 HTML 元素标签名的字符串（`"div"`、`"span"`、`"a"`等）或一个 React 类，我们很快就会看到。把这个参数当作 React 在问，“我要创建什么类型的东西？”
- `props`——properties（属性）的缩写。`props` 对象提供了一种方法，指定 HTML 元素上会定义哪些属性（如果是在 `ReactDOMElement` 的上下文中）或组件类的实例可以使用哪些属性。
- `children...`——还记得我是怎么说 React 组件是可组合的吗？这就是能够进行组合的所在。`children...`是 `type` 和 `props` 之后传入的所有参数，它让使用者能够进行嵌套、排序，甚至进一步嵌套其他 React 元素。如在代码清单 2-3 中所见，能够通过在 `children...`内部嵌套调用 `React.createElement` 来嵌套 React 元素。

`React.createElement` 问“我在创建什么？”“我怎么配置它？”“它包含什么？”。代码清单 2-3 展示了 `React.createElement` 的使用方法。

代码清单 2-3 使用 React.createElement

```
...
  import React, { Component } from 'react';
  import { render } from 'react-dom';
  const node = document.getElementById('root');
  const root =
     React.createElement('div', {}, //
       React.createElement('h1', {}, "Hello, world!", //
         React.createElement('a', {href: 'mailto:mark@ifelse.io'},
           React.createElement('h1', {}, "React In Action"),
           React.createElement('em', {}, "...and now it really is!")
         )
       )
     );
  render(root, node); //
...
```

引入 React 和 React DOM 以供使用

React.createElement 返回单个 React 元素，而这正是存储在 root 中供以后使用的东西

内部文本也可以传给 children…

创建一个链接——注意设置的 mailto 属性，就像在常规 HTML 中所做的那样

调用我们之前讨论过的 render 方法

空格更好地展示了嵌套，但切勿搞混是如何在各自的 children…参数中嵌套几个 React.createElement 调用的

代码清单 2-3 的在线代码位于 https://codesandbox.io/s/qxx7z86q4w。

2.2.2 渲染首个组件

如图 2-8 所示，现在应该能够看到空白页之外的东西。我们刚刚创建了第一个 React 组件！使用浏览器的开发者工具，尝试打开这个页面并查看 HTML，应该会看到与使用 React 所创建的元素相对应的 HTML 元素。注意，传入的属性也已经成功就位，可以点击链接，给我发封邮件，告诉我你是多么热爱学习 React。

Hello, world!
React In Action
...and now it really is!

图 2-8 第一个组件。它虽不大，但我们已经成功使用 React 创建了一个组件

这太棒了，不过大家也许想知道 React 是怎么把这么多 `React.createElement` 转换成可以在屏幕上看到的东西的。React 使用我们提供的 React 元素来创建 `React DOM` 管理浏览器 DOM 时所使用的虚拟 DOM。还记得图 2-6 中虚拟 DOM 和真实 DOM 有相似的结构吗？好吧，在 React 能够发挥作用之前，它需要从 React 元素中形成自己的虚拟 DOM 树结构。

要做到这一点，React 会递归地对每个 `React.createElement` 调用的全部 `children...` 属性进行求值，并将结果传递给父元素。可以把 React 的这个做法想象成一个小孩反复在问“*X* 是什么？”，直到他理解了 *X* 的每个小细节。图 2-9 展示了 React 对嵌套的 React 元素进行求值的方法。沿箭头向下，而后向右来查看 React 是如何检查每个 React 元素的 `children...` 直到它能够形成一棵完整的树。

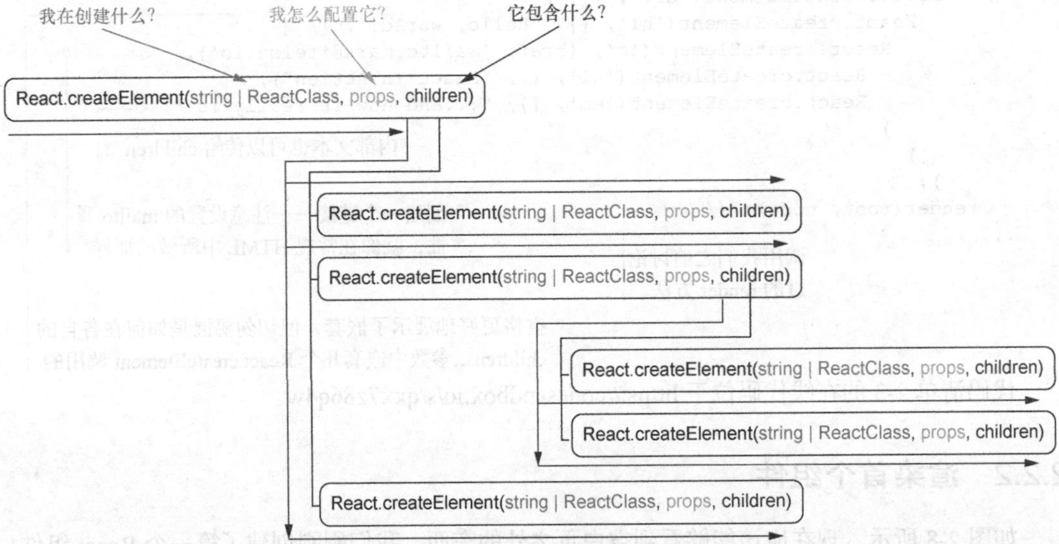

图 2-9　React 会递归地对一系列 React 元素进行求值来确定它应该如何为组件形成虚拟 DOM 树。它还会检查 `children...` 中的更多 React 元素来进行求值。React 会遍历所有可能路径，就像一个孩子在问，“*X* 是什么？”，直到他们了解了所有事情。可以沿箭头向下而后向右来了解 React 对嵌套 React 元素求值的方式以及每个参数在问什么

现在我们已经创建了第一个组件，大家也许会有一些问题，甚至一些顾虑。即便有一些格式化的帮助，很明显，浏览只嵌套几层的组件也是困难重重。我们将会探索更好的方法来编写组件，所以不用担心——不会数百次地嵌套 `React.createElement`。现在使用嵌套可以更好地理解 `React.createElement` 做了什么，并且在开始大量使用 `React.createElement` 时，使用嵌套可能有助于你欣赏 JSX。

大家也可能会担心创建的东西看起来太简单了。到目前为止，React 看上去就像是一个冗长的 JavaScript 模板系统。但 React 能够做得更多：开始学习组件。

练习 2-2　React 元素

在开始学习组件之前，检验一下你对 React 元素的理解。在纸上或者在脑海中，列出 React 元素的一些特性。继续阅读之前，用下面的 React 元素的一些特性来唤醒记忆。

- React 元素接收一个字符串来创建一种 DOM 元素（`div`、`a`、`p` 等）。

- 可以通过 props 对象为 React 元素提供配置。这类似于 DOM 元素的属性（如<img src="aUrl"/>）。
- React 元素是可嵌套的，可以将其他 React 元素作为某个元素的子元素。
- React 使用 React 元素创建虚拟 DOM。当 React 更新浏览器 DOM 时，React DOM 会使用虚拟 DOM。
- React 元素是 React 中构成组件的东西。

2.2.3 创建 React 组件

正如已经知道的，除了管理 DOM，只用 React 元素和 React.createElement 创建用户界面并无太大帮助。使用者仍可以将事件处理器作为属性传入来处理点击或输入变化，传入其他数据进行展示，甚至嵌套元素。但你仍会想念 React 所提供的持久状态、让人以可预见的方式处理组件的生命周期方法，以及组件能够提供的任何形式的逻辑分组。你肯定想找一种方法把 React 元素组织在一起。

我们可以用组件做到这些。组件有助于将功能、标记、样式和其他 UI 相关的资料打包和组织在一起。它们充当了 UI 组成部分的某种边界并且还能包含其他组件。组件可以是独立可复用的部分，能够让人独立地思考每个部分。

我们可以使用函数和 JavaScript 类创建两种基本类型的组件。我将在后续章节中探讨第一种类型——无状态函数组件。现在，我将讨论第二种类型：使用 JavaScript 类创建的有状态的 React 组件。从现在起，当我提及 React 组件时，我指的是由类或者函数创建的组件。

2.2.4 创建 React 类

要开始真正地构建东西，需要的不只是 React 元素，还需要组件。如前所述，React 组件（创建自函数的组件）就像是 React 元素，但 React 组件拥有更多特性。React 中的组件是帮助将 React 元素和函数组织到一起的类。它们可以被创建为扩展自 React.Component 基类的类或是函数。本节将探索 React 的类以及如何在 React 中使用这种类型的组件。让我们看看如何创建 React 的类。

```
class MyReactClassComponent extends Component {
    render() {}
}
```

与使用 React.createElement 时调用 React 库中的特定方法不同，由 React.Component 创建组件是通过声明一个继承自 React.Component 抽象基类的 JavaScript 类来实现的。这个继承类通常需要至少定义一个 render 方法，这个 render 方法会返回单个 React 元素或是一个 React 元素的数组。创建 React 类的老办法是使用 createClass 方法。这种方式随着 JavaScript 的类的到来而发生了改变，虽然我们仍旧能使用 create-react-class 模块（npm 上仍然提供），但现在这不是被鼓励的方式。

2.2.5 render 方法

我们开始探索前面提到的用带有 render 方法的 React 类创建组件。这是在 React 应用中最常看到的方法之一，并且几乎任何向屏幕显示内容的组件都带有 render 方法。我们最终会探索那些不直接显示任何东西而是修改或增强其他组件的组件（有时被称为高阶组件）。

render 方法需要只返回一个 React 元素。从这一点看来，render 方法与 React 元素的创建方法相似——它们可以嵌套但最高层只有一个节点。然而，与 React 元素不同的是，React 类的 render 方法可以访问内嵌数据（持久化的内部组件状态），以及组件方法和继承自 React.Component 抽象基类的其他方法（我将会探讨所有这些内容）。我所说的持久化状态对整个组件都是可用的，因为 React 为这种类型的组件创建了一个“支撑实例”。这也是你会听到将这种类型的组件称为有状态组件的原因。

这一切意味着 React 会为 React 类的实例（不是蓝图本身）创建并追踪一个特殊的数据对象，这个对象随时间保持存在并可以通过特定的 React 函数进行更新。我会在后续章节更深入地探讨这些内容，由图 2-10 可知，React 类有支撑实例而 React 元素没有。

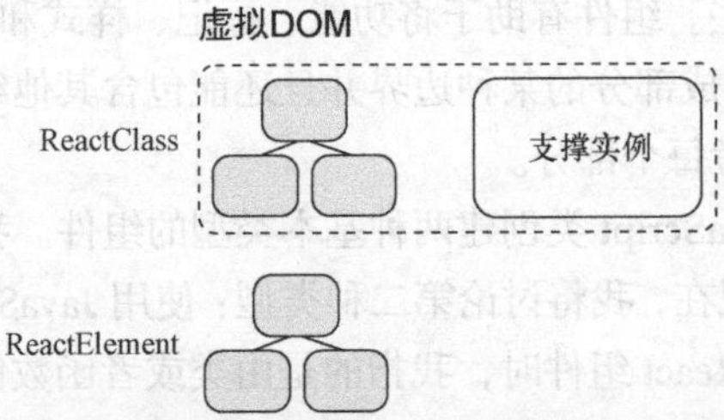

图 2-10 React 在内存中为按 React 组件类方式创建的组件创建了支撑实例。正如所见，React 组件类得到了一个支撑实例，而 React 元素和非 React 类组件却没有。记住，React 元素是 DOM 的镜像而组件是将它们组织在一起的方法。支撑实例是一种为特定组件提供数据存储和访问的方法。存储在该实例中的数据会通过特定的 API 方法被提供给组件的 render 方法。这意味着使用者可以访问能够改变和随时间持久化的数据

当使用 React 类创建组件时，也可以访问属性——能够将该数据传入组件并依次传递给子组件。也许还记得这个 props 数据是传递给 React.createElement 的参数。和之前一样，你可以在创建组件时用它指定组件的属性。在组件内部不能修改 props，但我们很快会发现更新 React 组件内数据的方法。

在下一节的代码清单 2-5 中我们会看到实际的 React 类组件，以及要如何创建更多嵌套的 React 元素并使用 this.props 传递自定义数据。当看到与 React 类一起使用的属性时，这感觉就像在创建类似 Jedi 的自定义 HTML 元素并为其提供“name”这样的自定义属性：<Jedi name="Obi Wan"/>。我会在后续章节中更深入地探讨 this 这个 JavaScript 关键字，但注意在这个例子中，this 这个被保留的 JavaScript 关键字指向的是该组件的实例。

2.2.6 通过 PropTypes 校验属性

React 类组件可以自由使用自定义属性，这听上去真是棒极了。这就像能够创建自定义 HTML 元素，但却有更多功能。记住，能力越大责任越大。我们需要某种方法来验证所使用的属性以便能够防止缺陷并规划组件使用的数据种类。要做到这些，可以使用来自 React 命名空间 `PropTypes` 的验证器。这组 `PropTypes` 验证器过去包含在 React 核心库中，但之后在 React 15.5 版中被分离出去并被废弃了。要使用 `PropTypes`，需要安装 `prop-types` 软件包，这个软件包仍是 React 工具链的一部分但不再包含在核心库中，它将被包含在应用源代码中以及本章一直使用的 CodeSandbox 示例中。

`prop-types` 库提供了一组校验器，它们可以指定组件需要或期望什么样的属性。例如，如果要构建一个 ProfilePicture 组件，但没有图片（或者用于处理没有图片时的逻辑）它就没有什么用处。可以用 `PropTypes` 来指定 ProfilePicture 组件需要用哪些属性以及这些属性是什么样的。

可以把 `PropTypes` 看作提供了一种可以被其他开发者和未来的使用者实现或打破的契约。并非必须使用 `PropTypes` 才能让 React 工作，但应该用它来防止故障并使调试变得简单。使用 `PropTypes` 的另一个好处是，如果先指定期望什么属性，就有机会通盘思考组件需要什么才能运作。

使用 `PropTypes` 时，需要通过类的静态属性或通过类定义后的简单属性赋值来把 `propTypes` 属性添加到 `React.Component` 类。注意，这个是定义在类上的小写属性而不是来自 `React` 对象的属性，很容易将它们混淆。代码清单 2-4 展示了如何使用 `PropTypes`，以及如何从 React 类组件返回 React 元素。这个代码清单把几件事集合在一起：创建一个可以传给 `createElement` 的 `React` 类，添加 `render` 方法，指定 `propTypes`。

代码清单 2-4 使用 PropTypes 和 render 方法

```
import React, { Component } from "react";
import { render } from "react-dom";
import PropTypes from "prop-types";

const node = document.getElementById('root');
class Post extends Component {
    render() {
        return React.createElement(
            'div',
            {
                className: 'post'
            },
            React.createElement(
                'h2',
                {
                    className: 'postAuthor',
                    id: this.props.id
                },
                this.props.user,
                React.createElement(
                    'span',
```

注释：
- 引入 React，React DOM 和 prop-types（对应三行 import）
- 创建 React 类作为 Post 组件。这个例子中，只是指定了 propTypes 和 render 方法（对应 class Post extends Component {）
- 创建一个 class 为'post'的 div 元素（对应 className: 'post'）
- JavaScript 中，this 的指向有时会令人困惑——在这里，this 指的是组件的实例，而不是 React 类的蓝图（对应 this.props.user,）

```
                {
                    className: 'postBody'
                },
                this.props.content
            )
        )
    );
  }
}

Post.propTypes = {
    user: PropTypes.string.isRequired,
    content: PropTypes.string.isRequired,
    id: PropTypes.number.isRequired
};

const App = React.createElement(Post, {
    id: 1,
    content: ' said: This is a post!',
    user: 'mark'
});

render(App, node);

...
```

用 className 而不是 class 来指定 DOM 元素的 CSS 类名

同样，content 属性是创建的 span 元素的内部内容

属性可能是可选的或必需的、有类型，甚至必须要有一定的“形状”（例如，具有某些属性的对象）

将 Post 的 React 类与一些属性一起传递给 React.createElement，创建一些 React DOM 能够渲染的东西——尝试更改数据以查看组件的呈现方式

代码清单 2-4 的在线代码位于 https://codesandbox.io/s/3yj462omrq。

应该看到一些文字出现：“mark said: This is a post!”如果没有提供任何必要的属性，会在开发者控制台中看到警告。未能提供某些属性可能会破坏应用，因为组件需要这些属性来工作，但验证步骤不会。换言之，如果忘记给应用提供一些重要数据，应用可能会出问题，但使用 PropTypes 验证不会——它只是让使用者知道忘记了那个属性。由于 PropTypes 只在开发模式中进行类型评估，运行在生产环境的应用不会耗费额外的精力做 PropTypes 的工作。

现在创建了一个组件并传入了一些数据，可以尝试嵌套组件。我之前已经提到这种可能性，这正是让 React 的使用成为一种乐趣并且使 React 非常强大的部分原因：能够由其他组件创建组件。代码清单 2-5 说明了这一点并展示了 children 属性的特殊用法。我会在后续章节使用路由和高阶组件时对此进行详细介绍。当使用 this.props.children 属性时，它就像让嵌套数据通过的插座。在这个例子中，我们会创建一个 Comment 组件、将其作为参数传递并实现嵌套。

代码清单 2-5　添加嵌套组件

```
//...
        this.props.user,
        React.createElement(
          "span",
          {
            className: "postBody"
```

```
            },
            this.props.content
        ),
        this.props.children
//...
class Comment extends Component {
    render() {
        return React.createElement(
            'div',
            {
                className: 'comment'
            },
            React.createElement(
                'h2',
                {
                    className: 'commentAuthor'
                },
                this.props.user,
                React.createElement(
                    'span',
                    {
                        className: 'commentContent'
                    },
                    this.props.content
                )
            )
        );
    }
}

Comment.propTypes = {
    id: PropTypes.number.isRequired,
    content: PropTypes.string.isRequired,
    user: PropTypes.string.isRequired
};

const App = React.createElement(
    Post,
    {
        id: 1,
        content: ' said: This is a post!',
        user: 'mark'
    },
    React.createElement(Comment, {
        id: 2,
        user: 'bob',
        content: ' commented: wow! how cool!'
    })
);

ReactDOM.render(App, node);
```

把 this.props.children 添加到 Post 组件，以便它可以渲染 children

创建 Comment 组件，与创建 Post 组件类似

声明 propTypes

将 Comment 组件嵌套到 Post 组件中

代码清单 2-5 的在线代码位于 https://codesandbox.io/s/k2vn448pn3。

现在创建了一个嵌套组件，应该能够在浏览器中看到更多东西。接下来，我们将看看要如何用之前提及的（随 React 类一起的）内嵌状态来创建动态组件。

练习 2-3　对一个组件树进行逆向工程

继续之前，通过对 GitHub 这样的网站的一个组件树进行逆向工程来检验你对组件的理解。打开开发者工具，挑选一个嵌套不太深的 DOM 元素，从它开始重建 React 类。考虑下面的 DOM 元素：

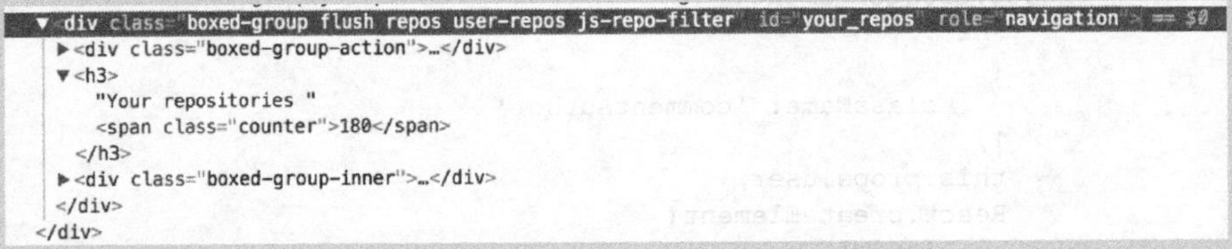

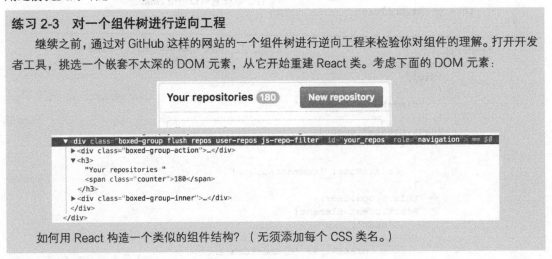

如何用 React 构造一个类似的组件结构？（无须添加每个 CSS 类名。）

2.3　组件的一生

本节将增强 Post 和 Comment 组件，以使它们具有交互性。早先，我们发现作为 React 类创建的组件拥有某些特定的方法来通过“支撑实例”保存和访问数据。为了理解这是怎么回事，让我们回顾一下 React 的工作方式的整体情况。图 2-11 概括了目前所学到的东西。通过由 React 元素（映射到 DOM 的元素）组成的 React 类能够创建组件。我称为 React 类的东西是 `React.createElement` 能够使用的 `React.Component` 的子类。

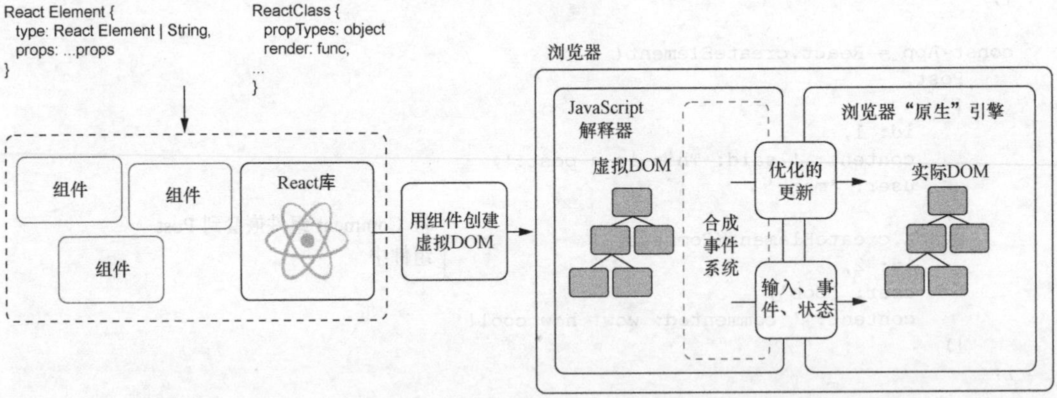

图 2-11　放大 React 的渲染过程。React 使用 React 类和 React 元素创建内存中控制实际 DOM 的虚拟 DOM。它还创建了一个“综合”事件系统，以便仍可以对来自浏览器的事件做出反应（如点击、滚动和其他用户引起的事件）

由 React 类创建的组件拥有存储数据的支撑实例，并且需要有一个只返回单个 React 元素的 `render` 方法。React 将获取 React 元素并由这些 React 元素创建内存中的虚拟 DOM，而它会负责管理和更新 DOM。

我们已经为 React 类添加了 `render` 方法和一些 `PropTypes` 校验。但要创建动态组件，需要的远不止这些。React 类可以拥有某些特殊方法，当 React 管理虚拟 DOM 时，它们会以一定的顺序被调用。用来返回 React 元素的 `render` 方法只是其中一个方法。

除了保留的生命周期方法，使用者可以添加自己的方法。React 让使用者可以自由和灵活地将需要的任何方法添加到组件中。几乎任何有效的 JavaScript 都能用于 React。如果翻回去看第 1 章中的图 1-1，会注意到占 React 组件大部分的是生命周期方法、特定属性和自定义代码。还有什么？

2.3.1 React 的状态

与自定义方法和生命周期方法一起，React 类还提供了能够与组件一起持久化的状态（数据）。这来自我提到的支撑实例。状态是个很大的话题——我无法在本章全面介绍它，但现在只需足够了解它以便能让组件可以交互并鲜活起来。状态是什么？从另一个方面来看，状态是某个特定时间事物的信息。例如，通过询问“你今天怎么样？”来了解朋友的“状态”。

有两种基本类型的状态：可变和不可变。思考两者之间区别的一个简单方法是从时间的角度来考虑。事物在创建后是否能够变化？如果可以，它就被称为可变的；如果不行，它就被称为不可变的。关于这些主题有深入的学术研究领域，因此我不打算在这里深入地讲解它们。

React 中，那些通过扩展 `React.Component` 并作为 JavaScript 类创建的组件可能既有可变状态也有不可变状态，而基于函数创建的组件（无状态函数组件）则只能访问不可变状态（属性）。我会在后续章节中涉及这些主题。现在，我会专注于那些继承自 `React.Component` 的组件以及状态的获取方法和其他方法。在这些种类的组件中，可以通过类实例的 `this.state` 属性访问可变状态。而不可变状态则是通过 `this.props` 进行访问的，我们已经用它创建过静态组件。

不应该在组件内修改 `this.props`。我们会在后续章节了解如何为组件提供随时间变化的数据，现在只需知道不能直接改变 `this.props`。

你可能在想如何使用 React 的状态（`state`）和属性（`props`）。答案主要是如何使用传入的数据或者函数内被用到的数据。这包括计算、展示、解析、业务逻辑以及其他数据相关的任务。实际上，属性和状态是在 UI 中使用动态和静态数据的主要方式（展示用户信息、传递数据给事件处理器等）。

状态和属性是数据的运输工具，这些数据构成应用并使其有用。如果正在创建一个社交网络应用（将在后续章节这么做），常常会组合使用属性和状态构建展示和更新用户信息、更新的内容以及更多的东西的组件。如果正在用 React 做数据可视化，你可能会将属性和状态作为 D3.js 这样的可视化库的输入。无论你在构建什么，很可能会在 React 应用中使用状态和属性来管理和传输信息。

练习 2-4　可变与不可变

继续之前，通过思考 React 中两种主要类型数据之间的区别来检验你对可变和不可变的理解。将下面每个语句标记为真或假。

- 可变意味着数据能够随时间改变。T|F
- 用 React 中的 `this.state` 属性访问 state。T|F
- `props` 是 React 提供的可变对象。T|F
- 不可变数据不会随时间改变。T|F
- 通过 `this.props` 访问属性。T|F

2.3.2　设定初始状态

应该在什么时候使用状态？要如何开始使用状态？目前，简单的答案是，*在想要改变存储在组件中的数据时使用*。我说过属性是不可变的（不可修改的），所以，如果需要改变数据的话，就需要可变状态。在 React 中，需要变化的数据常常来自于用户输入（通常是文本、文件、切换选项等）或者是用户输入的结果，但也可能是许多其他东西。为了跟踪用户与表单元素的交互，需要提供初始状态，而后随时间改变该状态。可以使用组件的构造函数来为组件设置初始状态——一个构筑于之前代码清单的想法和概念之上的评论框组件。它让用户用一个简单的表单给帖子添加评论。代码清单 2-6 展示了如何搭建组件并设置初始状态。

代码清单 2-6　设置初始状态

```
//...
class CreateComment extends Component {
  constructor(props) {
    super(props);
    this.state = {
      content: '',
      user: ''
    };
  }
  render() {
    return React.createElement(
      'form',
      {
        className: 'createComment'
      },
      React.createElement('input', {
        type: 'text',
        placeholder: 'Your name',
        value: this.state.user
      }),
      React.createElement('input', {
        type: 'text',
        placeholder: 'Thoughts?'
```

在类构造函数中调用 super 并将初始 state 对象赋值给类实例的 state 属性——要注意的是，除在组件类的构造函数中之外，一般不会像这样对 state 赋值

将组件创建为 React 类，其为用户提供了一些输入字段——我会在后续章节中更详细地讨论表单

```
            }),
            React.createElement('input', {
                type: 'submit',
                value: 'Post'
            })
        );
    }
}
CreateComment.propTypes = {
    content: React.PropTypes.string
};
//...
const App = React.createElement(
    Post,
    {
        id: 1,
        content: ' said: This is a post!',
        user: 'mark'
    },
    React.createElement(Comment, {
        id: 2,
        user: 'bob',
        content: ' commented: wow! how cool!'
    }),
    React.createElement(CreateComment)    <-- 将 CreateComment 添加到 App 组件中
);
```

代码清单 2-6 的在线代码位于 https://codesandbox.io/s/p5r3kwqx5q。

需要使用一个专门的方法来更新组件类的构造函数中初始化的状态。不能像在非 React 情况下那样直接覆盖 `this.state`，因为 React 需要追踪状态并确保虚拟 DOM 和实际 DOM 保持同步。需要使用 `this.setState` 来更新 React 类组件中的状态。来看一下它的基本用法。`this.setState` 接收一个用来更新状态的更新器函数，而且 `this.setState` 不返回任何东西：

```
setState(
   function(prevState, props) -> nextState,
   callback
)-> void
```

`this.setState` 接收一个返回对象的更新器函数，该对象会与状态进行浅合并。例如，一开始将属性 `username` 设置为空字符串，可以使用 `this.setState` 为组件状态设置新的 `username` 值。React 会接收这个值并用新值更新支撑实例和 DOM。

JavaScript 中的更新或重新赋值与使用 `setState` 之间的一个关键区别是，React 能够根据状态变化选择批量更新以便使效率最大化。这意味着，当调用 `setState` 进行状态更新时，它无须立即执行。可以更多地将其当作一个确认——React 将以最高效的方法基于新状态更新 DOM，尽可能快。

什么会引起 React 进行更新？JavaScript 是事件驱动的，所以它可能会响应某种用户输入（至少在浏览器中），可能是一次点击、按键或者许多浏览器支持的其他事件。事件与 React 如何协同工作？

React 实现了一个合成事件系统作为虚拟 DOM 的一部分，它会将浏览器中的事件转换为 React 应用的事件。可以设置响应浏览器事件的事件处理器，就像通常用 JavaScript 做的那样。一个区别是 React 的事件处理器是设置在 React 元素或组件自身之上的（而不是用 addEventListener）。可以用来自这些事件（输入框的文本、单选按钮的值或事件的目标）的数据更新组件的状态。

代码清单 2-7 展示了如何将已经学到的有关设置初始 state 和设置事件处理器的知识付诸实践。React 能够监听浏览器中很多不同事件，涵盖了几乎每种可能的用户交互（点击、按键、表单、滚动等）。这里我们最关心的是两个主要事件：当表单输入值改变的时候，以及当表单被提交的时候。通过监听这些事件，能够接收并使用数据来创建新评论。

代码清单 2-7 设置事件处理器

```
...
class CreateComment extends Component {
    constructor(props) {
        super(props);
        this.state = {
            content: '',
            user: ''
        };
        this.handleUserChange = this.handleUserChange.bind(this);
        this.handleTextChange = this.handleTextChange.bind(this);
        this.handleSubmit = this.handleSubmit.bind(this);
    }
    handleUserChange(event) {
        const val = event.target.value;
        this.setState(() => ({
            user: val
        }));
    }
    handleTextChange(event) {
        const val = event.target.value;
        this.setState(() => ({
            content: val
        }));
    }
    handleSubmit(event) {
        event.preventDefault();
        this.setState(() => ({
            user: '',
            content: ''
        }));
    }
    render() {
        return React.createElement(
            'form',
            {
                className: 'createComment',
                onSubmit: this.handleSubmit
            },
            React.createElement('input', {
```

由于使用类创建的组件无法自动绑定组件的方法，因此需要在构造函数中将它们绑定到 this 上

指定事件处理器来处理作者字段的更改——用 event.target.value 获取输入元素的值并用 this.setState 更新组件的状态

用类似函数为评论内容创建事件处理器

表单提交事件的事件处理器

提交后重置输入字段以使用户能够提交进一步的评论

```
            type: 'text',
            placeholder: 'Your name',
            value: this.state.user,
            onChange: this.handleUserChange
        }),
        React.createElement('input', {
            type: 'text',
            placeholder: 'Thoughts?',
            value: this.state.content,
            onChange: this.handleTextChange
        }),
        React.createElement('input', {
            type: 'submit',
            value: 'Post'
        })
    );
  }
}
CreateComment.propTypes = {
    onCommentSubmit: PropTypes.func.isRequired,
    content: PropTypes.string
};
...
```

代码清单 2-7 的在线代码位于 https://codesandbox.io/s/x9mxo31pxp。

有注意到是如何在组件类的构造函数中使用`.bind`的吗？在之前版本的 React 中，React 会自动将方法绑定到组件实例上。但切换到 JavaScript 类之后，需要自己绑定方法。如果定义了一个组件方法而它却不工作，你需要确定已经正确地绑定了方法——最初开始使用 React 时，很容易忘记。

接下来，尝试去掉`onChange`事件处理器，看看是否能够在表单输入框中输入任何东西。答案是不能，因为 React 要确保 DOM 与虚拟 DOM 保持一致，如果虚拟 DOM 没有更新，就不会让 DOM 发生变化。如果现在不完全明白，不用担心，第 5 章和第 6 章将更全面地讨论表单。

既然有办法监听事件并修改组件状态，就有办法用单向数据流创建新组件。在 React 中，数据自顶向下流动，作为从父组件到子组件的输入。当创建复合组件时，可以通过属性向子组件传递信息并在子组件中使用这些信息。这表示可以将来自`CreateComment`组件的数据存储在父组件中并从那里将数据传递给子组件。但要如何将从一个子组件的新评论中获取的数据（用户输入到表单的文本）送回父组件和子组件？图 2-12 展示了此类数据流的例子。

要如何实现？我们还没有考虑通过属性传递的一种数据，那就是函数。因为 JavaScript 中函数可以作为参数传递给其他函数，所以可以利用这一点。可以在父组件中定义一个方法并将其作为属性传递给子组件。如此一来，子组件就能够将数据发送回父组件而无须了解父组件如何处理数据。如果需要随数据的变化而进行调整，无须对`CreateComment`组件做任何事情。要执行作为属性传递的函数，子组件只需要调用方法并将数据传给它。代码清单 2-8 展示了如何将函数用作属性。

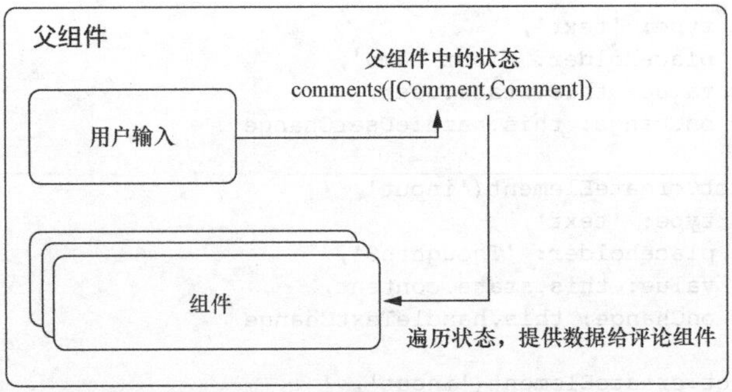

图 2-12　要添加帖子，需要从输入字段获取数据并以某种方式传给父组件，然后更新后的数据将被用来渲染帖子

代码清单 2-8　将函数用作属性

```
//...
class CreateComment extends Component {
    constructor(props) {
        super(props);
        this.state = {
            content: '',
            user: ''
        };
        this.handleUserChange = this.handleUserChange.bind(this);
        this.handleTextChange = this.handleTextChange.bind(this);
        this.handleSubmit = this.handleSubmit.bind(this);
    }
    handleUserChange(event) {
        this.setState(() => ({
            user: event.target.value
        }));
    }
    handleTextChange(event) {
        this.setState(() => ({
            content: event.target.value
        }));
    }
    handleSubmit(event) {
        event.preventDefault();
        this.props.onCommentSubmit({
            user: this.state.user.trim(),
            content: this.state.content.trim()
        });
        this.setState(() => ({
            user: '',
            text: ''
        }));
    }
    render() {
        return React.createElement(
            'form',
            {
                className: 'createComment',
```

调用由父组件作为属性传入的 onCommentSubmit 函数——传入来自表单的数据并重置表单以便用户知道其操作已成功

```
            onSubmit: this.handleSubmit
        },
        React.createElement('input', {
            type: 'text',
            placeholder: 'Your name',
            value: this.state.user,
            onChange: this.handleUserChange
        }),
        React.createElement('input', {
            type: 'text',
            placeholder: 'Thoughts?',
            value: this.state.content,
            onChange: this.handleTextChange
        }),
        React.createElement('input', {
            type: 'submit',
            value: 'Post'
        })
    );
  }
}
//...
```

不要忘记将已设置的方法绑定到 onSubmit 事件——如果没有绑定，正确的事件与方法之间就不会有任何联系

代码清单 2-8 的在线代码位于 https://codesandbox.io/s/p3mk26v3lx。

现在组件能够将新评论数据传递给父组件，需要包含一些模拟数据以便能够开始评论。后续章节中，将使用 Fetch API 和一个 Rest 风格的 JSON API，但现在使用自己创建的假数据就可以。代码清单 2-9 展示了如何模拟带有评论的帖子的基本数据。

代码清单 2-9　模拟 API 数据

```
...
const data = {
    post: {
        id: 123,
        content:
            'What we hope ever to do with ease, we must first learn to do
            with diligence. — Samuel Johnson',
        user: 'Mark Thomas',
    },
    comments: [
        {
            id: 0,
            user: 'David',
            content: 'such. win.',
        },
        {
            id: 1,
            user: 'Haley',
            content: 'Love it.',
        },
        {
            id: 2,
            user: 'Peter',
            content: 'Who was Samuel Johnson?',
        },
        {
            id: 3,
            user: 'Mitchell',
```

为 CommentBox 组件设置模拟数据

将把这些评论对象作为已有的评论

```
            content: '@Peter get off Letters and do your homework',
        },
        {                                          将把这些评论对象
            id: 4,                                 作为已有的评论
            user: 'Peter',
            content: '@mitchell ok :P',
        },
    ],
};
...
```

接下来，需要一种方法来展示所有的评论，这对于 React 很容易。我们已经有展示评论的组件。既然操作 React 组件所需的只是普通的 JavaScript，可以使用`.map()`函数返回一个 React 元素的新数组。不能使用内联的`.forEach()`，因为它不返回数组，而这会让`React.createElement()`无事可做。然而，可以用`forEach`创建一个数组，而后把这个数组传进去。

除了对现有评论进行循环迭代，还需要定义一个可以传递给 CreateComment 组件的方法。它需要通过接收子组件的数据来修改其状态中的评论列表。提交方法和状态需要加入新的父组件：CommentBox。代码清单 2-10 展示了如何创建组件并设置这些方法。

代码清单 2-10　处理评论提交和元素的循环迭代

```
...
class CommentBox extends Component {
    constructor(props) {
        super(props);                                  从最高层将评论数据传
        this.state = {                                 给 CommentBox
            comments: this.props.comments
        };
        this.handleCommentSubmit = this.handleCommentSubmit.bind(this);
    }
    handleCommentSubmit(comment) {
        const comments = this.state.comments;
        // note that we didn't directly modify state          不要直接修改
        comment.id = Date.now();                              状态——相反，
        const newComments = comments.concat([comment]);       创建一个副本
        this.setState({
            comments: newComments
        });
    }
    render() {
        return React.createElement(
            'div',
            {
                className: 'commentBox'
            },
            React.createElement(Post, {
                id: this.props.post.id,                如先前，从最高层传入数据变量
                content: this.props.post.content,      来访问帖子（post）数据
                user: this.props.post.user
            }),
```

```
            this.state.comments.map(function(comment) {
                return React.createElement(Comment, {
                    key: comment.id,
                    id: comment.id,
                    content: comment.content,
                    user: comment.user
                });
            }),
            React.createElement(CreateComment, {
                onCommentSubmit: this.handleCommentSubmit
            })
        );
    }
}

CommentBox.propTypes = {
    post: PropTypes.object,
    comments: PropTypes.arrayOf(PropTypes.object)
};

const App = React.createElement(CreateComment);

ReactDOM.render(
    React.createElement(CommentBox, {
        comments: data.comments,
        post: data.post
    }),
    node
);

...
```

遍历 this.state.comments 中的评论并为每个评论返回一个 React 元素

把父组件的 handleCommentSubmit 方法提供给 CreateComment 组件使用

将模拟数据作为属性传给 CommentBox 组件

代码清单 2-10 的在线代码位于 https://codesandbox.io/s/z6o64oljn4。

至此，我们有了一个不好看、未经测试但可以工作的组件，它可以对属性进行验证、更新状态并能够添加新评论。它看起来不怎么样，所以我将完善它作为一个挑战留给读者去完成，让这个评论框配得上我们 Letters 这个假想公司。

2.4　认识 JSX

我们已经创建了第一个 React 动态组件。如果觉得这很容易，那太棒了！如果觉得部分代码连同全部嵌套的 React.createElement 难以阅读，那也没关系。我们即将讨论一些创建组件的简单方法，但首先需要关注基本原理。以相反的方式（先是“魔法”和容易的东西，其后是基础和细节）学习几乎任何其他东西通常更容易，但从长远来看，这可能会妨碍学习者，因为你没有花大力气理解底层机制的工作方式。如果回头审视模拟数据，也许会想起这则名言，很是应景：

> 如果我们希望做事得心应手，就必须首先学会辛勤付出。
>
> ——塞缪尔 · 约翰逊

2.4.1 使用 JSX 创建组件

掌握基础很重要，但并不意味着我们必须自讨苦吃。事实上，与仅使用 React.createElement 相比，有更为简便易行的方法创建 React 组件。认识 JSX：更好的方法。

JSX 是什么？它是对 ECMAScript 的一种类 XML 的语法扩展，但它没有定义任何语义，其专门提供给预处理器使用。换言之，JSX 是 JavaScript 的扩展，其类似 XML 并且仅用于代码转换工具。它任何时候都不是那种会并入 ECMAScript 规范的东西。

JSX 通过让使用者书写 XML 风格（想想 HTML）的代码来替代使用 React.createClass 从而起到帮助作用。换句话说，它让人编写类似于（但不是）HTML 的代码。JSX 预处理程序类似于 Babel（将 JavaScript 代码转换成与旧浏览器兼容的代码的转义器）会浏览所有 JSX 代码并将其转换为常规的 JavaScript，就像到目前为止我们所写的那些代码。一个可能的影响是在浏览器本地运行未经转换的 JSX 代码是行不通的——当 JavaScript 被解析时会得到各种各样的语法错误。

在 JavaScript 中编写 XML 风格的类 HTML 代码也许会引起使用者的警戒本能，但有许多很好的理由去使用 JSX，我将来会介绍它们。现在，看看代码清单 2-11 以了解使用 JSX 后评论框组件会是什么样子。我省略了一些代码以使你专注于 JSX 语法更容易。注意到，Babel 被包含进来作为 CodeSandbox 环境的一部分。通常，可以使用像 Webpack 这样的构建工具来转义 JavaScript，但也可以导入 Babel 并让其在没有构建步骤的情况下工作。但那会非常慢，绝不应该在生产环境中这样做。

代码清单 2-11 使用 JSX 重写组件

```
...
    class CreateComment extends Component {
    constructor(props) {
        super(props);
        this.state = {
            content: '',
            user: ''
        };
        this.handleUserChange = this.handleUserChange.bind(this);
        this.handleTextChange = this.handleTextChange.bind(this);
        this.handleSubmit = this.handleSubmit.bind(this);
    }
    //...
    render() {
        return (
            <form onSubmit={this.handleSubmit} className="createComment">
                <input
                    value={this.state.user}
                    onChange={this.handleUserChange}
                    placeholder="Your name"
                    type="text"
                />
                <input
                   value={this.state.content}
```

不在对象上创建 props，而是在 JSX 中像在 HTML 那样创建它们——要传入表达式需要使用{}语法。

```
                        onChange={this.handleTextChange}
                        placeholder="Thoughts?"
                        type="text"
                    />
                    <button type="submit">Post</button>
                </form>
            );
        }
    }

    class CommentBox extends Component {
    //...
        render() {
            return (
                <div className="commentBox">
                    <Post
                        id={this.props.post.id}
                        content={this.props.post.content}
                        user={this.props.post.user}
                    />
                    {this.state.comments.map(function(comment) {
                        return (
                            <Comment
                                key={comment.id}
                                content={comment.content}
                                user={comment.user}
                            />
                        );
                    })}
                    <CreateComment
                        onCommentSubmit={this.handleCommentSubmit}
                    />
                </div>
            );
        }
    }

    CommentBox.propTypes = {
        post: PropTypes.object,
        comments: PropTypes.arrayOf(PropTypes.object)
    };

    ReactDOM.render(
        <CommentBox
            comments={data.comments}
            post={data.post}
        />,
        node
    );
    ......
```

这是之前创建的 Post 的 React 类——注意现在它更清晰地表明它是自定义组件而且看起来它就像正身处 HTML 中一样

在 {} 内部使用常规 JavaScript 遍历评论列表并为每个评论创建一个评论组件

将 handleCommentSubmit 作为属性传入

在最上层，CommentBox 也是一个需要提供属性并传给 React DOM 去渲染的自定义组件

代码清单 2-11 的在线代码位于 https://codesandbox.io/s/vnwz6y28x5。

2.4.2 JSX 的好处以及 JSX 与 HTML 的差别

现在我们已经看到了实际应用的 JSX，也许你对它已经不再那么怀疑了。但是，如果仍旧持保留态度，重要的是考虑 JSX 为使用 React 组件带来的诸多好处。下面是其中两个好处。

- 类似于 HTML 且语法简单——如果重复编写 `React.createElement` 让人感到乏味，或者发现嵌套让人无所适从，那你并不孤单。JSX 与 HTML 的相似性使得用熟悉的方式声明组件结构更为简单而且极大地提高了可读性。
- 声明式和封装——通过将组成视图的代码与相关联的方法包含在一起，使用者创建了一个功能组。本质上，你需要知道的有关组件的所有信息都汇聚在一处，无关紧要的东西被隐藏起来，这意味着使用者能够更容易地思考组件并且更加清楚它们作为一个系统是如何工作的。

这可能感觉像回到了 20 世纪 90 年代末那种混合着 JavaScript 编写标记语言的情况，但这并不意味着它是个坏主意。

需要注意的是，JSX 不是 HTML（或者 XML）——它只会转义成常规 React 代码，就像到目前所写的，而且它的语法和惯例也不完全相同。需要关注一些细微的差异，后续章节将更全面地讨论这些差异，但我先简要地介绍其中的一些。

- HTML 标签与 React 组件——使用 `React.createClass` 创建的自定义 React 组件按惯例首字母是大写的，所以我们能够分辨自定义组件和原生 HTML 组件。
- 属性表达式——当想使用 JavaScript 表达式作为属性值时，如代码清单 2-8 所示，将表达式包在一对大括号中（`<Comment a={this .props.b}/>`），而不是双引号中（`<User a="this.props.b"/>`）。
- 布尔属性——省略一个属性的值（`<Planactive/>`，`<Input checked/>`）会让 JSX 将其视为 `true`。要传入 `false` 值，必须使用属性表达式（`attribute={false}`）。
- 嵌套表达式——要在元素内部插入表达式的值，也需要使用大括号（`<p>{this.props.content}</p>`）。

JSX 中有些细微差别，甚至偶尔有些“颇费思量之处”，后续章节会探讨所有这些内容。我们会在组件中大量使用 JSX，现在我们已经开始使用 JSX，因此我们将能够更容易地创建、阅读和思考组件。

2.5 小结

我们在本章花了大量时间探讨组件，让我们回顾一些关键点。

- 我们使用了两种主要类型的元素来创建 React 的组件：React 元素和 React 类。React 元素是“你想在屏幕上看到的东西”并且它们与 DOM 元素相似。另一方面，React 类是

继承自 `React.Component` 的 JavaScript 类。这就是我们通常所说的组件，它们要么从类创建（通常扩展 `React.Component`）要么从函数创建（无状态函数组件，后续章节会探讨）。

- React 类可以访问随时间变化的状态（可变状态），而所有 React 元素只能访问不能被修改的属性（不可变状态）。
- React 类还有被称为*生命周期方法*的特殊方法，React 会在渲染和更新过程中按一定顺序调用它们。这使得组件更容易预测而且让人很容易挂载进组件的更新过程。
- React 类可以在其上定义方法来执行诸如改变状态这样的任务。
- React 组件通过属性进行通信并具有父子关系。父组件能够传递数据给子组件，但子组件不能修改父组件。它们可以通过回调函数将数据传递给父组件，但不能直接访问父组件。
- JSX 是 JavaScript 的一种类 XML 扩展，它能让人用更容易和更熟悉的方式编写组件。在 JavaScript 代码中编写类似 HTML 的东西最初也许感觉很奇怪，但 JSX 让人们用更为熟悉的方式在 React 中编写标记语言而且通常比 `React.createElement` 调用更易于阅读。

我们创建了第一个组件，但只是对用 React 能做什么了解了一些皮毛。接下来的一章，随着视野的扩展，我们将开始探索如何处理更复杂的数据，了解不同类型的组件，以及深入研究状态。

第二部分

React 中的组件和数据

第一部分我们从核心思想和关键点审视了 React，快速了解了它的一些 API 并构建了几个组件。期望这能够让你更全面地了解，作为一种技术 React 是什么以及 React 是如何工作的。但走马观花地学习并不能让你充分利用 React 的优势，从而用它构建出健壮、动态的用户界面。

这正是第二部分的立意所在。在第二部分我们将开始更彻底地探索 React 并仔细了解其 API。我们会看看如何创建组件以及可以创建的一些不同类型的组件。我们会在第 3 章探索数据如何在 React 应用中流动，这将有助于你理解 React 处理组件中的数据的方式。

在第 4 章中你会了解 React 中的生命周期方法并开始构建本书其余部分关注的项目：一个称为 Letters Social 的社交网络应用。如果想提前一窥最终的项目，可以访问 https://social.react.sh。第 4 章会帮助你理解 React 组件 API 并展示如何搭建 Letters Social 项目。

在第 5 章和第 6 章中你会了解 React 的表单。表单是大多数 Web 应用的重要部分，我们会探索它们在 React 中的工作方式。我们会为 Letters Social 添加表单并创建让用户发帖的用户界面以及集成 Mapbox 从而为帖子添加地图位置。

在第 7 章和第 8 章中，我们会深入路由。路由是现代前端 Web 应用的另一个核心部分。我们会用 React 从头构建路由并为 Letters Social 添加多个页面。在这一章的末尾，我们会集成 Firebase 以便用户能够登入应用。

当我们在第 9 章完结第二部分时，我们将重点关注测试。测试是所有软件的重要组成部分，React 也不例外。在诸多工具中，我们会用 Jest 和 Enzyme 来探索测试 React 组件。

第 3 章　React 中的数据和数据流

本章主要内容

- 可变状态与不可变状态
- 有状态组件和无状态组件
- 组件通信
- 单向数据流

第 2 章大致介绍了 React。我们花了些时间学习了 React，了解它的设计和 API 背后的一些概念，我们甚至还逐步说明了如何用 React 组件构建一个简单注释框。在第 4 章中，我们将开始更全面地使用组件并开始构建 Letters Social 示例项目。但在此之前，我们需要更多地了解如何处理 React 中的数据，并理解数据是如何在 React 应用中流动的。这就是本章的内容。

3.1 状态介绍

第 2 章简要介绍了如何处理 React 组件中的数据，但如果我们想构建大型的 React 应用，我们需要花费更多时间来关注它。在本节中，我们将学习：

- 状态；
- React 如何处理状态；
- 数据如何通过组件流动。

现代 Web 应用程序通常构建为数据优先的应用。诚然，仍有许多静态网站（我的博客就是其中之一），但即便是这些网站也是随着时间的推移而不断更新的，而且静态网站通常被认为是与现代 Web 应用不同类别的网站。人们经常使用的大多数 Web 应用是高度动态的并且充满了随时间变化的数据。

想想 Facebook 这样的应用。作为社交网络，数据是所有有用东西的生命线，它提供了与互联网上的其他人进行交互的多种方式，所有这些方法都是通过在浏览器（或者其他平台）上修改和接收数据来实现的。许多其他应用包含要展示在 UI 中的非常复杂的数据，人们可以理解并容易地使用。开发人员还需要有能力维护和推断这些界面以及数据如何通过界面进行流动，因此应用处理数据的方法与处理随时间变化的数据的能力是一样重要的。我们在下一章开始构建的示例应用 Letters Social 会使用大量的变化数据，但它不像大多数客户应用或商业应用那样复杂。我们将在本章更明确地阐述它，并在本书的其余部分继续学习如何处理 React 中的数据。

3.1.1 什么是状态

让我们简单地看看状态，以便当我们查看 React 中的状态时可以更好地理解它。即使之前从未明确地思考过或听说过程序中的“状态”，但至少可能见过它。大部分程序都可能有一些与它们对应的状态。如果你之前用过诸如 Vue、Angular 和 Ember 这样的前端框架，那么几乎可以肯定你一定编写过拥有某种状态的 UI。React 组件也有状态。那么当谈及“状态”时，我们究竟讨论的是什么？试试下面这个定义。

状态 程序在特定瞬间可访问的所有信息。

这是一个简化的定义，这个定义可能忽略了一些学术上的细微差别，但就我们的目的而言已经足够了。许多学者编写了大量论文致力于精确定义计算机系统中的状态，但对我们而言，状态是程序在一瞬间可访问的信息。这包括，在某个特定时刻无须任何额外的赋值或计算就能够引用的所有值，换句话说，它是瞬间对某个程序的了解的快照。

例如，这可能包括先前创建的任何变量或其他可用的值。当改变一个变量（而不是用它获取值时），程序的状态就会被改变，它与之前不一样了。仅通过读取你就可以检索给定时刻的状态，但当你随着时间的推移而进行了某些修改，程序的状态就会变化。从技术上讲，机器的底层状态在使用时每时每刻都在变化，但我们只关心程序的状态。

让我们看一些代码并逐句检查代码清单 3-1 中的简单的程序状态。我们不会深入那些发生在幕后的所有底层分配或过程，我们只是尝试更清晰地认识程序中的数据，以便更容易思考 React 组件。

代码清单 3-1 简单的程序状态

```
const letters = 'Letters';                               // 在名为 letters 的变量中保存一个字符串
const splitLetters = letters.split('');                  // 将 letters 切分为一个字符串数组
console.log("Let's spell a word!");                      // 打印出一条消息
splitLetters.forEach(letter => console.log(letter));     // 打印出每个字母
```

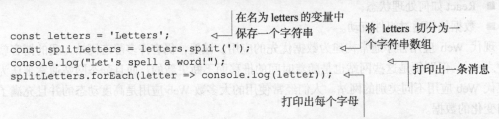

代码清单 3-1 展示了一个简单的脚本，它进行了一些基本赋值和数据操作并将其输出到控制台。这虽然很乏味，但我们可以用它来更多地了解状态。Javascript 采用所谓的“运行至完成”（run to completion）语义，这意味着程序将按照通常被认为的顺序从上到下执行。JavaScript 引擎常常

会以意想不到的方式优化代码，但它仍然以与原始代码一致的方式运行。

尝试从上到下逐行阅读代码清单 3-1 中的代码。如果想用浏览器的调试器执行它，转至 https://codesandbox.io/s/n9mvol5x9p。打开浏览器的开发者工具，逐步执行每行代码并查看所有的变量赋值和其他东西。

考虑到我们的目的，让我们将每行代码当作某个时间点。就状态的简单定义“程序在特定瞬间可访问的所有信息”，如何描述应用在某个时刻的状态？注意，我们让事情简单化了并忽略了闭包、垃圾收集等。

（1）`letters` 是一个变量，将字符串“Letters”赋值给它。

（2）通过从 `letters` 拆分出每个字符创建了 `splitLetters`，`letters` 仍旧可用。

（3）来自步骤 1 和步骤 2 的所有信息都可用，一个消息被发送到控制台。

（4）程序遍历数组中的每一项并打印输出一个字符。这一过程可能瞬间发生几次，因此对 `Array.forEach` 可用的信息对程序也可用。

随着程序向前执行，状态随时间发生变化，更多的信息变得可用，因为任何信息都没有被删除而且引用也没有被改变。表 3-1 展示了可用信息是如何随着程序向前执行而增加的。

表 3-1　每一步的状态

步骤	程序可用的状态
1	`letters = "Letters"`
2	`letters = "Letters"` `splitLetters = ["L", "e", "t", "t", "e", "r", "s"]`
3	`letters = "Letters"` `splitLetters = ["L", "e", "t", "t", "e", "r", "s"]`

4	`letters = "Letters"`
	`splitLetters = ["L", "e", "t", "t", "e", "r", "s"]`
	对于从 0 到 `splitLetters` 长度的各子步骤：
	`letter = "L"`（接着是`"e"`、`"t"`等）

试着走查自己的代码并思考程序的每一行可以用什么信息。我们倾向于简化代码——这里正是这样做的，因为我们不必一次性考虑每个可能的维度——但即便是对于简单的程序也有大量的信息可用。

我们可以认真考虑的一个因素是，当运行的程序变得相当复杂时（就像最简单的 UI 也倾向于变得复杂），对其的推理认知会变得很困难。我的意思是，系统的复杂性可能很难一下子都记住，而且系统中的逻辑很难让人彻底想清楚。大多数程序就是如此，但涉及 UI 构建时则尤为困难。

现代浏览器应用的 UI 常常代表了多种技术的交集，包括服务器提供数据、样式和布局 API、JavaScript 框架、浏览器 API 等。UI 框架上的进展旨在简化这个问题，但它仍是一个挑战。随着 Web 应用越来越普及并融入社会和日常生活中，这个挑战往往会随着人们对这些应用的期望变大而增加。如果 React 是有用的，它需要帮助我们减少或屏蔽一些现代 UI 的极度复杂的状态。希望诸位会认识到 React 确实能做到这一点。但如何做到的呢？一种方法是提供两个处理数据的特定 API：属性（props）和状态（state）。

3.1.2　可变状态与不可变状态

在 React 应用中，有两种主要的方法来处理组件中的状态，即通过可以改变的状态和通过不能改变的状态。我们在这里进行了简化：应用中存在多种类型的数据和状态。可以用许多不同的方式表示数据，如二叉树、Map 或 Set，或者常规 JavaScript 对象。但与 React 组件中的状态进行通信和交互的方法归结为这两类，在 React 中，它们被称为状态（state）（可以在组件中改变的数据）和属性（props）（组件接收并且不应该被组件改变的数据）。

你可能听说过状态和属性被称为可变的与不可变的。这在一定程度上是对的，因为 JavaScript 并未原生地支持真正的不可变对象（Symbol 也许是，但它超出本书的范围了）。在 React 组件中，状态通常是可变的，而属性不应该被改变。在潜心于 React 特定的 API 之前，让我们先稍微深入地探索可变性与不可变性思想。

在第 2 章中，当状态被称为可变的时，意思是我们可以覆盖或更新该数据（例如可以被覆盖的变量）。另一方面，不可变状态是不能被改变的。还有不可变数据结构，其只能通过受控的方式进行改变（这是 React 中的状态 API 的工作方式）。当在第 10 章和第 11 章中学习 Redux 时会模拟不可变数据结构。

我们可以稍微扩展一下可变的和不可变的概念，将相应的数据结构类型包括进来。

- 不变的——一个不可变的持久数据结构，随着时间的推移可以支持多个版本，但不能直接覆盖；不可变数据结构通常是持久的。
- 可变的——一个可变的临时数据结构，随着时间的推移只支持一个版本；可变的数据结构在其变化时可以被覆盖并且不支持其他版本。

图 3-1 展示了这些概念。

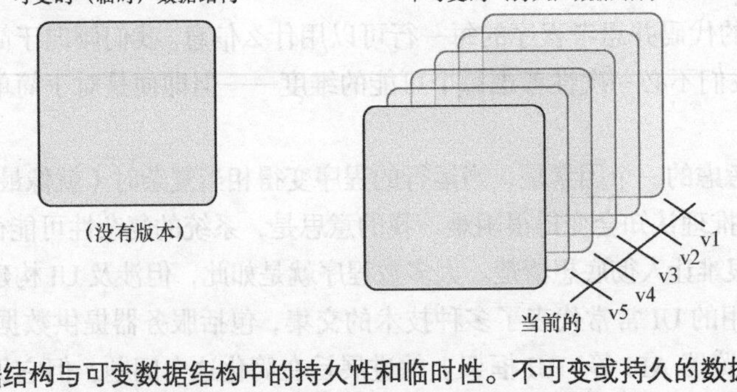

图 3-1　不可变数据结构与可变数据结构中的持久性和临时性。不可变或持久的数据结构常常记录一段历史并且不会改变，但会对随着时间的推移发生的变化进行版本化。但是，临时数据结构通常不记录历史并且随着每次更新都会被抛弃

另一种考虑不可变数据结构和可变的数据结构之间的区别的方法是考虑这两种数据结构各自拥有的不同能力和内存。临时数据结构只有能力保存一瞬间的数据，而持久数据结构则能够记录数据随时间的变动情况。这正是让不可变数据结构的不可变性变得更加清晰的所在：只制作状态的副本——它们没有被替换。旧状态被新状态替代，但数据却没有被替换。图 3-2 展示了变化是如何发生的。

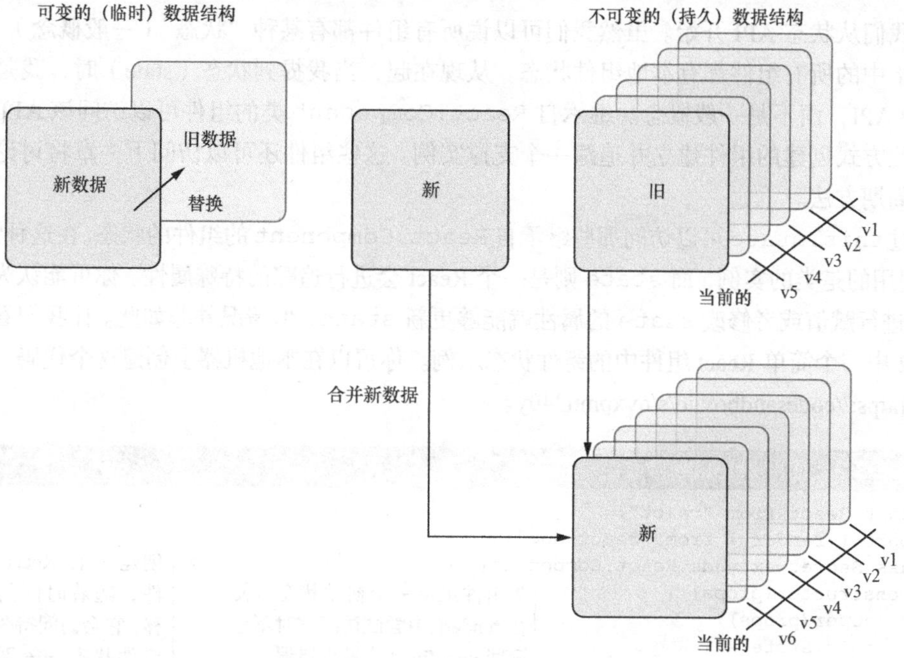

图 3-2　处理可变数据和不可变数据的变化。临时数据结构没有版本，所以当更改它们时，所有以前的状态都消失了。它们可以说是活在当下，而不可变数据结构能够随时间的推移而持续存在

提示　考虑不可变性与可变性的另一种方法是考虑“保存”和“另存为”之间的区别。许多电脑程序能够保存文件的当前状况或者用不同的名字保存当前文件的副本。不可变数据类似于在保存它时保存了一个副本，而可变数据则能够就地覆盖。

尽管 JavaScript 本身不支持真正的不可变数据结构，React 用可变的方式暴露组件的状态（通过 `setState` 进行改变）并将属性作为只读的。通常不可变性和不可变数据结构还有更多知识，但是我们对此的关注无须超过我们对它们已有的了解。如果仍想了解更多，有学术研究在关注这类问题。通过 Immutable JS 这样的库也能在 JavaScript 应用中广泛地使用不可变数据结构，但在 React 中我们只需应对属性 API 和状态 API。

3.2 React 中的状态

现在我们已经学习了更多有关状态和（不）可变性的知识。所有这些知识如何纳入 React 中？

好吧，我们在上一章已经了解了一点 props API 和 state API，因此可以料想到它们必定是构建组件方式的重要组成部分。事实上，它们是 React 组件处理数据和彼此间通信的两种主要方法。

3.2.1 React 中的可变状态：组件状态

让我们从状态 API 开始。虽然我们可以说所有组件都有某种“状态”（一般概念），但并不是 React 中的所有组件都有本地组件状态。从现在起，当我提到状态（state）时，我是在谈论 React 的 API，而不是一般概念。继承自 `React.Component` 类的组件可以访问该 API。React 会为以此方式创建的组件建立并追踪一个支撑实例。这些组件还可以访问下一章将讨论的一系列生命周期方法。

通过 `this.state` 可以访问那些继承自 `React.Component` 的组件的状态。在这种情况下，`this` 引用的是类的实例，而 `state` 则是一个 React 会进行追踪的特殊属性。你可能认为只要对 `state` 进行赋值或者修改 `state` 的属性就能够更新 `state`，但情况并非如此。让我们看看代码清单 3-2 中一个简单 React 组件中的组件状态示例。你可以在本地机器上创建这个代码。或者直接访问 https://codesandbox.io/s/ovxpmn340y。

代码清单 3-2 使用 setState 修改组件状态

```
import React from "react";
import { render } from "react-dom";
class Secret extends React.Component{
  constructor(props) {
    super(props);
    this.state = {
      name: 'top secret!',
    };
    this.onButtonClick = this.onButtonClick.bind(this);
  }
  onButtonClick() {
    this.setState(() => ({
      name: 'Mark'
    }));
  }
  render() {
    return (
      <div>
        <h1>My name is {this.state.name}</h1>
          <button onClick={this.onButtonClick}>reveal the secret!</button>
      </div>
    )
  }
}

render(
    <Secret/>,
    document.getElementById('root')
);
```

- 创建一个 React 组件，随着时间的推移，它会访问持久的组件状态——别忘了将类方法绑定到组件实例上
- 为组件提供一个初始状态以便在 render()中尝试访问它时不会返回 undefined 或抛出错误
- 初识 setState，它是用于修改组件状态的专用 API。调用 setState 时提供一个回调函数，该函数会返回一个新状态对象供 React 使用
- 将显示名字的函数绑定到由按钮发出的点击事件上
- 将顶层组件渲染到应用最高层的 HTML 元素中——可以用各种方式确定容器，只要 ReactDOM 能够找到它

代码清单 3-2 创建了一个简单的组件，当点击按钮时会使用 setState 更新组件状态从而揭示秘密的名字。注意，在 this 上可以使用 setState，这是因为组件继承了 React.Component 类。

当点击按钮时，点击事件将被触发，提供给 React 用于响应事件的函数会被执行。当函数执行时，它会用一个对象作为参数来调用 setState 方法。这个对象有一个指向字符串的 name 属性。React 会安排更新状态。当更新发生后，React DOM 会在需要时更新 DOM。render 函数会被再次调用，但这一次会有一个不同的值提供给包含 this.state.name 的 JSX 表达式语法（{}）。它会展示“Mark”而不是“top secret!”，我的秘密身份就暴露了！

通常情况下，由于性能和复杂性的影响，开发者想要尽可能谨慎地使用 setState（React 会为开发者追踪一些东西，而开发者则要在心里追踪另一部分数据）。有些模式在 React 社区中广受欢迎，它们能够使你几乎不使用组件状态（包括 Redux、Mobx、Flux 等），这些值得作为应用的可选项进行探索——实际上，我们会在第 10 章和第 11 章介绍 Redux。尽管通常最好是使用无状态函数组件或者是依赖像 Redux 这样的模式，但使用 setState 本身并不是糟糕的做法——它仍然是修改组件中数据的主要 API。

继续之前，需要注意绝对不要直接修改 React 组件中的 this.state。如果尝试直接修改 this.state，之后调用 setState() 可能替换掉已做出的改变，更糟糕的是，React 并不知道对状态所做的变化。即使可以将组件状态当作可以改变的东西，但仍应该将 this.state 看作是在组件内不可改变的对象（就像 props 一样）。

这之所以重要还在于 setState() 不会立即改变 this.state。相反，它创建了一个挂起的状态转换（下一章将更为深入地探讨渲染和变更检测）。因此，调用 setState 方法后访问 this.state 可能会返回现有值。因为所有这一切都使得调试情况变得棘手，所以只使用 setState() 来更改组件状态。

即使是像代码清单 3-2 中的小交互，也发生了很多事情。我们将在后续章节中继续分解 React 执行组件更新时所发生的种种步骤，但现在，更仔细地研究组件的 render 方法则更为重要。请注意，即便执行了状态改变并修改了相关数据，它仍会以一种相对可理解和可预测的方式发生。

尤其美妙的是，开发者可以一次性声明期望的组件外观和结构。没必要为了两个可能存在的不同状态做大量额外工作（展示或不展示高度机密名字）。React 处理所有底层的状态绑定和更新过程，开发者只需要说 “名字应该在这里”。React 的好处在于它不会强迫你思考每部分状态在每个时刻的情况，就像 3.1.1 节所做的那样。

让我们更仔细地了解一下 setState API。它是改变 React 组件中的动态状态的主要方法，并且在应用中经常会使用它。让我们看一下方法签名，了解需要给它传递什么：

```
setState(
  updater,
  [callback]
) -> void
```

setState 接收一个用来设置组件新状态的函数以及一个可选的回调函数。updater 函数的签名如下：

```
(prevState, props) => stateChange
```

之前版本的 React 允许传递一个对象而不是函数作为 setState 的第一个参数。之前版本的 React 与当前版本的 React（16 及以上）的一个关键区别在于：传递对象暗示着 setState 本质上是同步的，而实际发生的情况是 React 会安排一个对状态的更改。callback 格式的签名更好地传递了这个信息并且更符合 React 的全面声明性异步范式：容许系统（React）安排更新，保证顺序但不保证时间。这与一种更加声明式的 UI 方法相契合，而且这比用命令式的方式在不同时刻指定数据更新（常常是竞态条件的源泉）更易于思考。

如果需要根据当前状态或属性对状态做一下更新，可以通过 prevState 和 props 参数来访问这些状态和属性。当要实现类似 Boolean 切换的东西或者在执行更新前需要知道上一个值时，这通常很有用。

让我们对 setState 的机制投注更多的关注。setState 会使用 updater 函数返回的对象与当前状态进行浅合并。这意味着，开发人员可以生成一个对象，而 React 会将该对象的顶级属性合并到状态中。例如，有一个对象有属性 A 和属性 B，B 有一些深层嵌套的属性而 A 只是一个字符串（'hi!'）。由于执行的是浅合并，因此只有顶级属性和它们引用的部分得以保留，而不是 B 的每个部分。React 不会寻找 B 的深层嵌套属性进行更新。解决这个问题的方法是制作对象的副本，深层更新它，而后使用更新后的对象。也可以用 immutable.js 这样的库来让处理 React 的数据结构更容易。

setState 是一个用起来很直观的 API，为 ReactClass 组件提供一些需要合并到当前状态中的数据，React 会为你把它处理好。如果由于某些原因而需要监听过程的完成情况，可以使用可选的 callback 函数挂载到该过程。代码清单 3-3 展示了 setState 的一个实际的浅合并的例子。像之前一样，使用 CodeSandbox 可以很容易地创建和运行 React 组件。这可以省去在自己机器上进行设置的麻烦。

代码清单 3-3　使用 setState 进行浅合并

```
import React from "react";
import { render } from "react-dom";
class ShallowMerge extends React.Component {
  constructor(props) {
    super(props);
    this.state = {
      user: {
        name: 'Mark', //        <- name 存在于初始 state 的 user 属性中……
        colors: {
          favorite: '',
        }
      }
    };
    this.onButtonClick = this.onButtonClick.bind(this);
  }
  onButtonClick() {
    this.setState({
      user: { //               <- ……但正在设置的 state 中并没有 name——如果它在上一级的话，浅合并就不会发挥作用了
        colors: {
          favorite: 'blue'
        }
      }
```

```
        });
    }
    render() {
      return (
        <div>
          <h1>My favorite color is {this.state.user.colors.favorite} and my
    name is {this.state.user.name}</h1>
          <button onClick={this.onButtonClick}>show the color!</button>
        </div>
      )
    }
}

render(
  <ShallowMerge />,
  document.getElementById('root')
);
```

初学 React 时，忘记浅合并是常见的问题来源。在这个示例中，当点击按钮时，内嵌在初始状态的 user 键内的 name 属性会被覆盖，因为新状态中没有它。本来打算保持这两个状态，但一个覆盖了另一个。

> **练习 3-1　思考 setState API**
>
> 本章探讨了 React 管理组件内状态的组件 API，所提及的事情之一就是需要通过 seState API 来修改状态，而不是直接修改。为什么这是一个问题而且为什么那样做行不通呢？试试 https://codesandbox.io/s/j7p824jxnw。

3.2.2 React 中的不可变状态：属性

我们已经讨论了 React 如何通过状态和 setState 以可变的方式处理数据，但 React 中的不可变数据怎么样呢？React 中，属性（props）是传递不可变数据的主要方式，所有组件都能接收属性（不只是继承自 React.Component 的组件）并能在其构造函数、render 和生命周期方法中使用它们。

React 中的属性或多或少是不可变的。使用库和其他工具能够模拟组件中的不可变数据结构，但 React 的 props API 本身是半不可变的。如果 JavaScript 原生的 Object.freeze 方法可用的话，React 会使用它防止添加新属性或移除现有属性。Object.freeze 也能防止现有属性（或其可枚举性、可配置性和可写性）被修改并防止原型被修改。这很大程度上防止修改 props 对象，但它在技术上并不是真正的不可变对象（尽管可以这样想）。

属性是传递给 React 组件的数据，要么来自父组件要么来自组件自身的 defaultProps 静态方法。然而组件状态只限于单个组件，属性通常由父组件传递。如果开发人员想："我是否能用父组件的状态将属性传递给子组件？"，那么你算想到些事了。一个组件的状态可以是另一个组件的属性。

属性通常在 JSX 中作为属性进行传递，但如果使用 React.createElement 的话，则可以通过该接口直接将它们传递给子组件。可以将任何有效的 JavaScript 数据作为一个属性传递给其他组件，甚至可以传递组件（它们毕竟只是类而已）。一旦属性被传递给组件使用，就不能在组件内部改变它们。尽可以尝试，但可能会得到一个像 Uncaught TypeError: Cannot assign to read-only property'<myProperty>'ofobject'#<Object>'这样的错误，或者更糟，React 应用将无法如预期一样工作，因为违反了预期的使用方式。

下一节中的代码清单 3-4 展示了访问属性的方式以及如何不给它们赋值。如前所述，属性可以随时间改变，但不是从组建内部改变。这是单项数据流的一部分，后续章节会涵盖这个主题。简而言之，单向意味着从父组件到子组件一路向下改变数据流。一个使用状态的父组件（继承自 React.Component）可以改变自己的状态，这个改变的状态可以作为属性传递给子组件，从而改变属性。

练习 3-2 在 render 方法中调用 setState

我们已经明确，setState 是更新组件状态的方法。可以在哪里调用 setState？我们将在下一章了解组件生命周期的哪个点可以调用 setState，但现在让我们先将注意力只放在 render 方法上。当在组件的 render 方法中调用 setState 会发生什么？去 https://codesandbox.io/s/48zv2nwqww 做些试验。

3.2.3 使用属性：PropTypes 和默认属性

当使用属性时，有些 API 可以在开发过程中提供帮助：PropTypes 和默认属性。PropTypes 提供了类型检查功能，可以用它指定组件期望接收什么样的属性。可以指定数据类型，甚至可以告诉组件的使用者需要提供什么形式的数据（例如，一个拥有 user 属性的对象，user 属性包含特定的键）。在之前版本的 React 中，PropTypes 是核心 React 库的一部分，但它现在作为 prop-types 包单独存在。

prop-types 库并非魔法——它是一组能够帮助你对输入进行类型检查的函数和属性——可以在其他库中很容易地用它来对输入进行类型检查。例如，可以将 prop-types 引入另一个类似于 React 的组件驱动框架（如 Preact）并用相似的方式使用它。

要为组件设置 PropTypes，需要在类上提供一个叫作 propTypes 的静态属性。注意代码清单 3-4，在组件类上设置的静态属性的名字是以小写字母开头的，而从 prop-types 库访问的对象名是以大写字母开头的（PropTypes）。为了指定组件需要哪个属性，需要添加要验证的属性名并为其分配一个来自 prop-types 库默认导出(import PropTypes from 'prop-types') 的属性。使用 PropTypes 可以为属性声明任何类型、形式和必要性（可选还是强制）。

另一个可以让开发体验更为简单的工具是默认属性。还记得如何使用类的构造方法（constructor）为组件提供初始状态？也可以为属性做类似的事情。你可以通过一个名为 defaultProps 的静态属性来为组件提供默认属性。使用默认属性可以帮助确保组件拥有运行所需的东西，即便使用组件的人忘记为其提供属性。代码清单 3-4 展示了在组件中使用 PropTypes 和默认属性的例子。你可以前往 https://codesandbox.io/ s/31ml5pmk4m 运行代码。

代码清单 3-4 React 组件的不可变属性

```
import React from "react";
import { render } from "react-dom";
import PropTypes from "prop-types";

class Counter extends React.Component {
  static propTypes = {
    incrementBy: PropTypes.number,
    onIncrement: PropTypes.func.isRequired
  };
  static defaultProps = {
    incrementBy: 1
  };

  constructor(props) {
    super(props);
    this.state = {
      count: 0
    };
    this.onButtonClick = this.onButtonClick.bind(this);
  }
  onButtonClick() {
    this.setState(function(prevState, props) {
      return { count: prevState.count + props.incrementBy };
    });
  }
  render() {
    return (
      <div>
        <h1>{this.state.count}</h1>
        <button onClick={this.onButtonClick}>++</button>
      </div>
    );
  }
}

render(<Counter incrementBy={1} />, document.getElementById("root"));
```

指定一个描述“形式”的对象

可以为任何 propTypes 链接 isRequired 从而确保在属性没有出现时展示警告

3.2.4 无状态函数组件

要做些什么才能创建只使用属性并且没有状态的简单组件？这是通常的使用情况，特别是我们之后将探索的一些常见的对 React 友好的应用架构模式，如 Flux 和 Redux。在这些情况下，我们通常希望将状态保存在一个中心位置而不是分散保存到组件中。但其他情形中只使用属性也是有用的。如果 React 不必管理支撑实例，那么减少应用在资源使用上的损耗也是不错的。

事实证明，可以创建一种只使用属性的组件：无状态函数组件。这些组件有时被开发人员称为无状态组件、函数组件和其他类似的名字，这一点有时让人很难了解正在讨论的内容。它们通常指的是同一件事——一个没有继承 `React.Component` 的组件，因此不能访问组件状态或其他生命周期方法。

不足为奇，无状态功能组件只是不能访问或使用 React 的状态 API（或继承自 React.Component 的其他方法）的组件。它之所以没有状态并不是因为它没有任何种类的（一般）状态，而是因为它不会获得 React 进行管理的支撑实例。这意味着没有生命周期方法（第 4 章会涵盖），没有组件状态，并且可能占用更少的内存。

无状态函数组件是函数，因为它们可以被编写为命名函数或是赋值给变量的匿名函数表达式。它们只接收属性，而且对于给定的输入它们会返回相同的输出，因此基本上被认为是纯函数。这使得它们很快，因为 React 有可能通过避免不必要的生命周期检查或内存分配来进行优化。代码清单 3-5 展示了无状态函数组件的例子。你可以前往 https://codesandbox.io/s/l756002969 运行代码。

代码清单 3-5 无状态函数组件

```
import React from "react";
import { render } from "react-dom";
import PropTypes from "prop-types";

function Greeting(props) {
  return <div>Hello {props.for}!</div>;
}

Greeting.propTypes = {
    for: PropTypes.string.isRequired
};

Greeting.defaultProps = {
    for: 'friend'
};

render(<Greeting for="Mark" />, mountNode);

// 或者使用箭头函数
// const Greeting = (props) => <div>Hello {props.for}</div>;
// 像之前那样指定 PropTypes 和默认属性
// render(<Greeting name="Mark" />, document.getElementById("root"));
```

对于任何形式的无状态函数组件，可以用函数或变量的属性来指定 propTypes 和默认属性

可以使用函数或匿名函数创建无状态函数组件

无状态函数组件很强大，特别是与拥有支撑实例的父组件结合使用时。与其在多个组件间设置状态，不如创建单个有状态的父组件并让其余部分使用轻量级子组件。第 10 章和第 11 章中，我们会使用 Redux 将这个模式提升到全新的水平。使用 Redux 的 React 应用常常会创建更少的有状态组件（尽管仍有让有状态组件发挥作用的情况）并将状态集中到单个位置中（就是指 store）。

练习 3-3 使用一个组件的状态来修改另一个组件的属性

本章讨论了属性和状态这两种处理和传递 React 组件中数据的主要方法。绝对不要直接修改状态或属性，而是使用 setState 告诉 React 更新组件的状态。如何使用一个组件的状态来修改另一个组件的属性？你可以前往 https://codesandbox.io/s/38zq71q75 进行尝试。

3.3 组件通信

当构建简单的评论框组件时，我们已经看到能够用其他组件创建组件。这是 React 特别棒的原因之一。开发人员能够轻易地用子组件构建其他组件，与此同时还能够保持事物良好地捆绑在一起，并且还能很容易地表示组件间的 is-a 和 has-a 关系。这意味着可以将组件看作组件的一部分或是一种特定的东西。

能够混合和匹配组件并灵活地构建东西是很棒的，但如何让它们彼此通信呢？许多框架和库提供了框架特有的方法让应用的不同部分彼此通信。Angular.js 或 Ember.js 中，你可能听说过或曾经使用服务在应用的不同部分之间进行通信。通常这些是广泛可用的长期对象，开发人员可以在其中存储状态并从应用的不同部分进行访问。

React 使用了服务或类似的东西吗？没有。在 React 中，如果想让组件彼此通信，需要传递属性，并且当传递属性时，开发人员做了两件简单的事情：

- 访问父组件中的数据（要么是状态要么是属性）；
- 传递数据给子组件。

代码清单 3-6 的示例既展示了你熟悉的父子关系，也展示了所属关系。你可以前往 https://codesandbox.io/s/ pm18mlz8jm 运行代码。

代码清单 3-6　从父组件向子组件传递属性

```
import React from "react";
import { render } from "react-dom";
import PropTypes from "prop-types";
const UserProfile = props => {
  return <img src={`https://*******.*******.com/user/${props.username}`} />;
};
UserProfile.propTypes = {
  pagename: PropTypes.string
};

UserProfile.defaultProps = {
  pagename: "erondu"
};

const UserProfileLink = props => {
  return <a href={`https://ifelse.io/${props.username}`}>{
    props.username}</a>;
};

const UserCard = props => {
  return (
    <div>
      <UserProfile username={props.username} />
      <UserProfileLink username={props.username} />
    </div>
```

创建一个返回示例图片的无状态函数组件

记住，即使是在无状态函数组件上，仍可以指定默认属性和 propTypes

UserCard 是 UserProfile 和 UserProfileLink 的父组件

```
    );
};

render(<UserCard username="erondu" />, document.getElementById("root"));
```

3.4 单向数据流

如果之前使用框架开发过 Web 应用，可能已经熟悉术语双向数据绑定（two-way data binding）。数据绑定是建立应用 UI 与其他数据之间联系的过程。在实践中，这常常表现为连接模型这样的应用数据（如用户）和用户界面的库或框架并会保持两者同步。它们彼此同步因此被绑定在一起。React 中一个更有帮助的思考方法是将其作为投影：UI 是投射到视图中的数据，当数据变化时，视图随之变化，如图 3-3 所示。

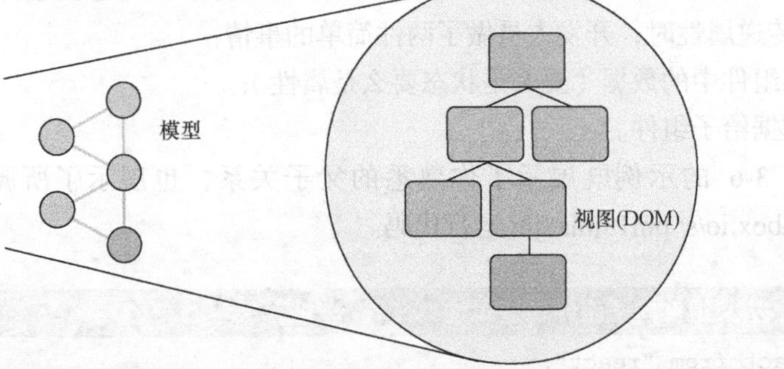

图 3-3　数据绑定通常指的是在应用数据与视图（该数据的展示）之间建立连接的过程。另一种思考方式是将其作为数据向用户能够看到的东西（如视图）的投射

数据流是另一种思考数据绑定的方法：数据如何流经应用的不同部分？本质上，人们会问："什么能够更新什么，从哪里更新，以及如何更新？"如果想用好工具，那么理解正在使用的工具如何塑造、维护和移动数据是无比重要的。不同的库和框架会采用不同的数据流方法（React 对如何处理数据流并没有不同的想法）。

React 中，数据流是单向的。这意味着实体间的流动并非水平的——这种情况下彼此可以相互更新，而是建立了一个层次结构。可以通过组件传递数据，但如果不传递属性，就不能触及和修改其他组件的状态或属性，也无法修改父组件中的数据。

但可以通过回调函数将数据传回层次结构的上层。当父组件接收到来自子组件的回调函数时，它可以修改其数据并将修改的数据传递给子组件。即便是对于有回调函数的情况，数据总体上仍是向下流动的并仍由向下传递该数据的父组件决定。这就是为什么我们称 React 中的数据流是单向的，如图 3-4 所示。

单向数据流在构建 UI 时特别有用，因为它让思考数据在应用中流动的方式变得更简单。得益于组件的层次结构以及将属性与状态局限于组件的方式，预测数据如何在应用中移动通常更容易。

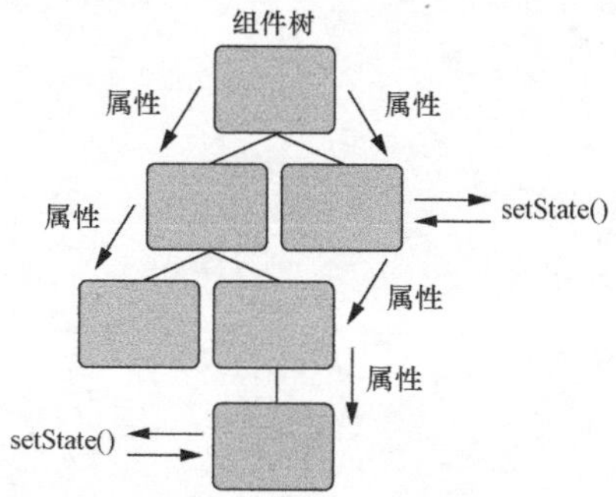

图 3-4 数据在 React 中是按一个方向流动的。属性由父组件传递给子组件（从所有者到拥有者），并且子组件不能编辑父组件的状态或属性。每个拥有支撑实例的组件都能修改它自己的状态但无法修改超出其自身的东西，除了设置其子组件的属性

某种程度上避免这个层次结构听上去似乎不错，而且可以从应用的任何部分随意修改想要修改的东西，但实际上这往往会导致难以琢磨的应用并且可能造成困难的调试情况。后续章节将探索 Flux 和 Redux 这样的架构模式，它允许维护单向数据流范式的同时协调跨组件或跨应用的行动。

3.5 小结

本章讨论了如下主题。

- 状态是程序在特定瞬间可访问的信息。
- 不可变状态不会改变，而可变状态会改变。
- 持久的、不可变的数据结构不会改变——它们只记录其改变并创建自己的副本。
- 临时的、可变的数据结构会在更新时被清除。
- React 即使用可变数据（组件本地状态），也使用伪不可变数据（属性）。
- 属性是伪不可变的并且一旦设置就不应该被修改。
- 组件状态由支撑实例追踪并且可以使用 `setState` 进行修改。
- `setState` 执行数据的浅合并、更新组件状态，保留任何没有被覆盖的顶级属性。
- React 中的数据流是单向的，从父组件流向子组件。子组件通过回调函数将数据回送给父组件，但它们不能直接修改父组件的状态，而且父组件也无法直接修改子组件的状态。组件通过属性完成组件交互。

第 4 章建立在对 React 状态知识的了解之上，我们将探索如何使用生命周期方法挂载进 React 的渲染和更新过程。我们也会开始探索 React 中的变更检测并使用新学习的 React 技能开始构建 Letters Social 应用。

第4章 React中的渲染和生命周期方法

本章主要内容

- 搭建应用仓库
- 渲染过程
- 生命周期方法
- 更新React组件
- 使用React创建信息流

在本章中，我们将运用目前涉及的一些概念和技能来创建首个React应用。在前几章中，我们探讨了处理React中的数据以及处理可变（能够变化的）数据和不可变的（不能变化的）数据的不同方法。但要构建更健壮的组件，就需要利用全部组件 API，深入生命周期方法，并了解React的渲染过程。

我们将会看看*渲染*——React 把数据转换成用户界面的过程，以及被称为*生命周期方法*的一些在组件生命周期中与组件进行交互的方式。这些内容将会与你已经了解的读取和修改React中的数据（属性和状态）、更新组件状态及传递数据给不同组件结合起来。

4.1 搭建 Letters Social 仓库

我们将在本章开始构建Letters Social应用。我们假装自己是一家专注于创建下一个伟大社交网络应用的初创公司。我们的公司Letters（公司巧妙地命名是为了与Alphabet这样的Web巨头区分开来）致力于社交。读者将跟随本书使用React来构建这个应用。到本书结束时，Letters Social将用到服务器端渲染、Redux 以及 React。如图 4-1 所示，这个应用支持的一些功能需要在这里提一下，以便读者了解跟随本书所要构建的内容：

- 创建带有文本的帖子；
- 使用Mapbox给帖子添加位置信息；
- 给帖子点赞和评论；

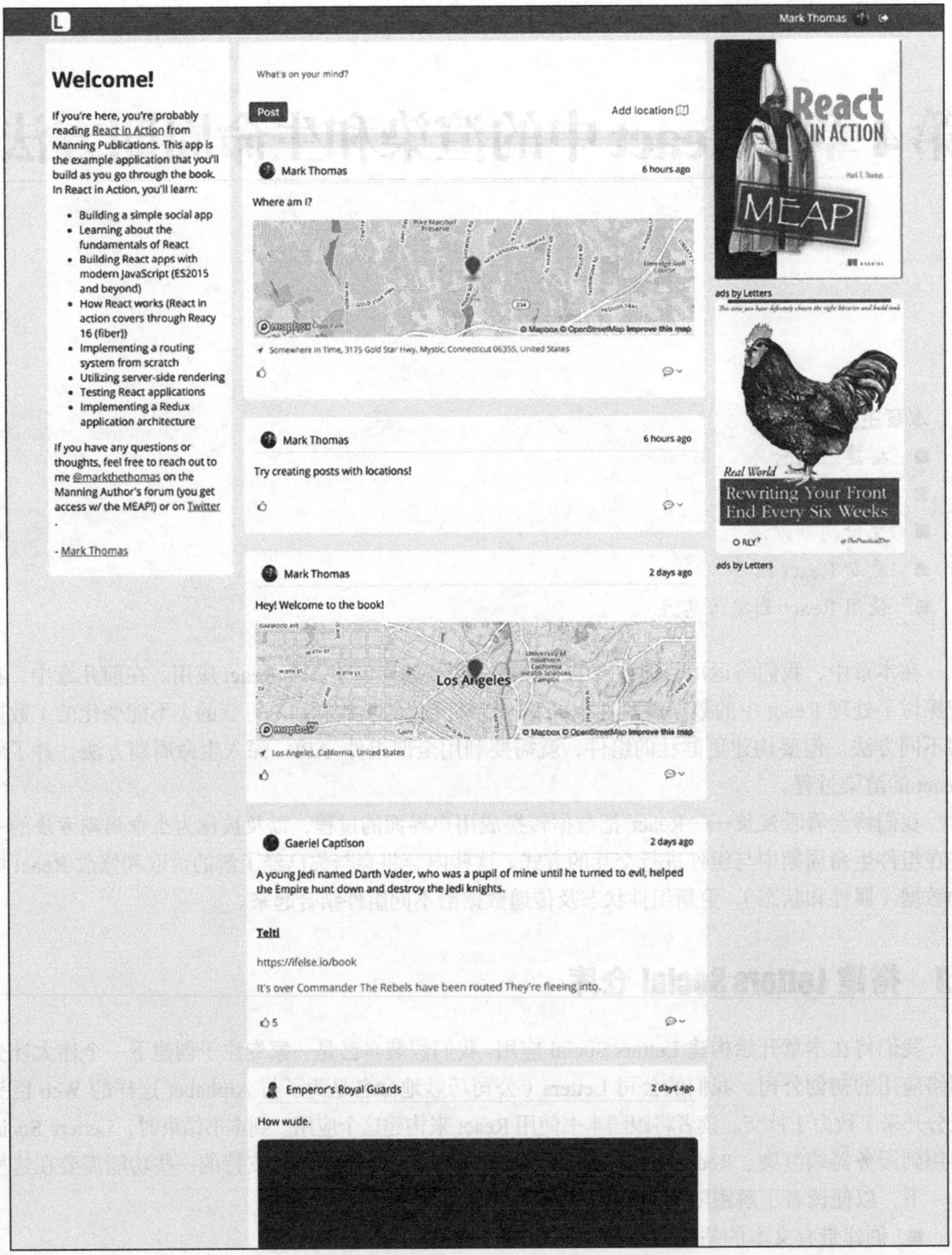

图 4-1　Letters Social，这是本书构建的 React 应用。可以在本书的 GitHub 上查看这一应用的源代码并在 https://social.react.sh 上尝试这一应用

- 通过 GitHub 和 Firebase 提供 OAuth 身份验证；
- 在信息流中展示帖子；
- 使用基本的分页。

我们会在本章以及后续几章逐一实现这些功能。为了让事情更容易些，我为第 4 章到第 12 章创建了 Git 分支。每章（某些情况下是每两章）的分支是到该章结束的代码。例如，如果检出第 5 章和第 6 章的 Git 分支，就拥有到这两章结束的代码。这样读者就可以根据自己的喜好提前学习，而且可以从任意一章开始。例如，如果想要学习第 9 章（介绍 React 应用程序的测试），可以检出第 7 章和第 8 章的代码并从那里开始学习。我尽力让代码检出更容易些，读者可以根据自己的喜好使用 Git 仓库和分支。请随意发起问题的 pull request 或者 fork 它作为给应用增加新功能的起点。

读者也可以在 http://docs.react.sh 上阅读有关这些源代码文件的基本文档，它不是很详尽，但如果想感受一下代码并且喜欢 JSDoc 风格的文档，这些文档是不错的选择。仓库的 README 也列出了一些有用的资源。如果有问题（或者只是因为喜欢这本书）可随时直接联系我。可以通过 README 来提问题。

4.1.1 获取源代码

去本书的 GitHub 上获取源代码。这是一个仓库，存储了与本书相关的所有源代码。在本书的 GitHub 组织中还有其他几个仓库，也可以随意检出，主要的源代码都在那里。去那里看看，可以从那里下载源代码，也可以使用下面的命令来克隆仓库：

```
git clone git@github.com:react-in-action/letters-social.git

git checkout chapter-4
```

这会在当前目录克隆该代码仓库并切换到起始分支（这个项目的起始分支）。接下来的步骤是安装依赖。为了一致性，在这本书里我们使用 npm，但如果你更喜欢使用 yarn（另一个包装了 npm 的依赖管理库），也可以使用 yarn，但要确保使用 yarn 安装而非 npm。

应用程序源代码的 package.json 中包含了本书需要的所有模块。要安装它们，可以在源代码目录运行下面的命令：

```
npm install
```

这将安装需要的所有依赖。如果更改了 Node 的版本（通过 nvm 或其他方式），需要重新安装 Node 模块，因为不同版本的 Node 将以不同的方式编译不同的模块（如 node-sass）。

4.1.2 应该使用哪个版本的 Node

现在是讨论使用哪个 Node 版本的好时机。我建议使用 Node 最新的稳定版本。在撰写本书时，Node 的发布线是 8.X。我们不支持 Node 6.X 之前的版本，支持 8.X 或比 8.X 更高的版本更为合理，因为这不是一个业务或生产环境——在业务或生产环境中未经大量测试就不能轻易切换版本。Node 8.X 还使用了新版本的 npm 并且底层 V8 引擎的速度得到了较大的提升。

如果计算机上没有这些版本的 Node，可以直接去 Node.js 官方网站下载 Node 的最新稳定版，也可以使用 nvm 命令行工具在本地安装 Node 的若干个版本并在它们之间进行切换。

不同版本的 Node 支持不同的 JavaScript 特性，所以了解使用的版本支持什么是很重要的。如果想更多了解手头版本支持哪些特性以及其他版本支持（或即将支持）哪些特性，可以了解一下相关特性在各个版本上的实现情况。

4.1.3 关于工具和 CSS 的注意事项

正如本书其他部分提及的那样，围绕 JavaScript 应用程序的工具是一个复杂而快速变化的领域。这也是一个值得深入的领域。出于这些原因，我们不会介绍如何设置 Webpack、Babel 或其他工具。这个应用程序的源代码已具有开发和构建的过程，你可以自由地探索我已设置好的配置，但这些内容已超出本书的范围，因此我不会介绍它们。

另外值得一提的是 CSS。我已经介绍了 React 中使用内联样式的方式，但 CSS 不在本书的讨论范围内。出于这个原因，我创建了本书所需的全部样式。任何 UI 标记都有为其创建的样式。某些样式依赖于某些类型或层级结构，因此，如果移动不同的元素或更改 CSS 的类名称，可以预料应用外观崩坏。我的目的是让读者在学习 React 时少考虑一些事情，但是如果你有兴趣摆弄应用程序的样式，但做无妨。

4.1.4 部署

运行在 https://social.react.sh 的应用被部署到 ZEIT 上，但如果未来由于某些原因环境需要改变，我会让应用运行在当时最有意义的云服务解决方案上。你无须关心应用的托管。如果你在本书结束时发现自己想要 fork 代码并为了学习和乐趣而给应用添加功能，就需要确定最佳应用部署方式。幸好，构建和运行过程简单直接，部署到别的地方应该比较容易。

4.1.5 API 服务器和数据库

为了避免运行像 MongoDB 或 PostgreSQL 这样的数据库，我们将通过 `JSON-server` 库来使用模拟的 REST API。我已经对默认服务器做了一些修改（可以在代码库的 db 文件夹中看到这些修改），这有助于使项目更容易一些。我们将得到一个读取和修改 JSON 文件的轻量级数据库，而无须处理数据库。可以运行下面这个命令来创建示例数据或者重置应用程序数据：

```
npm run db:seed
```

这将覆盖现有的 JSON 数据库并用新的样例数据替换它（用户、帖子和评论都是以《星球大战》为主题的——愿原力与你同在）。后续几章中，登录后可以在数据库中创建一个用户。如果重新运行数据库 seed 命令，该用户会被覆盖，必须登出并重新登录才能得以恢复。这是不应该发生的，而且可能不需要多次运行数据库命令，但以防万一应该意识到重置数据意味着什么。

我已经提供了一些辅助函数以便更容易地请求 API。在 src/shared/http.js 中可以看到这些函数。我正在使用 isomorphic-fetch 库，因为它完全仿照了浏览器中可用的标准 Fetch API，而且可以在服务器端运行。我假设读者有一些使用浏览器中 HTTP 库的经验，但如果没有的话，可以将包含辅助函数的文件作为开始学习 Fetch API 的方式。

4.1.6 运行应用程序

以开发模式运行应用程序的最简单的方法是运行：

```
npm run dev
```

还可以使用其他命令，但最主要的命令是 dev。要查看其他可用命令，可以运行：

```
npm run
```

这会列出该仓库的所有可用命令。随便试试这些命令以便了解它们是如何满足项目需要的。我们重点关注的两个主要命令是 npm run dev 和 npm run db:seed。

4.2 渲染过程和生命周期方法

如果克隆了项目并安装了依赖，就应该拥有了所需的一切。在开始构建 Letters Social 之前，我们需要了解一下渲染和生命周期方法。这些是 React 的关键特性，一旦了解了它们，就为开始建立 Letters Social 应用程序做了更充分的准备。

4.2.1 生命周期方法概览

在第 2 章中，已经了解了在组件中创建和分配函数作为事件（点击、表单提交等）的处理程序。这非常有用，因为使用者可以创建响应用户事件的动态组件（任何现代 Web 应用程序的关键特性）。但如果使用者想要更多东西呢？仅有这个特性，看起来我们仍然在使用常规的旧式 HTML 和 JavaScript。例如，想从 API 获得用户数据或者读取 cookie 供以后使用，所有这些都无须等待用户发起事件。这些是 Web 应用程序中需要处理的例行工作——某些情况下会希望它自动执行，那么这些事情会在哪里发生呢？答案是生命周期方法。

定义 生命周期方法是附属于 React 类组件的特殊方法，其在组件生命周期的特定时间点被执行。生命周期是一种思考组件的方式。拥有生命周期的组件隐喻着其有“生命”——它至少有起始、中间和结束。这种思维模型让思考组件更简单并就组件在其生命周期所处位置提供了上下文。生命周期方法不是 React 独有的，许多 UI 技术由于生命周期方法的直观和有用而采用它们。React 组件生命的主要部分是挂载、更新和卸载。图 4-2 展示了组件生命周期的概览及渲染过程（React 如何随时间管理组件）。

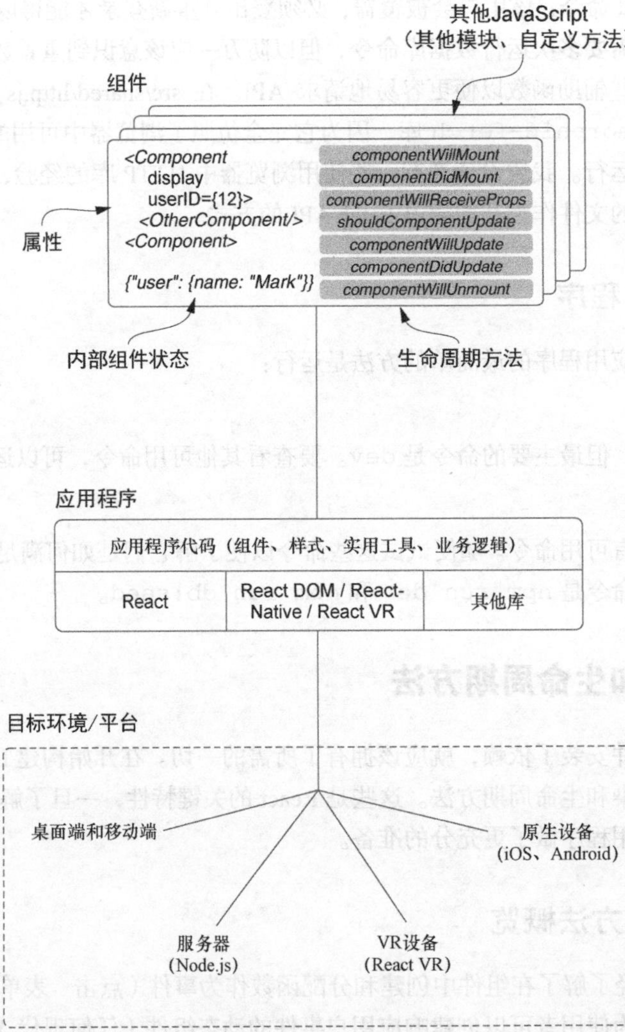

图 4-2　React 概览。React 会渲染（创建、管理）组件并使用组件创建用户界面

之前几章中提到过生命周期方法，现在是时候真正深入，了解它们是什么以及如何使用它们。作为开始，再次从较高层次思考一下 React。看看图 4-2 的顶部来唤起记忆。我们已经讨论过 React 的状态、通过 React.createElement 和 JSX 创建 React 组件，但我们仍需要深入了解生命周期方法。

让我们慢慢回忆以前的几章并回顾一些概念。什么是渲染？渲染的一个定义是“使成为或变为；创建。”就我们的目的而言，我们可以将渲染看作 React 创建和管理用户界面所做的工作，就是让应用程序展现到屏幕上的工作。正是 React 获取组件并把它们变成用户界面。

我们可以使用本章所学的生命周期方法来挂载到这个过程。这些方法使我们能够灵活地在组件生命周期的适当时刻做我们所需的工作。但这些方法仅适用于那些通过继承 `React.Component` 抽象基类的类所创建的组件。

第 3 章末尾所讨论的无状态函数组件没有可用的生命周期方法。由于没有支撑实例，也不能在它们内部使用 this.setState。React 没有追踪它们的任何内部状态，它们仍然可以由父组件通过属性更新它们的数据，但无法访问生命周期方法。这可能看起来像是一个障碍，或者像是它们不那么强大，但很多情况下它们就是所需要的。

4.2.2 生命周期方法的类型

本节会了解 React 在不同组中提供的不同生命周期方法并讨论每个方法做什么。可以将生命周期方法分成两个主要的组：

- “将执行”（Will）方法——在一些事情发生前被调用；
- “已完成”（Did）方法——在一些事情发生后被调用。

也有其他一些方法不属于这两类，它们与初始化和错误处理相关，还有一个与更新相关。然而，大部分方法是“将执行”类型和“已完成”类型。

我们可以根据它们与生命周期的哪部分相关而进一步将它们分成几个类型（见图 4-3）。组件的生命周期有 4 个主要部分且每部分有相应的生命周期方法：

- 初始化——组件类被实例化的时候；
- 挂载中——组件被插入 DOM 的时候；
- 更新中——通过状态或属性用新数据更新组件的时候；
- 卸载中——组件从 DOM 中移除的时候。

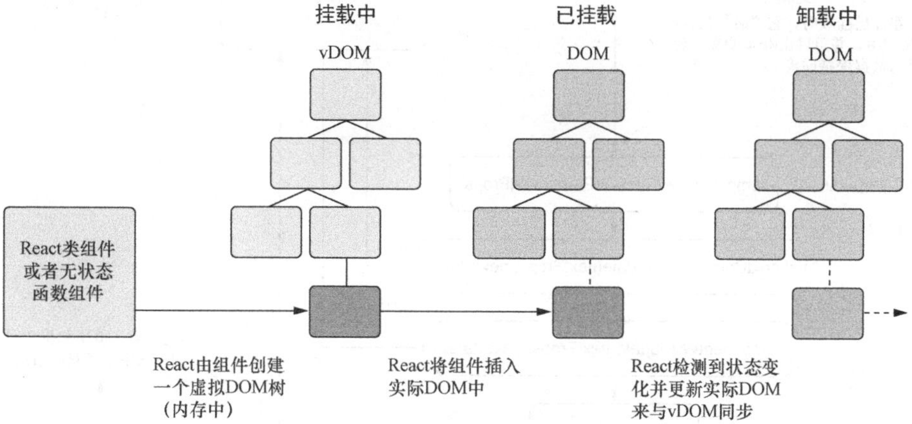

图 4-3　渲染过程和组件生命周期的概览。这就是 React 用来管理组件的过程。组件生命的三个主要部分是当组件挂载中、已挂载及卸载中的时候。当组件被插入 DOM 时，其处于挂载中，一旦插入则组件处于已挂载，而当组件被移除时，组件处于卸载中

在组件初始化过程中以及组件挂载、更新和卸载的前后都会调用生命周期方法。这些方法并

没有那么多，特别是与其他库或框架相比，但学习 React 的时候却很容易将它们搞混。将它们组成有意义的认识上的分组，将有助于掌控渲染过程的不同部分。图 4-4 展示了 React 中渲染过程的概览，我们将在本章更细致地了解它。

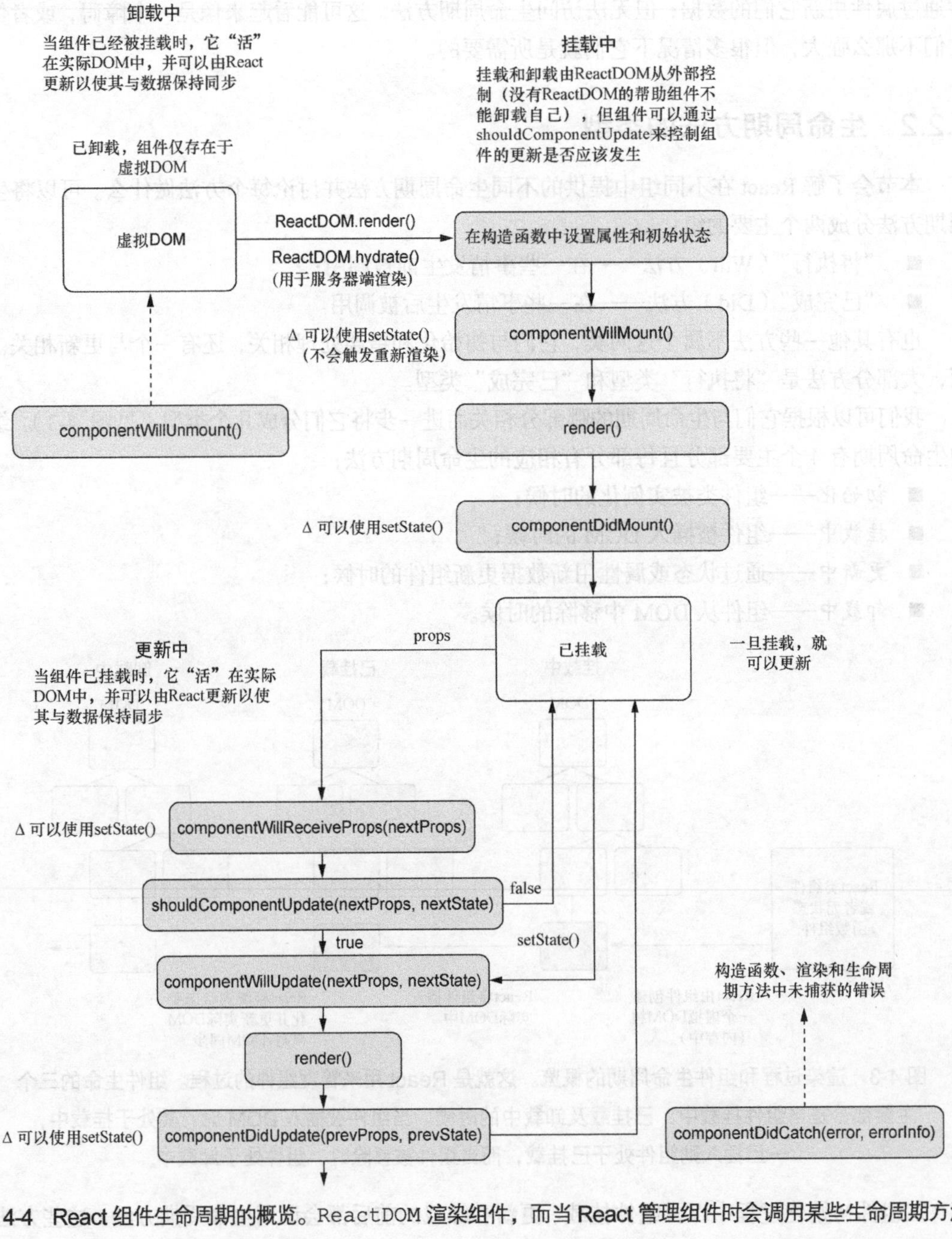

图 4-4　React 组件生命周期的概览。ReactDOM 渲染组件，而当 React 管理组件时会调用某些生命周期方法

记住，从生命周期的角度考虑，用户界面和组件并非 React 或 JavaScript 技术特有的，其他技术已经采用了这个想法并取得了巨大的成功，有时甚至是在受到 React 的启发后。但这些特定的生命周期方法是 React 独有的。为了探索这些方法，我们将创建两个简单组件（一个父组件和一个子组件）它们将实现我们要了解的所有生命周期方法。你可以前往 https://codesandbox.io/s/2vxn9251xy 了解如何添加这些组件。仍然可以从 CodeSandbox 下载代码并使用浏览器的开发者工具来查看控制台。代码清单 4-1 展示了这些组件的基本设置。

代码清单 4-1　探索生命周期方法

```
import PropTypes from 'prop-types';
import React, { Component } from 'react';
import { render } from 'react-dom';

class ChildComponent extends Component {            ◁ 声明子组件
  static propTypes = {
       name: PropTypes.string                        ◁ 将 propTypes 设置为类的静态属性
  };
  static defaultProps = (function() {               ◁ 设置默认属性，通常会将其设置为对象而非函数，但这里使用立即执行函数来注入 console.log 语句
       console.log('ChildComponent : defaultProps');
       return {};
  })();
  constructor(props) {
       super(props);
       console.log('ChildComponent: state');
  }
  render() {
    console.log('ChildComponent: render');
    return (
      <div>
        Name: {this.props.name}
      </div>
    );
  }
};

class ParentComponent extends Component {          ◁ 创建父组件
  constructor() {
     super(props);
     this.state = {
        name: ''
     }
     this.onInputChange = this.onInputChange.bind(this);   ◁ 在构造函数中绑定 onInputChange 方法以便可以在 render 中引用该方法并且让它指向类实例而非定义
 }
  onInputChange(e) {
    this.setState({ text: e.target.value });       ◁ 用表单输入数据更新状态
  }
  render() {
    console.log('ParentComponent: render');
    return [
          <h2 key="h2">Learn about rendering and lifecycle methods!</h2>,
          <input key="input" value={this.state.text}
```

```
    onChange={this.onInputChange} />,
          <ChildComponent key="ChildComponent" name={this.state.text} />
        ];
    }
};

render(
    <ParentComponent />,
    document.getElementById('container')
);
```

在父组件中渲染子组件

用 React DOM 渲染父组件

无须让组件做太多工作就可以探索生命周期方法的工作机制。这里设置了父组件和子组件。父组件监听输入框的变化并通过状态为子组件提供新属性。

4.2.3　初始方法和“将执行”方法

要探索的第一组生命周期相关的属性是组件的初始属性。这包括两个已知属性：defaultProps 和 state（初始）。这些属性帮助给组件提供初始数据。让我们在继续之前先快速重温一下以下内容。

- defaultProps——一个为组件提供默认属性的静态属性。如果父组件没有设置该属性，那么在任何组件被挂载前可以访问 this.props 上的设置，但不能依赖 this.props 或 this.state，因为 defaultProps 是一个静态属性，它是通过类而非实例访问的。
- state（初始）——构造函数中这个属性的值会成为组件的状态的初始值集合。当需要提供内容占位、设置默认值或类似的东西时，这会特别有用。它类似于默认属性，只不过数据预期是可变的并且只有在继承 React.Component 的组件里才有。

尽管设置初始状态和属性并不使用 React 组件类的特定方法（它们使用 JavaScript 构造函数），但它们仍然是组件生命周期的一部分。很容易不小心忽略它们，但它们在为组件提供数据方面确实发挥了重要作用。

为了说明渲染的顺序以及即将了解的各个生命周期方法，我们将创建两个可以在其上指定生命周期方法的简单组件。我们将创建一个父组件和一个子组件，以便不仅可以看到不同方法的调用顺序，而且可以看到该调用顺序在父组件和子组件之间是如何运作的。简单起见，只需将信息输出到开发者控制台。图 4-5 展示了调用完成之后在开发者控制台能够看到的内容。

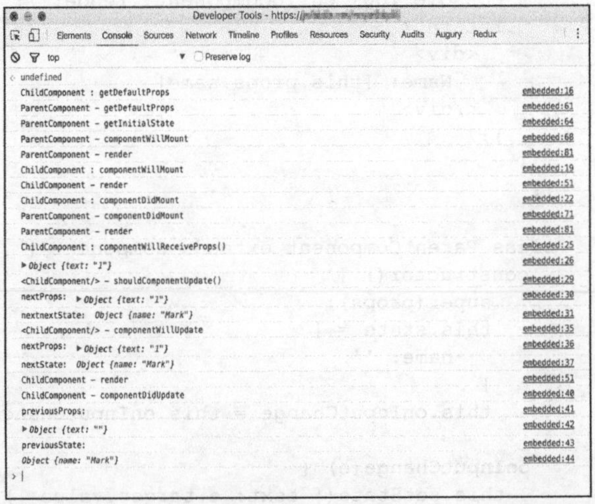

图 4-5　示例组件一经展现控制台所输出的内容。生命周期方法在每个步骤都会触发记录到控制台的消息，以及这些方法可用的任何参数。可以在 https://codesandbox.io/s/2vxn9251xy 查看实际运行的生命周期方法

4.2.4　挂载组件

创建完父组件和子组件之后，让我们看看挂载。挂载是 React 将组件插入 DOM 的过程。记住，直到 React 在实际 DOM 中创建组件为止，组件只存在于虚拟 DOM 中。查看图 4-6，大致了解父组件和子组件的挂载和渲染过程。按照定义，挂载方法“挂钩”到组件生命周期的开始和结束并且只能被触发一次，组件只有一个开始和结束。

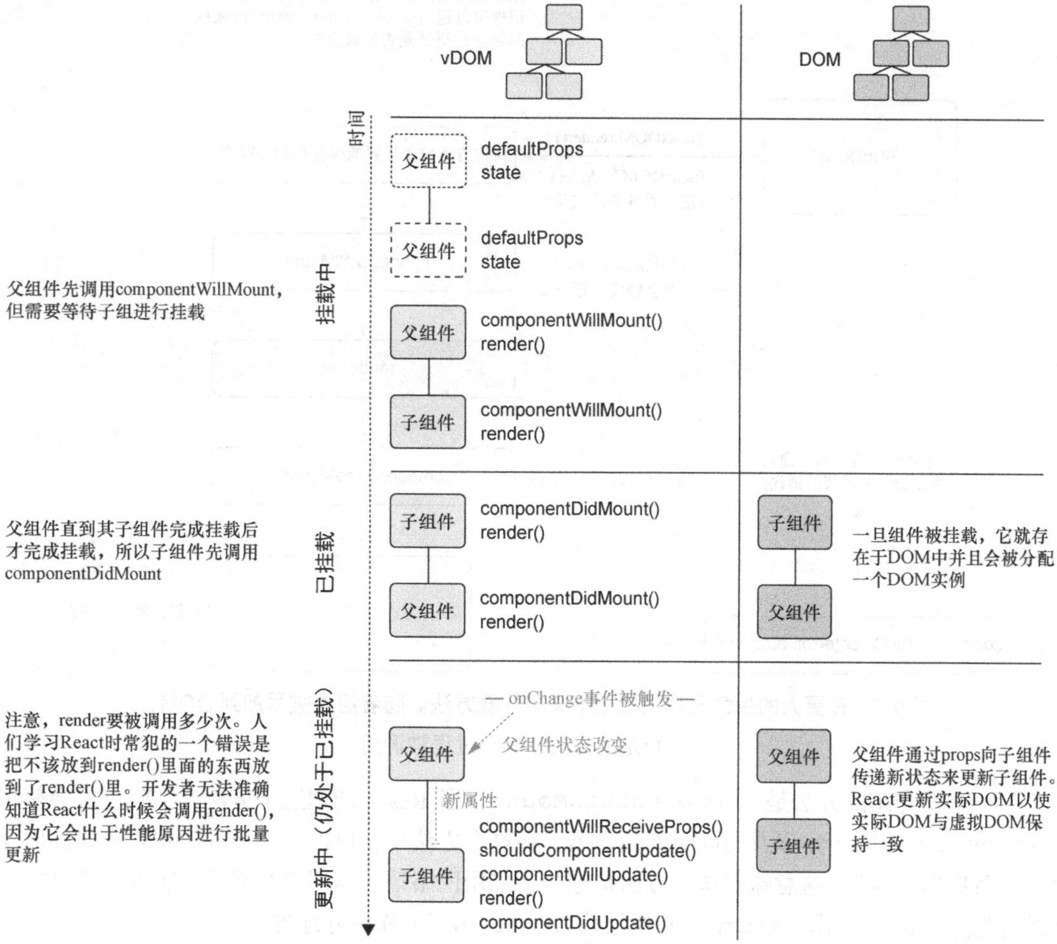

图 4-6　应用于示例父组件和子组件的渲染过程

定义　挂载是 React 将组件插入实际 DOM 的过程。一旦完成，组件就“准备”好了，这通常是执行 HTTP 调用或读取 cookie 之类事情的好时机。此时，也能够通过 ref 访问 DOM 元素，这部分内容将在后续章节中讨论。

如果回头看一下图 4-3，你将会注意到，在组件挂载前只有一个机会改变状态。可以使用

component WillMount 来做这件事，这将在组件挂载前提供机会设置状态或执行其他操作。这个方法中的任何状态改变都不会触发重新渲染，不像其他状态更新那样会触发之前看到的更新过程。了解哪些方法会触发重新渲染以及哪些不会触发至关重要，这有助于理解应用程序的行为以及在应用出错时进行调试。图 4-7 展示了我们一直在研究的概要的生命周期上下文中的挂载方法。

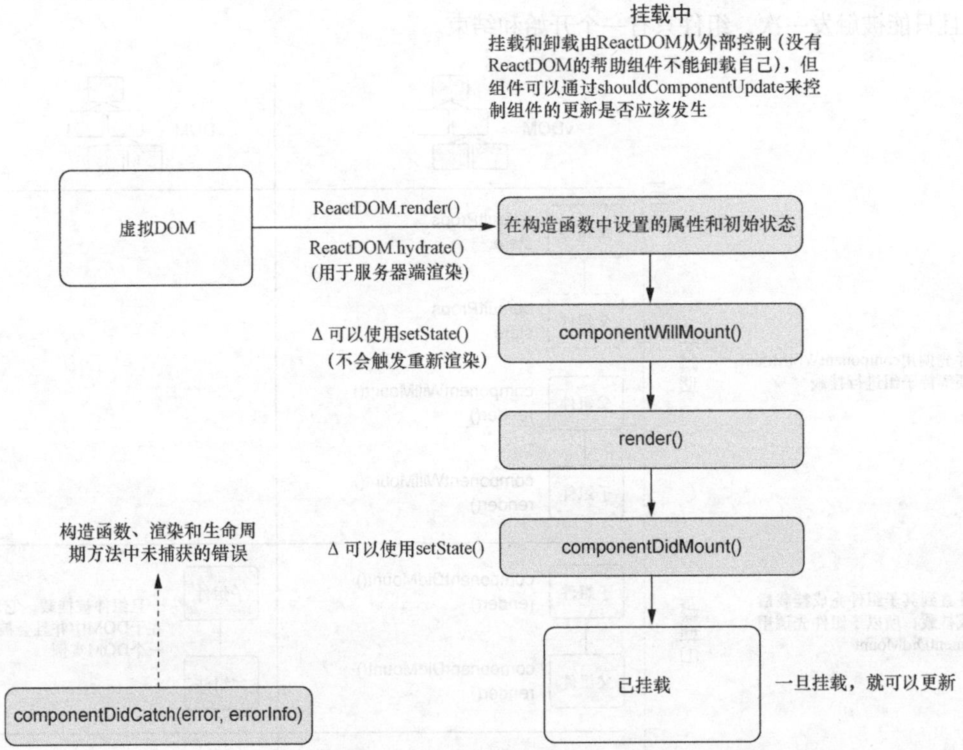

图 4-7 在更大的生命周期过程上下文中挂载方法。随着组件被添加到 DOM，几个特定的方法随这个过程被调用

下一个要介绍的方法是 componentDidMount。当 React 调用这个方法时，就有机会使用 componentDidMount 以及访问组件的 refs。在这个方法中，可以访问组件的状态和属性以及组件准备更新的信息。这意味着这个方法是进行诸如用网络请求返回的数据更新组件状态之类工作的好地方，也是使用像 jQuery 和其他依赖 DOM 的第三方库的好地方。

由于 React 的工作机制，如果在其他方法里（如 render()）执行处理程序或者其他函数，将会遇到无法预料和意想不到的结果。Render 方法需要是纯的（对于给定的输入有一致的结果）而且通常会在组件的生命周期内被多次调用。React 甚至可能会批量一起更新，所以不能保证渲染会在指定时间发生。

现在已经了解了一些与挂载相关的方法，我们将它们添加到组件里以便于能够了解组件的生命周期。代码清单 4-2 展示了如何将这些挂载方法添加到组件中。

代码清单 4-2 挂载方法

```
import PropTypes from 'prop-types';
import React, { Component } from 'react';
import { render } from 'react-dom';

class ChildComponent extends Component {
    static propTypes = {
        name: PropTypes.string
    };
    static defaultProps = (function() {
        console.log('ChildComponent : defaultProps');
        return {};
    })();
    constructor(props) {
        super(props);
        console.log('ChildComponent: state');
        this.state = {
            name: 'Mark'
        };
    }
    componentWillMount() {
        console.log('ChildComponent : componentWillMount');
    }
    componentDidMount() {
        console.log('ChildComponent : componentDidMount');
    }
    render() {
        if (this.state.oops) {
            throw new Error('Something went wrong');
        }
        console.log('ChildComponent: render');
        return [
            <div key="name">Name: {this.props.name}</div>
        ];
    }
}

class ParentComponent extends Component {
    static defaultProps = (function() {
        console.log('ParentComponent: defaultProps');
        return {
            true: false
        };
    })();
    constructor(props) {
        super(props);
        console.log('ParentComponent: state');
        this.state = { text: '' };
        this.onInputChange = this.onInputChange.bind(this);
    }
    componentWillMount() {
        console.log('ParentComponent: componentWillMount');
    }
    componentDidMount() {
        console.log('ParentComponent: componentDidMount');
```

添加 componentDidMount 和 componentWillMount 到子组件

添加 componentDidMount 和 componentWillMount 到父组件

```
    }
    onInputChange(e) {
        const text = e.target.value;
        this.setState(() => ({ text: text }));
    }
    render() {
        console.log('ParentComponent: render');
        return [
            <h2 key="h2">Learn about rendering and lifecycle methods!</h2>,
            <input key="input" value={this.state.text}
    onChange={this.onInputChange} />,
            <ChildComponent key="ChildComponent" name={this.state.text} />
        ];
    }
}

render(<ParentComponent />, document.getElementById('root'));
```

练习 4-1 深思挂载

组件已挂载意味着什么?

4.2.5 更新方法

一旦组件被挂载并位于 DOM 中，就要更新它。在第 3 章我们已经学会使用 `this.setState()`将新数据浅合并到组件状态中，但当触发更新时发生的可不止这些。为钩挂到更新过程，React 提供了几个可用的方法：`shouldComponentUpdate`、`componentWillUpdate` 和 `componentDidUpdate`。图 4-8 展示了之前所见的整个生命周期图涉及更新的部分。

与至此所看到的其他方法不同，使用者可以选择控制是否应该进行更新。“更新”方法与挂载相关方法的另一个不同之处是它们为属性和状态提供了参数，可以用这些来确定是应该更新，还是应该对变化做出反应。

如果由于某种原因 `shouldComponentUpdate` 返回 `false`，那么 `render()`会被跳过直到下次状态发生改变。这意味着可以防止组件进行不必要的更新。因为组件不会更新，所以接下来的 `componentWillUpdate` 和 `componentDidUpdate` 方法也不会被调用。

如果不另行指定，`shouldComponentUpdate` 将总是返回 `true`。但如果谨慎地始终将状态看作是不可变的并只在 `render()`中读取属性和状态，那么就可以用一个将旧属性和状态与其替换值进行比较的实现来覆盖 `shouldComponentUpdate`。这可能有利于性能优化，但应该只作为应急手段。React 已经采用了复杂、先进的方法来确定应该更新什么以及应该什么时候更新。

如果最终使用了 `shouldComponentUpdate`，则应该是在那些方法由于某种原因不够用的情况下。这并不意味着应该永远不使用它，只是在刚开始使用 React 的时候可能并不需要使用它。与所有生命周期方法一样，它提供出来但只在必要时才能使用。代码清单 4-3 展示了 React 更新相关的生命周期方法的示例。

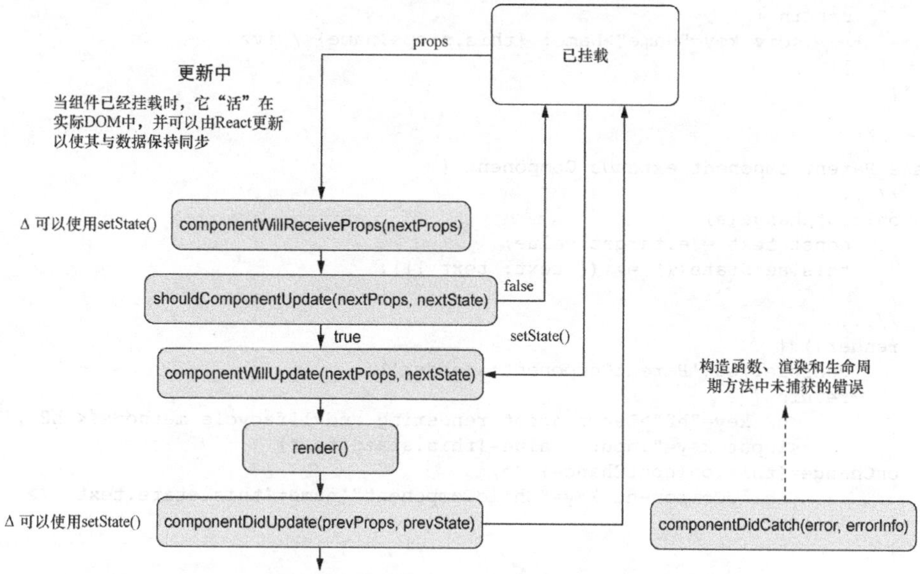

图 4-8 涉及更新的生命周期方法。当更新组件时，会触发多个钩子，确定组件是否应该更新、如何更新以及更新何时完成

代码清单 4-3 更新方法

```
//...
class ChildComponent extends Component {
    //...
    componentWillReceiveProps(nextProps) {

        console.log('ChildComponent : componentWillReceiveProps()');
        console.log('nextProps: ', nextProps);
    }
    shouldComponentUpdate(nextProps, nextState) {
        console.log('<ChildComponent/> - shouldComponentUpdate()');
        console.log('nextProps: ', nextProps);
        console.log('nextState: ', nextState);
        return true;
    }
    componentWillUpdate(nextProps, nextState) {
        console.log('<ChildComponent/> - componentWillUpdate()');
        console.log('nextProps: ', nextProps);
        console.log('nextState: ', nextState);
    }
    componentDidUpdate(previousProps, previousState) {
        console.log('ChildComponent: componentDidUpdate()');
        console.log('previousProps: ', previousProps);
        console.log('previousState: ', previousState);
    }
    //...
    render() {
        console.log('ChildComponent: render');
```

向子组件添加更新方法以便能查看单个组件的更新过程

向子组件添加更新方法以便能查看单个组件的更新过程

```
        return [
            <div key="name">Name: {this.props.name}</div>
        ];
    }
}

class ParentComponent extends Component {
    //...
    onInputChange(e) {
        const text = e.target.value;
        this.setState(() => ({ text: text }));
    }
    //...
    render() {
        console.log('ParentComponent: render');
        return [
            <h2 key="h2">Learn about rendering and lifecycle methods!</h2>,
            <input key="input" value={this.state.text}
    onChange={this.onInputChange} />,
            <ChildComponent key="ChildComponent" name={this.state.text} />
        ];
    }
}
//...
```

现在已经为组件指定了更新方法，尝试再次运行并在文本框中输入内容。可以在开发人员控制台中看到级联输出（代码清单 4-4 展示了组件应该输出的内容）。花点时间仔细观察渲染的顺序。注意到了什么？该顺序应该与截至目前在本章中所学到的一致，此时便可以理解子组件和父组件的排序有多重要了。读者可能还记得第 2 章中 React 如何递归形成一棵树并进行渲染——它通过询问每个组件及其子组件来详尽地检查组件的每个部分。

代码清单 4-4 有文本输入时的组件更新输出

```
ChildComponent : defaultProps
ParentComponent : defaultProps
ParentComponent : get initial State
ParentComponent : componentWillMount
ParentComponent : render
ChildComponent : componentWillMount
ChildComponent : render
ChildComponent : componentDidMount
ParentComponent : componentDidMount
ParentComponent : render
ChildComponent : componentWillReceiveProps
Object {text: "Mark"}            <-- "Mark"被合在一起从而不必为每个字母触发整个系列的更新
<ChildComponent/> : shouldComponentUpdate
nextProps: Object {text: "Mark"}
nextnextState: Object {name: "Mark"}
<ChildComponent/> : componentWillUpdate
 nextProps: Object {text: "Mark"}
 nextState: Object {name: "Mark"}
 ChildComponent : render
 ChildComponent : componentDidUpdate
 previousProps : Object {text: ""}
```

```
previousState : Object {name: "Mark"}
>
```

因为 React 知道有关组件树的所有信息，所以它可以按照恰当的顺序智能地创建组件。在代码清单 4-4 中，我们注意到子组件在父组件之前挂载。如果考虑挂载对于父组件意味着什么，这是有道理的：在父组件挂载被认定已为完成之前子组件必须被创建。如果子组件尚不存在，父组件就不能说是已挂载了。

另外，我们还注意到，当更新发生时，子组件接收到属性，因为父组件通过 this.setState() 更改了该子组件的属性。自此，更新方法按 shouldComponentUpdate、componentWillUpdate、componentDidUpdate 顺序运行。如果出于某些原因通过 shouldComponentUpdate 返回 false 来告诉组件不要更新，这些步骤将会被跳过。

4.2.6 卸载方法

正如可以监听组件的挂载一样，我们也可以监听它的卸载。卸载是从 DOM 移除组件的过程。如果应用程序完全由 React 编写，路由（第 8 章和第 9 章中探索）将会随着用户在不同页面间移动时移除组件。也可以将 React 与其他框架和库集成使用，因此当组件卸载时需要执行某些其他操作（可能是清除定时器、切换设置等）。不管是什么，都可以在组件被移除时利用 componentWillUnmount 进行任何需要的清理。图 4-9 说明了卸载过程是如何发生的。

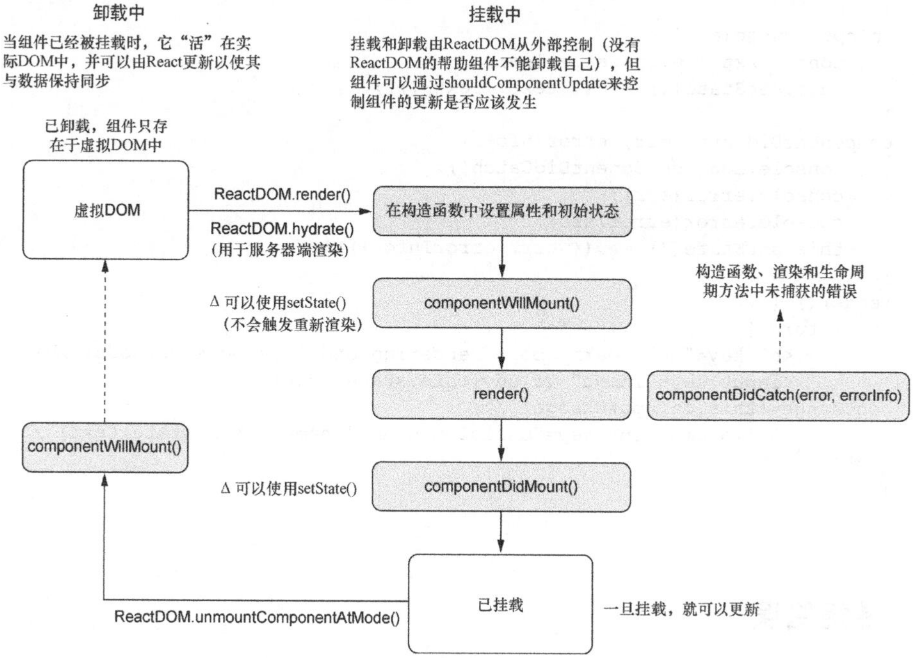
卸载中
当组件已经被挂载时，它“活”在实际DOM中，并可以由React更新以使其与数据保持同步
挂载中
挂载和卸载由ReactDOM从外部控制（没有ReactDOM的帮助组件不能卸载自己），但组件可以通过shouldComponentUpdate来控制组件的更新是否应该发生
已卸载，组件只存在于虚拟DOM中
虚拟DOM
ReactDOM.render()
ReactDOM.hydrate()
（用于服务器端渲染）
在构造函数中设置属性和初始状态
构造函数、渲染和生命周期方法中未捕获的错误
Δ 可以使用setState()
（不会触发重新渲染）
componentWillMount()
render()
componentDidCatch(error, errorInfo)
componentWillMount()
Δ 可以使用setState()
componentDidMount()
已挂载
ReactDOM.unmountComponentAtMode()
一旦挂载，就可以更新

图 4-9 React DOM 负责挂载和卸载组件。挂载是将组件插入 DOM 中的过程，而卸载正好相反，即指从 DOM 中删除组件的过程。一旦组件被卸载，它们就不再存在于 DOM 中

依据挂载的情况，你可能以为会有 componentDidUnmount 方法，但实际上并没有这个方法。这是因为，组件一旦被移除，它的生命就结束了，其无法再做任何事情。让我们将 componentWillUnmount 添加到运行的示例中，以便一览组件生命周期的全貌，如代码清单 4-5 所示。

代码清单 4-5　卸载

```
//...
class ChildComponent extends Component {
  //...
  componentWillUnmount() {
    console.log('ChildComponent: componentWillUnmount');
  }
  render() {
    console.log('ChildComponent: render');
    return [
        <div key="name">Name: {this.props.name}</div>
    ];
  }
}
class ParentComponent extends Component {
  //...
  componentWillUnmount() {
    console.log('ParentComponent: componentWillUnmount');
  }
  onInputChange(e) {
    const text = e.target.value;
    this.setState(() => ({ text: text }));
  }
  componentDidCatch(err, errorInfo) {
    console.log('componentDidCatch');
    console.error(err);
    console.error(errorInfo);
    this.setState(() => ({ err, errorInfo }));
  }
  render() {
    return [
        <h2 key="h2">Learn about rendering and lifecycle methods!</h2>,
        <input key="input" value={this.state.text}
 onChange={this.onInputChange} />,
        <ChildComponent key="ChildComponent" name={this.state.text} />
    ];
  }
}
//...
```

将 componentWillUnmount 方法添加到父组件和子组件中

4.2.7　捕捉错误

错误处理是编写干净的程序最重要的部分。到目前为止，我们还没有看到 React 中用来处理错误的任何特殊方法。如果你使用 React 已经有很长时间，那么可能记得，如果 React 组件的

render 或生命周期方法发生了错误，之前版本的 React 会锁定整个应用程序。这往往是挫折的根源，因为这意味着未捕获的错误可能会锁住整个应用程序。

最近版本的 React 引入了一个被称为错误边界的新概念来帮助解决这个问题。如果组件的构造函数、render 或生命周期方法抛出未捕获的异常，React 会将组件和它的子组件从 DOM 中卸载。这乍看起来似乎令人困惑，但它的好处是能够避免组件的错误破坏应用程序的其余部分。

练习 4-2　组件间的差异

创建自抽象基类 React.Component 的组件与创建自普通函数而未经继承的组件之间的区别是什么?

可以通过使用组件从 React.Component 继承的 componentDidCatch 方法来处理这些错误。该方法的语义与 JavaScript 中的 try ... catch 的行为相似。componentDidCatch 可以访问抛出的错误和错误消息。使用这些可以确保组件适当地响应错误。在大型应用程序中，可以使用该方法为单个组件（可能是小部件、卡片组件或其他组件）设置错误状态或在应用程序级别设置错误状态。代码清单 4-6 展示了将 componentDidCatch 方法添加到父组件中的方法。

代码清单 4-6　处理错误

```
//...
class ChildComponent extends Component {
    constructor(props) {
        super(props);
        console.log('ChildComponent: state');
        this.oops = this.oops.bind(this);      <- 绑定类方法
    }
    //...
    oops() {
        this.setState(() => ({ oops: true }));      <- 切换状态以便抛出错误
    }
    render() {
        console.log('ChildComponent: render');
        if (this.state.oops) {
            throw new Error('Something went wrong');      <- 在 render 方法中抛出错误
        }
        return [
            <div key="name">Name: {this.props.name}</div>,
            <button key="error" onClick={this.oops}>
                Create error
            </button>
        ];
    }
}

class ParentComponent extends Component {
    //...
    constructor(props) {
        super(props);
        console.log('ParentComponent: state');
        this.state = { text: '' };
        this.onInputChange = this.onInputChange.bind(this);
```

```
    }
    //...
    componentDidCatch(err, errorInfo) {
        console.log('componentDidCatch');
        console.error(err);
        console.error(errorInfo);
        this.setState(() => ({ err, errorInfo }));
    }
    render() {
        console.log('ParentComponent: render');
        if (this.state.err) {
            return (
                <details style={{ whiteSpace: 'pre-wrap' }}>
                    {this.state.error && this.state.error.toString()}
                    <br />
                    {this.state.errorInfo.componentStack}
                </details>
            );
        }
        return [
            <h2 key="h2">Learn about rendering and lifecycle methods!</h2>,
            <input key="input" value={this.state.text}
    onChange={this.onInputChange} />,
            <ChildComponent key="ChildComponent" name={this.state.text} />
        ];
    }
}

render(<ParentComponent />, document.getElementById('root'));
```

将 componentDidCatch 方法添加到父组件中并用它更新组件状态

如果抛出错误，就显示该错误和错误信息

至此，我们已经了解 React 提供的不同生命周期方法并了解在各种情况下如何使用它们。如果这看起来好像要关注很多方法，那么了解到这些方法构成了 React 组件 API 的绝大部分（也可以将表 4-1 当作速查表）就让人放心了。到目前为止，React 核心 API 并没有超出我们所讨论的范围。更重要的是，不是必须使用所有这些方法，使用需要的方法即可。表 4-1 展示了到目前为止所涉及方法的概要（注意，没有包含 render）。

表 4-1　React 组件生命周期方法小结

	初始方法	"将执行"方法	"已完成"方法
挂载	defaultProps 参数——无，静态属性 何物——多次访问的静态版本，如果属性没有被父组件赋值，就将该值赋给 this.props 何时——当组件被创建且无法依赖 this.props 时被调用。返回实例间共享的复合对象，而非副本	componentWillMount 参数——无 何物——允许在加载过程发生前操作组件数据。例如，如果在这个方法中调用 setState，render() 将会看到更新的状态，而且尽管状态发生了变化，render() 也只执行一次。更改初始渲染数据的"最后机会"	componentDidMount 参数——无 何物——组件插入 DOM 后调用一次。此时，可以访问 refs（访问底层 DOM 表示的一种方法，将在后续章节讨论）。通常是执行"不纯"操作的好地方，如集成其他 JavaScript 库、设置

续表

	初始方法	"将执行"方法	"已完成"方法
挂载		何时——调用一次，即在客户端也在服务器端（第 12 章会介绍服务器端渲染），在最初渲染发生之前	计时器（通过 setTimeout 或者 setInterval），或者发送 HTTP 请求。我们常用这个方法替换组件中的占位数据 何时——调用一次，只在客户端（而不在服务器端!），在最初渲染后立即调用。子组件的 componentDidMount()方法在父组件之前调用
更新	shouldComponentUpdate 参数——nextProps、nextState 何物——如果 shouldComponentUpdate 返回 false，将会完全跳过 render()直到下次状态改变。也就是说，将不会调用 componentWill Update 和 componentDidUpdate。作为高级性能调优的应急手段特别有效 何时——当组件接收新属性或状态时，在渲染前调用。最初渲染不会被调用	componentWillReceiveProps 参数——nextProps: Object 何物——在通过使用 this.set-State()更新状态而调用 render()之前将这个方法作为响应属性转换的机会。可以使用 this.props 访问旧属性。在该函数中调用 this.setState()不会触发额外的渲染 何时——当组件接收新属性时调用。最初渲染不会调用该方法 componentWillUpdate 参数——nextProps: Object、nextState: Object 何物——在更新前使用该方法进行准备。不能使用 setState() 何时——当接收新属性或新状态进行渲染之前立即调用。最初渲染不会调用 componentWillUnmount 参数——无 何物——在这个方法里执行任何必要的清理，如解除计时器或清理 componentDidMount 创建的任何 DOM 元素 何时——在组件卸载之前立即调用	componentDidUpdate 参数——prevProps: Object、prevState: Object 何物——在组件更新被刷新到 DOM 后立即调用。最初渲染不会调用该方法 何时——在组件已经更新时，将这一方法用作操作 DOM 的机会
错误	componentDidCatch 参数——error、errorInfo 何物——处理组件里的错误。React 会卸载组件树中发生错误的组件以及其下的组件 何时——在构造函数、生命周期方法或渲染方法内发生错误时调用		

4.3　开始创建 Letters Social

现在已经了解了 React 的生命周期方法以及它们能做什么，现在我们来用一下这些技能。我们将开始构建 Letters Social 应用程序。开始之前，确保已阅读本章的第一节，了解如何使用 Letters Social 的代码仓库。开始时应该在 start 分支上，但如果想跳至本章结束，可以检出 chapter-4 分支（`git checkout chapter-4`）。

到目前为止，我们一直使用浏览器在 CodeSandbox 上运行大部分代码。这对学习来说很好，但我们将切换环境，开始在本地计算机上创建文件。我们需要使用代码仓库中包含的 Webpack 构建流程，主要是出于以下几个原因。

- 能够在多个文件中编写 JavaScript 并将这些文件输出为一个或少量已自动解决依赖和导入顺序的文件。
- 能够处理不同类型的文件（如 SCSS 或字体文件）。
- 利用像 Babel 之类的其他构建工具以便能够编写在旧版浏览器上运行的现代 JavaScript 代码。
- 通过删除死代码并缩小它来优化 JavaScript 代码。

Webpack 是一个功能非常强大的工具，有许多团队和公司都在使用它。正如本章前面所说，我不会在本书中介绍如何使用它。我的期望之一是本书的读者不必学习 React 及其相关的所有构建工具，因为一下子应对这么多东西过于复杂了，无法让学习变得简单。不过，如果你愿意学，可以更多地学习 Webpack。花些时间通过 Webpack 官方网站了解 Webpack，可以理解源代码的构建过程。

我们将通过创建一个 App 组件和一个作为应用入口的主 index 文件（`React DOM` 的 `render` 方法被调用的地方）来开始构建 Letters Social。App 组件将包含一些用 API 获取帖子的逻辑并将渲染一些帖子组件——接下来将为帖子创建组件。代码仓库中还包含许多无须自己创建的组件。我们将在本章和后续各章中使用它们。代码清单 4-7 展示了入口点文件 src/index.js。

代码清单 4-7　主应用程序文件（src/index.js）

```
import React, { Component } from 'react';
import { render } from 'react-dom';

import App from './app';

import './shared/crash';
import './shared/service-worker';
import './shared/vendor';
import './styles/styles.scss';

render(<App />, document.getElementById('app'));
```

导入 React 并从 React DOM 导入 render 方法——这个文件是主要调用 React DOM 的 render 方法的地方

导入一些错误报告相关的文件、一个服务 worker 注册器，以及样式（通过代码仓库来处理）

在目标元素上使用主 App 调用 render（HTML 模板在 src/index.js 中）

导入 App 组件的默认导出——代码清单 4-9 中会创建这个组件

主应用程序文件包含了一些 Webpack 可以导入的样式的引用以及对 React DOM 的 render 方法的主要调用。这是 React 应用程序“启动”的主要位置。当浏览器执行脚本时，它将渲染主应用程序，而后 React 将接管后续工作。没有这个调用，应用程序将不会执行。可能还记得在前面几章中，我们在主应用程序文件的底部调用过这个方法。这里没有什么不同——应用程序将由许多不同文件组成，Webpack 知道如何将它们组织到一起（多亏了导入/导出语句）并在浏览器中运行。

现在应用程序有了入口点，我们来创建主 App 组件。可以将这个文件以 src/app.js 这样的形式放在 src 目录下。我们将勾画出 App 组件的基本框架，然后随着进展填充它。本章的目标是让主应用程序运行起来并显示一些帖子。下一章将开始充实更多的功能、添加创建帖子的能力以及添加发帖位置。随着探索 React 的不同主题，如测试、路由和应用架构（使用 Redux），将继续为应用程序添加功能。代码清单 4-8 展示了应用程序组件的基础部分。

代码清单 4-8 创建 app 组件（src/app.js）

```
import React, { Component } from 'react';
import PropTypes from 'prop-types';
import parseLinkHeader from 'parse-link-header';
import orderBy from 'lodash/orderBy';

import ErrorMessage from './components/error/Error';
import Loader from './components/Loader';
import * as API from './shared/http';
import Ad from './components/ad/Ad';
import Navbar from './components/nav/navbar';
import Welcome from './components/welcome/Welcome';

class App extends Component {
    constructor(props) {
        super(props);
        this.state = {
            error: null,
            loading: false,
            posts: [],
            endpoint: `${process.env
 .ENDPOINT}/posts?_page=1&_sort=date&_order=DESC&_embed=comments&_expand=
 user&_embed=likes`
        };
    }
    static propTypes = {
        children: PropTypes.node
    };
    render() {
        return (
            <div className="app">
                <Navbar />
                {this.state.loading ? (
                    <div className="loading">
                        <Loader />
                    </div>
```

导入 App 组件需要的库

导入错误信息组件和加载组件以供使用

导入 Letters 的 API 模块，用于创建和获取帖子

导入已有的广告、欢迎和导航栏组件

设置组件的初始状态——持续跟踪帖子以及点击获取更多帖子的服务访问地址

如果正在加载，渲染加载组件而不是应用的主体

```
                ) : (
                    <div className="home">
                        <Welcome />                                  ◁┐
                        <div>                                         │
就是在这里添加 ─▷              <button className="block">             │ 渲染欢迎和
展示帖子的组件                     Load more posts                    │ 广告组件
                            </button>                                 │
                        </div>                                        │
                        <div>                                         │
                            <Ad                                      ◁┘
                                url="https://ifelse.io/book"
                                imageUrl="/static/assets/ads/ria.png"
                            />
                            <Ad
                                url="https://ifelse.io/book"
                                imageUrl="/static/assets/ads/orly.jpg"
                            />
                        </div>
                    </div>
                )}
            </div>
        );
    }
}
                            ┐ 导出 App 组件
export default App;      ◁─┘
```

有了这个就可以运行开发命令（npm run dev），应用程序至少应该启动并可以在浏览器中展示。如果没有，请确保至少运行一次 npm run db:seed 来为数据库生成示例数据。运行 npm run dev 会做下面这些事情：

- 启动 Webpack 构建过程和开发服务器；
- 启动 JSON-server API，从而可以响应网络请求；
- 创建一个开发服务器（用于第 12 章的服务器端渲染）；
- 发生更改时热加载应用程序（因此每次保存文件都不必刷新应用程序）；
- 通知构建错误（如果发生，它们将显示在命令行和浏览器中）。

当应用程序以开发模式运行之后，应该能够通过 http://localhost:3000 查看运行的应用程序。API 服务器运行在 http://localhost:3500 上，可以使用 Postman 之类的工具向它发送请求，或者只是想用浏览器浏览不同的资源。

完成这些准备事项之后，应该给 App 组件添加获取帖子的功能。为此，需要使用 Fetch API（包含在 API 模块中）向 Letters Social API 发送网络请求。目前，组件并没有做太多事情。除了构造函数和渲染方法，还没有定义任何生命周期方法，所以组件没有任何数据可用。需要通过 API 获取数据，然后用这些数据更新组件状态。另外，还要添加错误边界，以便组件遇到错误时可以显示错误消息而不是卸载整个应用。代码清单 4-9 展示了如何为 App 组件添加这些类方法。

代码清单 4-9 当 App 组件加载时获取数据

```
//...
constructor(props) {
    //...
    this.getPosts = this.getPosts.bind(this);
}

componentDidMount() {
    this.getPosts();
}
componentDidCatch(err, info) {
    console.error(err);
    console.error(info);
    this.setState(() => ({
        error: err
    }));
}
getPosts() {
    API.fetchPosts(this.state.endpoint)
        .then(res => {
        return res
            .json()
            .then(posts => {
             const links = parseLinkHeader(res.headers.get('Link'));
             this.setState(() => ({
                   posts: orderBy(this.state.posts.concat(posts),
                   'date', 'desc'),
                   endpoint: links.next.url
               }));
            })
            .catch(err => {
                this.setState(() => ({ error: err }));
            });
    });
}
render() {
    //...
    <button className="block" onClick={this.getPosts}>
        Load more posts
    </button>
    //...
}
//...
```

绑定类方法，当组件加载时用它从 API 获取帖子

给应用设置错误边界，以便处理错误

用包含的 API 模块获取帖子

Letters Social API 会在响应头中返回分页信息，所以使用 parseLinkHeader 把下一页帖子的 URL 拿出来

API 模块使用 Fetch API，所以需要拆出 JSON 格式的响应

将新帖子添加到 state 中并确保它们正确排序

更新服务访问地址的 state

如果有错误，更新组件的状态

现在已经定义 getPosts，将 getPosts 方法赋值为加载更多的事件处理器

当应用程序挂载后应该马上获取帖子并将这些数据保存到应用的本地组件状态中。接下来需要创建存储帖子数据 Post 组件。我们将用源代码附带的一组预先存在的组件创建 Post 组件。这些主要是无状态函数组件，本书的其余部分将以它们为基础。查看 src/components/post 目录来熟悉一下它们。

帖子将获取它们自己的内容并自行渲染，因此我们可以在后续章节中移动帖子组件。App 组件发起获取帖子的请求，但其真正关心的是帖子的 ID 和日期，帖子组件本身将负责加载帖子其

余的内容。另一种方法是让应用程序组件负责获取所有数据并将数据传递给帖子，这种方法的一个好处是减少了发起的网络请求。出于展示的目的并且由于我们仍在关注学习生命周期方法，因此让帖子负责获取额外的数据，但我想指出另一种清晰的方法。代码清单 4-10 展示了创建 Post 组件的方法。在 src/components post/Post.js 中创建它。

代码清单 4-10 创建 Post 组件（src/components/post/Post.js）

```
import React, { Component } from 'react';
import PropTypes from 'prop-types';

import * as API from '../../shared/http';          // 导入 API 模块以便获取帖子
import Content from './Content';
import Image from './Image';
import Link from './Link';
import PostActionSection from './PostActionSection';
import Comments from '../comment/Comments';
import Loader from '../Loader';                    // 导入组成 Post 的组件

export class Post extends Component {             // 需要生命周期方法，所以继承 React.Component
  static propTypes = {
      post: PropTypes.shape({
          comments: PropTypes.array,
          content: PropTypes.string,
          date: PropTypes.number,
          id: PropTypes.string.isRequired,
          image: PropTypes.string,
          likes: PropTypes.array,
          location: PropTypes.object,
          user: PropTypes.object,
          userId: PropTypes.string
      })
  };                                               // 声明 propTypes
  constructor(props) {                             // 定义构造函数以便设置状态并且绑定类方法
      super(props);
      this.state = {                               // 设置初始状态
          post: null,
          comments: [],
          showComments: false,
          user: this.props.user
      };
      this.loadPost = this.loadPost.bind(this);    // 绑定类方法
  }
  componentDidMount() {                            // 挂载后加载一个帖子
      this.loadPost(this.props.id);
  }
  loadPost(id) {
      API.fetchPost(id)                            // 使用 API 获取单个帖子并更新状态
          .then(res => res.json())
          .then(post => {
              this.setState(() => ({ post }));
          });
  }
```

```
    render() {
        if (!this.state.post) {
            return <Loader />;
        }
        return (
            <div className="post">
                <UserHeader date={this.state.post.date}
                            user={this.state.post.user} />
                <Content post={this.state.post} />
                <Image post={this.state.post} />
                <Link link={this.state.post.link} />
                <PostActionSection showComments={this.state.showComments}/>
                <Comments
                    comments={this.state.comments}
                    show={this.state.showComments}
                    post={this.state.post}
                    user={this.props.user}
                />
            </div>
        );
    }
}

export default Post;
```

如果帖子还没加载，展示载入器组件

为 CommentBox 组件设置模拟数据

最后需要做的事情是实际遍历帖子以便它们得以显示。记住，显示组件的动态列表需要构造一个数组（通过 `Array.map` 或其他方法）并在 JSX 表达式中使用它。还有，不要忘记，React 要求给每个被迭代项传递一个 key 属性，以便它知道更新动态列表中的哪些组件。对于 `render` 方法返回的任何组件数组都是如此。代码清单 4-11 展示了如何更新 App 组件的 render 方法来遍历帖子。

代码清单 4-11 遍历帖子组件（src/app.js）

```
//...
import Post from './components/post/Post';
//...
<Welcome />
                    <div>
                        {this.state.posts.length && (
                            <div className="posts">
                                {this.state.posts.map(({ id }) => (
                                    <Post id={id} key={id}
                                     user={this.props.user} />
                                ))}
                            </div>
                        )}
                        <button className="block" onClick={this.getPosts}>
                            Load more posts
                        </button>
                    </div>
                    <div>
                        <Ad
                            url="https://ifelse.io/book"
```

导入 Post 组件

遍历获取的所有帖子并给每个帖子渲染一个 Post 组件

别忘了给遍历的每项添加 key 属性

```
                imageUrl="/static/assets/ads/ria.png"
            />
            <Ad
                url="https://ifelse.io/book"
                imageUrl="/static/assets/ads/orly.jpg"
            />
        </div>
//...
```

至此，如图 4-10 所示，我们渲染出帖子，迈出了开始 Letters Social 的一步。当然，这里还有很多改进的空间。我们将在下一章介绍添加帖子和为帖子增加位置信息，探讨使用 refs——从 React 组件访问底层 DOM 元素的方法。

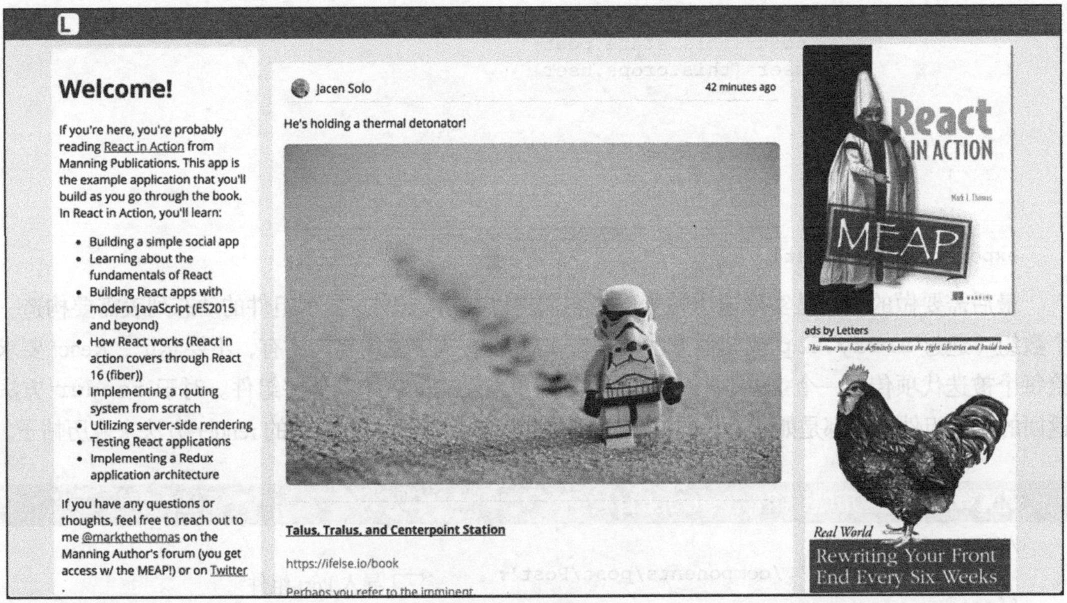

图 4-10 Letters Social 的第一关。渲染帖子并且可以加载更多。
下一章中将添加创建带位置信息的帖子的功能

4.4 小结

让我们复习一下本章学到的内容。

- 通过创建继承 `React.Component` 类的 JavaScript 类来创建 React 组件，该类型组件拥有可以挂载的生命周期。这意味着它们拥有被 React 管理的开始、中间和结束的时间。由于它们继承自 `React.Component` 抽象基类，它们也可以访问那些无状态函数组件不能访问的特定 React API。
- React 提供了生命周期方法，使用者可以用这些方法挂载到组件生命中的不同部分。这可以让应用在 React 管理 UI 过程的不同部分进行适当的操作。这些生命周期方法并不是必须使用的，只在需要时借助它们。很多时候只需要无状态的函数组件就能满足要求。

- React 提供了一个方法来处理在构造函数、渲染或生命周期方法中出现的错误——`componentDidCatch`。使用这个方法可以在应用程序中创建错误边界。这就像 JavaScript 中的 try/catch 语句。当 React 捕获错误时，它将从 DOM 中卸载发生错误的组件及其子组件，以提高渲染的稳定性并防止整个应用程序崩溃。
- 我们已经开始构建 Letters Social，我们将在本书的剩余部分使用这个项目来探索 React 的主题。该项目的最终版本位于 https://social.react.sh，可以从本书的 GitHub 上找到其源代码。

下一章我们将开始为 Letters Social 添加更多功能。我们将重点关注添加动态创建帖子的功能，甚至使用 Mapbox 给帖子添加位置信息。

第 5 章　在 React 中使用表单

本章主要内容

- 在 React 中使用表单元素
- React 中的受控与非受控表单组件
- 在 React 中验证和清理数据

到目前为止，我们已经了解了一些用 React 构建简单组件的基础知识：生命周期钩子、PropTypes 和大多数高层组件 API。我们已经初步了解了基本原理并可以做一些简单的事情，如更新组件本地状态、使用 props 在组件之间传递数据等。另外我们还介绍了组件结构、组件化思维方式和生命周期方法。

我们在将本章更多地应用这些知识并真正开始构建示例应用 Letters Social。我们将创建用户用来新建 Letters Social 帖子的组件。首先，我们将研究整个问题并审查数据需求，然后讨论 React 中的表单并构建组件的功能。到本章结束时，读者应该能学会如何在 React 应用中使用表单。

如何获取本章代码

和每章一样，读者可以去 GitHub 仓库检出源代码。如果想从头开始编写本章代码，可以使用第 4 章的已有代码（如果跟着编写了示例）或直接检出指定章的分支（chapter-5-6）。

记住，每个分支对应该章末尾的代码（例如，chapter-5-6 对应第 5 章和第 6 章末尾的代码）。读者可以在选定目录下执行以下终端命令之一来获取当前章的代码。

如果还没有代码库，请输入下面的命令来获取：

```
git clone git@github.com:react-in-action/letters-social.git
```

如果已经克隆过代码仓库：

```
git checkout chapter-5-6
```

如果你是从其他章来到这里的，则需要确保已经安装了所有正确的依赖：

```
npm install
```

5.1 在 Letters Social 中创建帖子

到目前为止，React 应用 Letters 除了能让你阅读一些信息还做不了什么。一个只读的社交网络更像是图书馆，然而这不是假想的投资者想要的。我们需要实现的第一个特性就是发帖。我们将要实现的功能是用户使用表单发帖并在信息流中展示它们。开始前，我们将梳理数据需求并大致了解所面对的问题，以便完全明白所要完成的工作。

5.1.1 数据需求

我们将开始使用一些浏览器 HTTP 库来向伪 API 服务器发送数据。你可能已经对这些东西的工作方式有一点点了解，并且了解如何使用 JavaScript 调用 REST 风格以及其他类型的 Web API，因此我不会深入介绍这一点。如果你没有任何浏览器 HTTP 或服务器通信的经验，有许多优秀的资源可以参考，如 Nicolas G. Bevacqua 的 *JavaScript Application Design*。

当使用 API 时，发送的数据通常需要符合某种契约。如果数据库期望存储用户信息，发送的数据会被要求包含姓名、邮箱或者个人相片等信息。数据通常必须具有特定的格式，否则服务器将会拒收。因此，当前的首要任务就是要弄清楚服务器需要怎样的数据格式。

代码清单 5-1 展示了 Letters Social 中帖子的基本数据结构。我们在这里使用了一个简单的 JavaScript 类，因为服务器实际上也是这么做的。当用户发帖时，向服务器发送的数据需要包含此模型中定义的大部分字段。注意，帖子可以包含很多有用的属性，如位置信息——第 6 章将创建添加位置的功能。服务器会给没有指定的属性赋默认值，但会忽略未定义的其他属性。浏览器中无须做的事情是创建唯一的 ID——服务器会做这部分工作。

代码清单 5-1 帖子的数据结构（db/models.js）

```
export class Post {
    constructor(config) {
        this.id = config.id || uuid();
        this.comments = config.comments || [];
        this.content = config.content || null;
        this.date = config.date || new Date().getTime();
        this.image = config.image || null;
        this.likes = config.likes || [];
        this.link = config.link || null;
        this.location = config.location || null;
        this.userId = config.userId;
    }
}
```

5.1.2 组件概览与层级

现在已经对要使用的数据有了一点点了解，可以开始考虑如何以组件的形式展示这些数据了。我们正在创建的这类社交网络应用有很多例子，所以应该不难想出见过的例子。图 5-1 展示了我们正在构建的最终产品，我们可以从中得到一些启发。

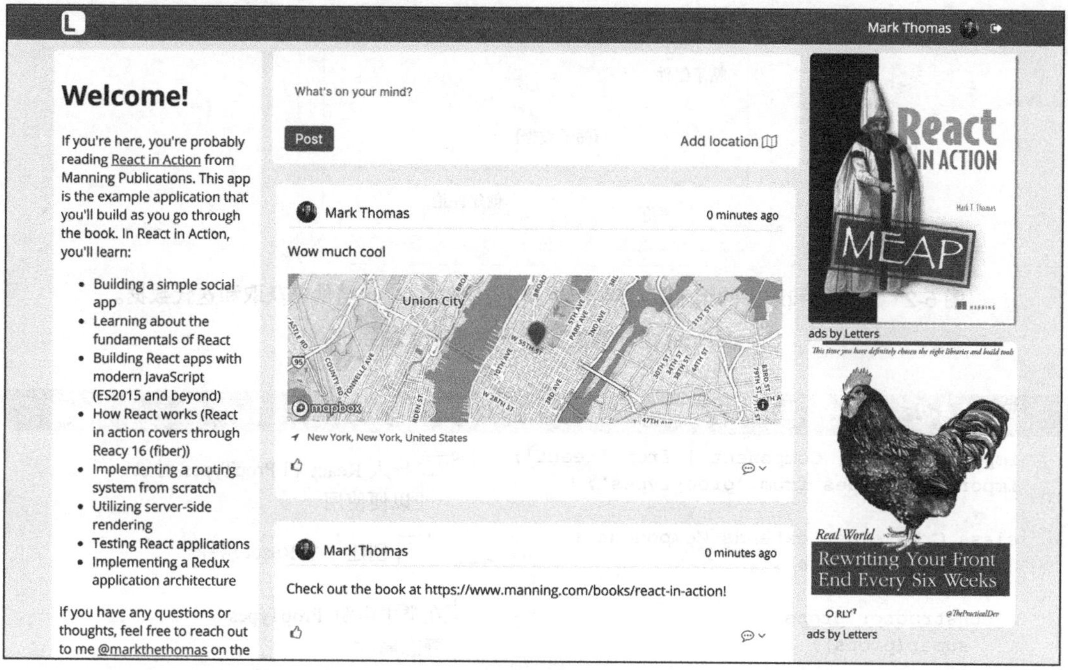

图 5-1 正构建的 Letters Social 应用的最终状态。能想出什么办法将其分解成组件吗

在本书前面，我曾谈及建立组件层次结构及关系并强调了它们在用 React 创建应用中的重要性。在开始创建组件之前，我们要再强调一遍。下面是到目前为止 Letters Social 中已实现的功能：

- 来自 API 的可用的帖子数据，有些帖子包含图片，有些帖子包含链接；
- 每个帖子的用户数据，包含头像信息；
- 作为整个应用总控的 App 组件；
- 迭代来自 API 的数据时使用的 Post 组件。

我们需要添加创建帖子的功能，并且这些帖子有位置信息和文本内容。我们需要让用户选择位置，然后在信息流的每个帖子中展示这个位置。CreatePost 组件应该放在哪里？根据原型和用户的需求，似乎把它作为迭代的帖子列表的同级别比较合理，所有这些都放在主 App 组件中，如图 5-2 所示。

来看看如何为组件创建骨架。只创建渲染组件基本元素的基础、导入正确的工具、导出组件类，并设置之后要定义的 PropTypes。代码清单 5-2 展示了如何创建这个基础骨架。

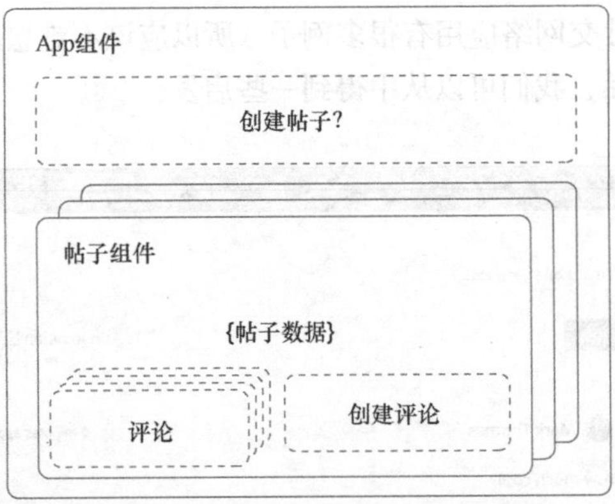

图 5-2　现有的和未来的组件。已经创建了帖子组件和 App 组件来获取和迭代数据。CreatePost 组件将放在用于显示帖子的组件之外

代码清单 5-2　创建组件的骨架（src/components/post/Create.js）

```
import React, { Component } from 'react';
import PropTypes from 'prop-types';

class CreatePost extends Component {
  static propTypes = {
  }
  constructor(props) {
    super(props);
  }
  render () {
    return (
      <div className="create-post">
        Create a post — coming (very) soon
      </div>
    );
  }
}

export default CreatePost;
```

- 导入 React 和 PropTypes 对象，以便使用
- 创建一个 React 组件
- 在类中声明 PropTypes 静态属性
- 设置构造函数，稍后会用到它
- 导出组件以便在其他地方使用

5.2　React 中的表单

本章中构建的两个组件都涉及表单的使用。Web 表单仍然类似于纸质表单——它们是接收和记录输入的结构化手段。在纸上，可以用钢笔或铅笔来记录信息，而在浏览器表单中，可以使用键盘、鼠标和计算机上的文件来捕获信息。你可能已经很熟悉许多表单元素了，如 `input`、`select` 和 `textarea` 等。

大部分 Web 应用在某种程度上都会涉及表单。我还从来没有开发过一款部署到生产环境却不涉及任何表单的应用。我还发现表单由于难用有时名声欠佳。也许正是出于这个原因，许多框

架已实现了针对表单的“神奇”方法以寻求减轻开发人员的负担。React 并未采用神奇的方式，但它却能让表单更容易使用。

5.2.1 开始使用表单

前端框架之间并没有标准的表单处理方式。在一些框架和库中，可以设置表单模型，该模型会随用户更改表单值而进行更新并且内置了专门的方法检测表单何时处于不同的状态。另一些框架和库在表单方面实现了不同的范式和技术。这些框架的共同之处在于它们处理表单的方式稍有不同。

我们应该如何看待这些不同的方法呢？一个比另一个更好吗？很难说一种方法是否从根本上优于另一种，但有时“更容易使用”的方法可能隐藏潜在的机制和逻辑。这并非总是坏事——有时候开发者并不需要了解框架的内部实现。但是，开发者确实需要有足够的理解来支撑一个思维模型，而该模型让开发者能够创建可维护的代码并在 bug 出现时修复它们。在我看来，这正是 React 的亮点所在。当涉及表单时不会给开发者太多“魔法”，他们会在必须过多了解表单和过少了解之间找到很好的中间地带。

幸运的是，React 中表单的思维模型更多的是你已经了解的东西，并没有特别的 API 集合需要使用，表单只是我们在 React 中看到的东西：组件！开发者使用组件、状态和属性来创建表单。因为是基于之前所学进行构建，所以在继续之前先来回顾一下 React 思维模式的部分内容。

- 组件有两种主要的方式处理数据：状态和属性。
- 因为组件是 JavaScript 类，所以除了生命周期钩子，组件还可以拥有自定义的类方法，它们可以用来响应事件和做任何事情。
- 与常规的 DOM 元素一样，可以在 React 组件上监听诸如点击、输入变化和其他事件。
- 父组件（如表单元素）可以将回调方法作为属性提供给子组件，使组件之间能够通信。

在构建用于创建帖子的组件时，将使用这些熟悉的 React 思想。

5.2.2 表单元素和事件

要创建帖子，需要确保将帖子存储到数据库中、更新帖子的 UI，以及更新用户的帖子列表。就像构建常规 HTML 表单一样，首先要搭建好需要构建的表单元素。标记并不多——只需要接收一个输入并且不需要显示其他内容。代码清单 5-3 展示了组件的初始部分：渲染一个 textarea 输入框。

代码清单 5-3 向 CreatePost 组件添加内容（src/components/post/Create.js）

```
//...
class CreatePost extends Component {
  render() {
    return (
      <div className="create-post">
                <textarea
                    placeholder="What's on your mind?"
```

```
                />
            </div>
            <button>Post</button>
        </div>
    );
  }
}
//...
```

现在已经为表单创建了基本标记，可以开始将它们连接起来了。读者应该还记得在前面章节中提到过，React 能够像常规浏览器 JavaScript 那样让开发者与事件进行交互。它允许开发者监听诸如点击、滚动和其他常规事件，并对它们做出响应。在处理表单时，我们将利用这些事件。

注意　如果你已经做了一段时间的前端开发工作，那应该知道不同浏览器之间会有很多不一致的地方，尤其是涉及事件时。除了其他可以获得的各种好处，React 还做了大量工作来抽象这些浏览器实现中的差异。这是个没有得到太多关注的优点，但却有莫大的帮助。不必过多担心浏览器之间的差异，可以让开发者更关注应用的其他领域，这通常会让开发者更开心。

随着用户交互，浏览器中可能会出现许多不同的事件，包括鼠标移动、键盘输入、点击等。当涉及应用时，我们应该特别关注其中一些类型的事件。对我们来说，要使用两个主要的事件处理程序进行监听——`onChange` 和 `onClick`。

- `onChange`——当 `input` 元素发生变化时触发。可以使用 `event.target.value` 来访问表单元素的新值。
- `onClick`——当元素被点击时触发。可通过监听此事件来了解用户何时想要向服务器发送帖子。

接下来将为这些事件分配一些事件处理程序。现在，我们将为这些函数添加控制台日志以便观察它们的触发情况，稍后再用真正的功能替换它们。代码清单 5-4 展示了如何通过在组件类的构造函数中绑定事件处理程序，然后在组件中分配它们来设置事件处理程序。

代码清单 5-4　向 CreatePost 组件添加内容（src/components/post/Create.js）

```
class CreatePost extends Component {
  constructor(props) {
    super(props);
    this.handleSubmit = this.handleSubmit.bind(this);
    this.handlePostChange = this.handlePostChange.bind(this);
  }

  handlePostChange(e) {
          console.log('Handling an update to the post body!');
  }

  handleSubmit() {
    console.log('Handling submission!');
  }
```

绑定类方法以处理帖子的提交和更改

在类上声明当正文文本发生更新时（onChange 事件）需要使用的方法

声明处理提交事件的方法，React 会把事件传递给处理程序

```
  render() {
    return (
      <div className="create-post">
            <button onClick={this.handleSubmit}>Post</button>
            <textarea
                value={this.state.content}
                onChange={this.handlePostChange}
                placeholder="What's on your mind?"
            />
        </div>
    );
  }
}
```

将事件处理程序传递给 button 和 textarea 组件

组件的值将从组件 state 中读取

事件处理程序接收一个合成事件作为参数，我们可以访问这个合成事件上的许多可用属性。表 5-1 展示了合成事件上可以访问的一些属性。这里所说的合成事件指的是由 React 从浏览器事件转换而来的，开发者可以在 React 组件中使用的事件。

表 5-1　React 合成事件中可用的属性和方法

属性	返回值
bubbles	boolean
cancelable	boolean
currentTarget	DOMEventTarget
defaultPrevented	boolean
eventPhase	number
isTrusted	boolean
nativeEvent	DOMEvent
preventDefault()	
isDefaultPrevented()	boolean
stopPropagation()	
isPropagationStopped()	boolean
target	DOMEventTarget
timeStamp	number
type	string

继续之前，我们稍作尝试：在 post 组件的 `change` 事件处理程序中添加 `console.log(event)`。打开浏览器的开发者控制台并在 `textarea` 元素中输入一些内容，应该会看到打印出来的消息（参见图 5-3）。如果探查这些对象或尝试访问表 5-1 中的一些属性，应该能获取有关事件的信息。对我们而言，我们将关注获取到的 `target` 属性。记住，与通常的 JavaScript 一样，`event.target` 只是对发出事件的 DOM 元素的引用。

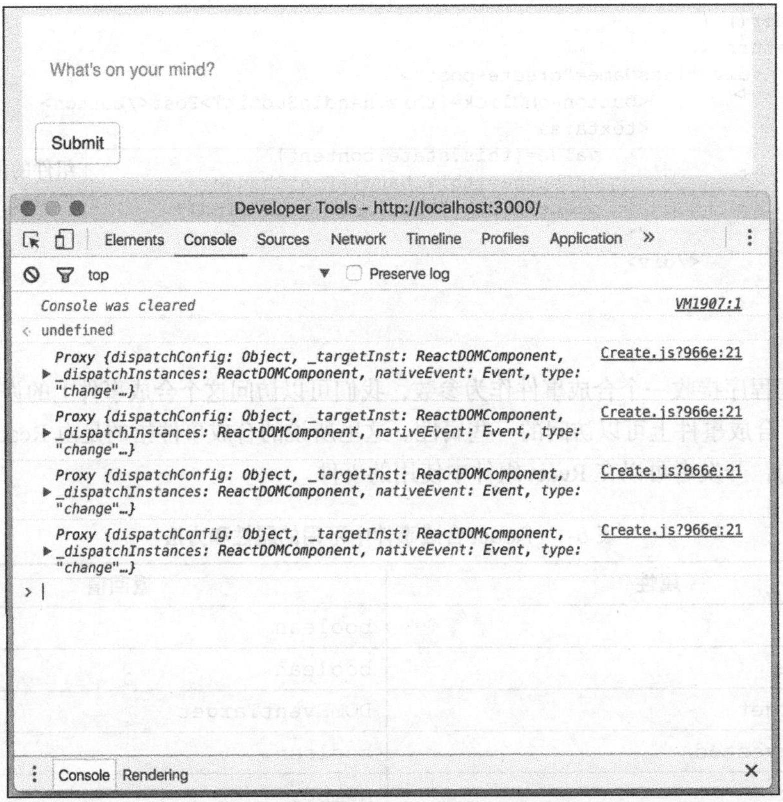

图 5-3 React 将一个合成事件传递给使用者设置的事件处理程序。这是一个规范化的事件，这意味着可以如同访问常规浏览器事件那样访问相同的属性和数据

5.2.3 更新表单状态

现在已经可以监听事件并在组件监听更新和提交事件时进行观察，但还没有对数据做任何处理。此时，需要对事件进行一些处理来更新应用的状态。这正是 React 处理表单的关键方法：通过事件处理程序接收事件，然后使用来自这些事件的数据更新状态或属性。

状态和属性是 React 让使用者处理数据的两种主要方式。如果现在在表单中输入一些内容，什么也不会发生。乍一看，这似乎是个错误，但其实这正是 React 尽职尽责的表现。想想看：当用户更改输入的值时，用户正在变更 DOM，而 React 的主要职责之一就是确保 DOM 与从组件创建的虚拟 DOM 保持同步。

由于没有更改虚拟 DOM 中的任何内容（没有更新状态），因此 React 不会对实际的 DOM 做任何更新。这是一个 React 实际发挥作用的很好的例子，它漂亮地完成了工作。如果还是能够更新表单值，使用者就无意间将自己置于“诡异”的境地，事物不同步而使用者需要回到老的做事方式（这正是 React 一开始改进的地方）。

要更新状态，开发者需要监听当输入值改变时 React 发出的事件。当此事件触发时，可以从中提取一个值并使用这个值更新组件的状态，这让开发者有机会控制更新过程的每个步骤。

让我们看看如何将这些付诸实现。代码清单 5-5 展示了如何设置事件处理程序来处理用户更改数据值时监听和更新组件状态。稍后将使用之前用到的 event.target 引用并访问其 value 属性来用 textarea 元素的值更新状态。

代码清单 5-5 使用输入来更新组件状态（src/components/post/Create.js）

```
class CreatePost extends Component {
  constructor(props) {
    super(props);

    // Set up state
    this.state = {
      content: '',
    };

    // Set up event handlers
    this.handleSubmit = this.handleSubmit.bind(this);
    this.handlePostChange = this.handlePostChange.bind(this);
  }
  handlePostChange(event) {
    const content = event.target.value;   <-- 从 DOM 元素的 value 属性获取 textarea 元素的值（想要用什么更新 state）
    this.setState(() => {                 <-- 使用该值设置 state 并使用新值更新它
       return {
           content,
       };
    });
  }
  handleSubmit() {
    console.log(this.state);              <-- 要查看被更新的 state，点击表单提交按钮并探查开发者控制台
  }

  render() {
    return (
      <div className="create-post">
                <button onClick={this.handleSubmit}>Post</button>
                <textarea
                    value={this.state.content}          <-- 将新值提供给 textarea 元素
                    onChange={this.handlePostChange}
                    placeholder="What's on your mind?"
                />
      </div>
    );
  }
}
```

5.2.4 受控和非受控组件

这种更新表单中组件状态的方式可能是 React 中最常见的表单处理方式——通过使用事件和

事件处理器更新状态来严格控制如何更新。按照此过程设计的组件通常被称为受控组件。这是因为我们严格地控制组件以及状态如何变化。但还有另外一种使用表单的组件的设计方法，称为非受控组件。图 5-4 展示了受控和非受控组件的工作方式并说明了它们之间的一些差异。

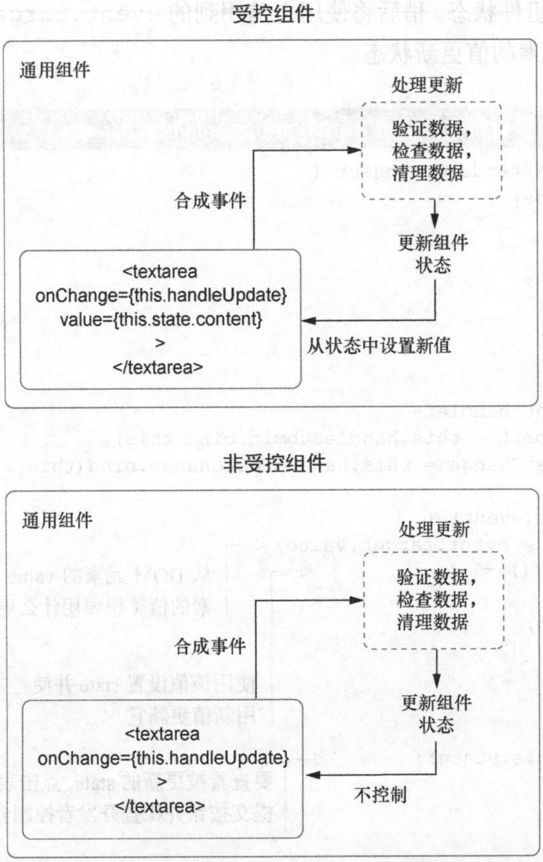

图 5-4 受控组件监听由 DOM 元素发出的事件，操作发出的数据，更新组件状态并设置元素的值。这使所有东西都保持在组件领域并创建出一个统一的状态宇宙。非受控组件维护它们自己的内部状态并在组件中创建出一个微型世界，这切断了对该状态的访问和控制

在非受控组件中，组件保持自己的内部状态，而不再使用 value 属性来设置数据。开发者仍然可以使用事件处理程序监听输入框的更新，但不再管理输入框的状态。代码清单 5-6 展示了使用非受控组件的方法。我们在本书中将坚持使用受控组件，但重点是至少要知道非受控组件这种模式实际是什么样子的。

代码清单 5-6 使用非受控组件（src/components/post/Create.js）

```
class CreatePost extends Component {
  constructor(props) {
```

```
    super(props);

    this.state = {
      content: '',
    };

    this.handleSubmit = this.handleSubmit.bind(this);
    this.handlePostChange = this.handlePostChange.bind(this);
  }

  handlePostChange(event) {
    const content = event.target.value;
    this.setState(() => {
        return {
            content,
        };
    });
  }

  handleSubmit() {
    console.log(this.state);
  }

  render() {
    return (
  <div className="create-post">
          <button onClick={this.handleSubmit}>Post</button>
          <textarea
              onChange={this.handlePostChange}
              placeholder="What's on your mind?"
          />
      </div>
    );
  }
}
```

处理程序与以前相同，但是更改 state 的效果不相同

处理程序与以前相同，但是更改 state 的效果不相同

如前所述，现在没有 value 元素监听组件状态

5.2.5 表单验证与清理

使用表单记录和存储用户输入的一个重要部分是让用户知道他们什么时候违反了开发者设置的验证规则，以及他们什么时候提供的数据不能满足当前应用。我们希望，从客户端接收数据的服务器应用有严格的数据验证与清理程序——不能依赖浏览器应用来完成这个领域的所有工作。而且即便服务器上有良好的数据验证和清理程序，仍然需要在前端提供并执行良好的数据实践以帮助用户、增加另一级对危险分子的防范以及提高数据完整性。如果不这样做，可能会让用户感到困惑，存在安全漏洞以及无意义的数据，这些都是不想遇到的问题。

正如目前所看到的，使用表单更新组件状态涉及了 state、props 和组件方法，就像 React 中的其他东西一样。要向组件添加验证和清理功能，开发者需要挂载到更新过程中去。为此，开发者需要编写通用的验证和清理功能，这些功能可以在能够使用 JavaScript 的任何地方使用并且可能在大部分其他前端框架中也可以使用。

练习 5-1 思考 React 事件和表单

花一分钟时间想一想，到目前为止你对 React 中的事件和表单了解了多少。React 中的事件与浏览器中处理的事件有不同之处吗？如果有，它们有什么不同？

幸运的是，正在创建的 CreatePost 组件不需要进行大量的验证，只需要检查最大长度并进行一些额外验证以便组件不会向 API 服务器提交空帖子即可。为了学习和本地开发，我们搭建了一个简单的服务器，它接收大多数净荷而不做太多验证。编写服务器应用是本书范围之外的另一个领域，因此我们将只关注浏览器上的验证和清理。

设置应用的表单和输入的验证时，开发人员需要问自己几个问题。

- 应用对数据的要求是什么？
- 基于这些约束，如何帮用户提供有意义的数据？
- 是否有办法消除用户提供数据的不一致性？

首先，应该明确业务和应用后端（如果有的话）对数据的要求是什么。之所以应该从这里着手，是因为这将帮助开发者建立处理数据的基本的指导方针。由于我们已经确立服务器会接受大多数东西并且为帖子设定了基本数据类型，因此我们可以继续下一个问题。

根据当前约束，开发者如何才能最好地帮用户提供有意义的数据并拥有良好的应用体验？这通常牵涉到检查数据的大小、字符类型、上传文件的文件类型等。现在，CreatePost 组件相当不错，除了长度没有什么需要验证的。接下来将检查最小和最大长度并且只有验证通过才让用户提交他们的帖子。代码清单 5-7 展示了如何为组件设置这些基本验证。

代码清单 5-7 添加基本验证（src/components/post/Create.js）

```
//...
class CreatePost extends Component {
  constructor(props) {
    super(props);

    this.state = {
      content: '',
      valid: false,        // 在当前组件的 state 中创建一个简单的 valid 属性
    };

    this.handleSubmit = this.handleSubmit.bind(this);
    this.handlePostChange = this.handlePostChange.bind(this);
  }

  handlePostChange(event) {
    const content = event.target.value;
    this.setState(() => {
        return {
          content,
          valid: content.length <= 280   // 通过设置最大长度来确定帖子的有效性（这里的 280 只是为了演示，用户有时希望帖子可以更长一些）
        };
    });
```

```
  }
  handleSubmit() {
    if (!this.state.valid) {
       return;
    }
    const newPost = {                          创建新帖子对象
        content: this.state.content,
    };

    console.log(this.state);
  }

  render() {
    return (
      <div className="create-post">
                <button onClick={this.handleSubmit}>Post</button>
                <textarea
                    value={this.state.content}
                        onChange={this.handlePostChange}
                        placeholder="What's on your mind?"
                />
      </div>
    );
  }
}
```

我们已经回答了前两个问题（数据约束和验证）。现在我们可以着手处理最后一个方面：通过（非常）基本的数据清理来消除数据的不一致。验证是要求用户提供特定的数据，而清理则是确保获取的数据是安全和格式正确的，并且以可持久化的方式存在。信息安全是一个巨大而又非常重要的领域，本书无法真正探究安全方面的数据处理，但我们可以为 Letters 处理一个较小的领域：冒犯性的内容。

我们将使用名为 bad-words 的 JavaScript 模块帮助解决这个问题，该模块可以从 npm 获取（主要的 JavaScript 模块注册和服务方）。它应该已经安装到项目中了。bad-words 接收一个字符串并用星号替换黑名单上的所有单词（如果愿意，开发者可以创建自己的黑名单并替换默认的黑名单）。代码清单 5-8 中的示例是人为设计的，但你至少可以防止人们在公共应用中发布潜在冒犯性的内容。记住，这是一个精心设计的例子，其没有暗示或支持任何形式的审查。

代码清单 5-8　添加基本的内容清理（src/components/post/Create.js）

```
import PropTypes from 'prop-types';
import React from 'react';
                                          从 bad-words 模块导入默认对象
import Filter from 'bad-words';        <-
const filter = new Filter();
                                          <- 使用构造函数创建过滤器实例
class CreatePost extends Component {
  //...
  handlePostChange(event) {
```

```
        const content = filter.clean(event.target.value);      ◁— 将表单值传递给 filter
         this.setState(() => {                                     的.clean()方法并用返
                return {                                           回值设置 state
                    content,
                    valid: content.length <= 280
                };
        });
    }
//...
    }
export default CreatePost;
```

5.3 创建新帖子

现在对帖子做了一些基本的验证和清理，之后则需要将它们发送到服务器来创建它们。我们将引入稍微复杂一点的东西来实现这一点，因此我们将简要地检查每个步骤，然后再看看将所有步骤组合在一起的示例。

要将帖子发送到 API，除了 CreatePost 组件已经做的工作，还需要做以下工作，包括跟踪状态、进行一些基本的验证和完成一些基本的内容清理工作。

接下来，需要完成下面的工作才能将数据发送给 API。

（1）捕获将要作为帖子的用户输入，更新状态并执行之前实现的数据检查逻辑。

（2）调用从父组件（在本例中是主要 App 组件）作为属性传递过来的事件处理函数并向其提供帖子数据。

（3）重置 CreatePost 组件的状态。

（4）在父组件中，使用从 CreatePost 子组件传递过来的数据来向服务器发送 HTTP POST 请求。

（5）使用从服务器接收的新帖子数据更新本地组件的状态。

（6）要更好地了解接下来要做什么，参见图 5-5。

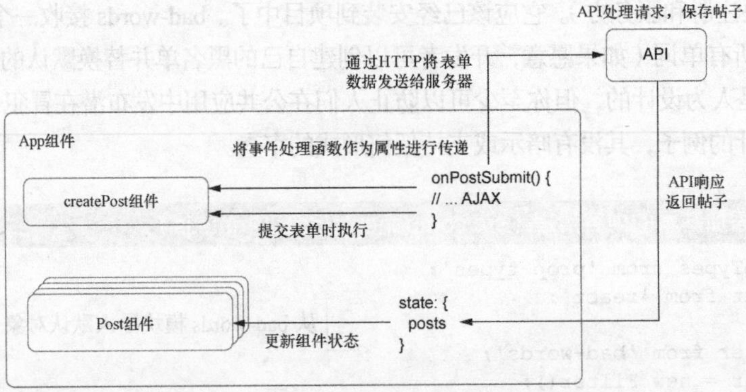

图 5-5 CreatePost 组件概览。CreatePost 组件接收一个函数作为属性，使用其内部状态作为该函数的输入，并在用户点击 Submit 时调用它。该函数来自父 App 组件，将数据发送到 API，更新本地帖子，以及用 API 返回数据进行帖子更新

我们将从添加一个函数开始，该函数将在父组件（App.js）中处理帖子的提交。这个函数有好几个部分，可以一次添加一个部分，我们将逐一介绍这些部分。代码清单 5-9 展示了如何将提交帖子的功能添加到 App 组件中。

代码清单 5-9 处理帖子提交（src/app.js）

```
import * as API from './shared/http';        <- 导入 Letters API 模块

//...

export default class App extends Component {
  //...
  createNewPost(post) {
      this.setState(prevState => {
                return {
                    posts: orderBy(prevState.posts.concat(newPost),
      'date', 'desc')                         <- 合并新帖子并确
                };                               保帖子已排序
            });

  }
  //...
}
```

我们已经在父组件中设置了创建帖子的处理函数，但此时它不会做任何事情，因为还没什么东西会调用它。这是因为需要将其传递给子组件（一直在处理的 CreatePost 组件）。还记得如何将数据作为 props 从父组件传递给子组件吗？也可以传递函数。这一点至关重要，因为它允许组件协同工作。即使组件可以相互交互，它们也不会因为互相交织或耦合在一起使你无法再移动它们。CreatePost 组件可以轻松地移动到应用的其他部分并向其他处理程序发送相同的数据。代码清单 5-10 展示了将回调作为 props 传递的例子。

代码清单 5-10 用 props 传递回调函数（src/app.js）

```
import CreatePost from './post/Create';      <- 导入组件以供使用

export default class App extends Component {
  //...
  render() {
   return (
     //...
     <CreatePost onSubmit={this.createNewPost} />   <- 使用属性传递 handlePostSubmit
     //...                                             函数
      )
     }
  //...
}
```

练习 5-2　受控组件和非受控组件

React 中受控组件和非受控组件有哪些不同之处？是什么决定了一个组件是受控的还是非受控的？

至此，已经在父组件中设置了基本的事件处理程序并将其传递给子组件，这有助于分离关注点——CreatePost 组件只负责打包帖子数据，然后将其发送给父组件以执行它想要的操作，也就是，将其发送到 API。第 6 章将介绍这些内容。

5.4 小结

下面是我们在本章中学到的主要内容。

- React 中的表单处理与其他组件非常相似：可以使用事件和事件处理程序来传递数据并提交数据。
- React 不提供任何“神奇”的方式来处理表单。表单只是组件。
- 表单验证和清理工作在与事件、组件更新、重新渲染、状态和属性等完全相同的 React 思维模型中工作。
- 可以在组件之间以属性的形式传递函数，这是一种强大而有用的设计模式，可以防止组件耦合、促进组件通信。
- 数据验证和清理并不是“魔法”——React 让开发者可以使用常规的 JavaScript 和库来处理数据。

在第 6 章中，我们将在本章内容的基础上继续进行构建并开始集成第三方库和 React 以便向应用添加地图功能。

第 6 章　将第三方库与 React 集成

本章主要内容

- 向远程 API 发送 JSON 格式的表单数据
- 构建一些新类型组件，包括位置选择器、预输入和地图展示
- 将 React 应用与 Mapbox 集成来搜索位置和显示地图

我们在第 5 章中已经学习了 React 中的表单以及它的工作方式，并已添加事件处理程序来更新 CreatePost 组件的组件状态。在本章中，我们将在之前工作的基础上构建并增加创建新帖子的功能。我们将更多地与 JSON API 进行交互。上一章中这些 API 提供了要渲染的帖子。

通常，我们将在操作 DOM 的非 React 类库的上下文中构建应用程序。这些可能包括 jQuery、jQuery 插件，甚至其他前端框架。我们已经知道 React 为使用者管理 DOM 而且它可以简化开发者思考用户界面的方式。不过，有时仍然需要与 DOM 进行交互，并且通常是在使用 DOM 的第三方库的上下文中。随着我们在本章将 Mapbox 地图添加到 Letters Social 帖子中，我们将探讨使用 React 操作 DOM 的一些方法。

如何获取本章代码

和每章一样，读者可以去 GitHub 仓库检出源代码。如果想从头开始编写本章代码，可以使用第 4 章的已有代码（如果跟着编写了示例）或直接检出指定章的分支（chapter-5-6）。

记住，每个分支对应该章末尾的代码（例如，chapter-5-6 对应第 5 章和第 6 章末尾的代码）。读者可以在选定目录下执行以下终端命令之一来获取当前章的代码。

如果还没有代码库，请输入下面的命令来获取：

```
git clone git@github.com:react-in-action/letters-social.git
```

如果已经克隆过代码仓库：

```
git checkout chapter-5-6
```

如果你是从其他章来到这里的，则需要确保已经安装了所有正确的依赖：

```
npm install
```

6.1 向 Letters Social API 发送帖子

回忆第 2 章，我们创建了一个允许添加评论的评论框组件。它只在本地内存中保存这些内容，页面一刷新，添加的任何评论就会消失，因为它们随特定时间的页面状态而存亡。可以选择利用本地存储或会话存储，或者使用其他基于浏览器的存储技术（如 cookie、IndexedDB、WebSQL 等）。然而，这些仍会将所有东西存储在本地。

如代码清单 6-1 所示，我们所要做的是将 JSON 格式的帖子数据发送给 API 服务器。它将处理帖子的存储并用新数据进行响应。当克隆代码库时，已经在 shared/http 文件夹中创建了一些能够用于 Letters Social 项目的函数。我们使用 isomorphic-fetch 库进行网络请求，它遵循浏览器的 Fetch API，但它的优点是也可以在服务器端运行。

代码清单 6-1　向服务器发送帖子（src/components/app.js）

```
export default class App extends Component {
//...
createNewPost(post) {
        return API.createPost(post)
            .then(res => res.json())
            .then(newPost => {
                this.setState(prevState => {
                    return {
                        posts: orderBy(prevState.posts.concat(newPost),
    'date', 'desc')
                    };
                });
            })
            .catch(err => {
                this.setState(() => ({ error: err }));
            });
}
```

使用 Letters API 创建帖子

获取 JSON 响应

使用新帖子，更新状态

确保使用 Lodash 的 orderBy 方法对帖子进行排序

如果有的话，设置错误状态

有了它，你只要做最后一件事：在子组件中调用创建帖子的方法。它已经被传递给子组件，因此只需确保单击事件触发父组件方法的调用并且使帖子数据得以传递。代码清单 6-2 展示了如何在子组件中调用作为属性传递的方法。

代码清单 6-2　调用通过属性传递的函数

```
class CreatePost extends Component {

// ...

fetchPosts() {/* created in chapter 4 */}

handleSubmit(event) {
    event.preventDefault();
    if (!this.state.valid) {
```

阻止默认事件，创建一个发送给父组件的对象

```
      return;
    }
    if (this.props.onSubmit) {
      const newPost = {
        date: Date.now(),
        // Assign a temporary key to the post; the API will create a real one
 for us
        id: Date.now(),
        content: this.state.content,
      };

      this.props.onSubmit(newPost);
      this.setState({
        content: '',
        valid: null,
      });
    }
  }
  // ...
}
```

确保有可以使用的回调函数

调用从父组件通过属性传递的 onSubmit 回调函数，传入新帖子数据

将表单重置为初始状态，这样用户就有了帖子被提交的提示

现在，如果用 npm run dev 在开发模式下运行此应用程序，就应该能够添加帖子。它们应该立即出现在信息流中，如果刷新页面，仍然可以看到添加的帖子。它不像其他社交应用那样拥有用户头像或预览链接，但后续章节会添加这些功能。

6.2 用地图增强组件

现在已经添加了创建帖子并将其发送给服务器的功能，我们可以继续稍微加强一下它。Letter Social 的虚拟投资者一直在使用 Facebook 和 Twitter，他们注意到这些应用可以让用户给帖子添加位置。他们真的很想让 Letter Social 应用也拥有这个功能，所以你要增加选择帖子时选择和展示位置的功能。我们还要复用地图展示组件，以便用户信息流中的帖子可以显示位置。图 6-1 展示了将要构建的内容。

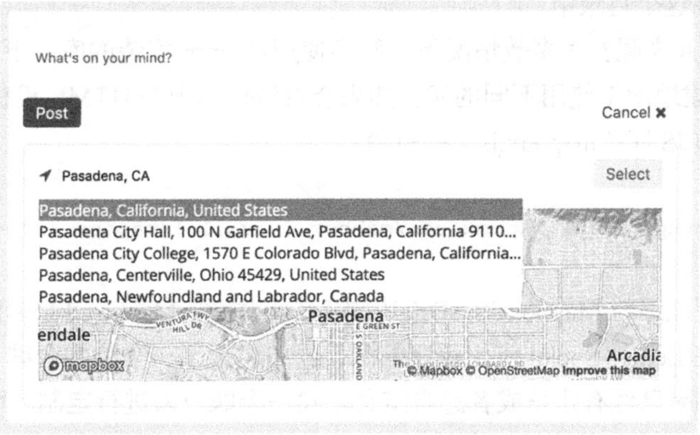

图 6-1 将为 Letters Social 创建的内容。将加强当前帖子的功能，以便用户可以给他们的帖子添加位置。功能添加完毕后就可以在创建帖子时搜索和选择位置

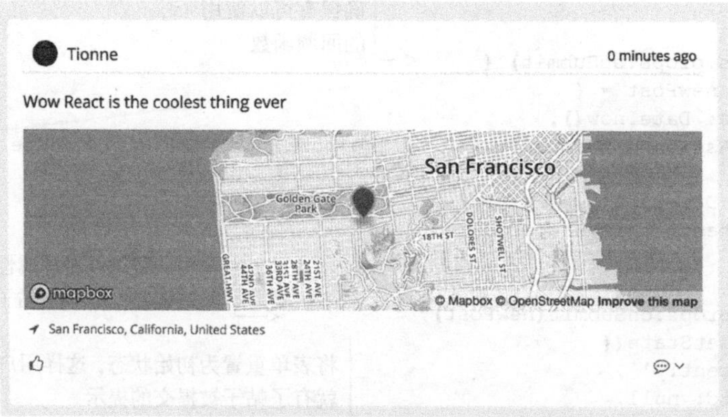

图 6-1 将为 Letters Social 创建的内容。将加强当前帖子的功能，以便用户可以给他们的帖子添加位置。功能添加完毕后就可以在创建帖子时搜索和选择位置（续）

从图 6-1 可以看出，我们将使用 Mapbox 来创建地图。Mapbox 是一个地图和地理信息服务平台，其提供了各种各样的地图和位置相关服务。使用者可以使用数据定制地图、创建不同风格的地图和图层、搜索地理图形、添加导航等。我无法一一说明 Mapbox 的所有功能，如果想了解更多，请访问 Mapbox 官方文档。

6.2.1 使用 refs 创建 DisplayMap 组件

当用户为新帖子选择位置以及当帖子在用户的信息流中展示时，需要一种方式向用户显示位置。我们将看到如何创建同时满足这两种目的的组件，以便可以复用代码。可能并不总是能够做到这一点，毕竟每个需要地图的地方可能有不同的要求。对于这种情况，共享相同的组件行得通而且会减小额外的工作。首先创建一个名为 src/components/map/DisplayMap.js 的新文件。地图相关的两个组件会放在这个目录中。

Mapbox 库从哪儿来呢？大多数情况下，我们使用从 npm 安装的库。下一节将使用 Mapbox 的 npm 模块，但创建地图将使用不同的库。如果查看源代码中的 HTML 模板（src/index.js），将会看到对 Mapbox 的 JS 库（mapbox.js）的引用：

```
...
<script src="https://api.mapbox.com/mapbox.js/v3.1.1/mapbox.js"></script>
...
```

这让 React 应用能够与 Mapbox JS SDK 协同工作。注意，Mapbox JS SDK 需要 Mapbox 令牌才能工作。我已经在 Letters Social 应用程序的源代码中包含了一个公共令牌，因此读者不需要创建 Mapbox 账户。如果已经有账户或者想自定义创建一个账户来进行定制，可以通过更改应用程序源代码的 config 目录中的值来添加令牌。

当处理项目或特性时，很多情况下需要将 React 与非 React 库集成在一起。开发者可能正在使用 Mapbox 之类的东西（就像本章所做的那样），它也可能是另一个开发者在编写时没有考虑使用 React 的第三方库。考虑到 React DOM 管理 DOM 的方式，开发者可能想知道他能不能这样做。好消息是 React 提供了一些不错的应急手段，让开发者使用这些类库成为可能。

这正是 ref 发挥作用的地方。我在前面的章节简要提到过 ref，它们这里特别有用。ref 是 React 为使用者提供的访问底层 DOM 节点的方式。虽然 ref 很有用，但不应该滥用。我们仍然希望使用状态和属性作为应用交互和数据处理的主要方式。当然也有 ref 适用的场景，包括下面几点：

- 管理焦点以及与<video>这样的多媒体元素进行命令式的互动；
- 命令式地触发动画；
- 与超出 React 范围使用 DOM 的第三方库交互（我们的例子）。

如何在 React 中使用 ref？在以前的版本中，会给 React 元素添加一个字符串属性（<div ref="myref"></div>），但新方法是使用内联回调，如下所示：

```
<div ref={ref => { this.MyNode = ref; } }></div>
```

如果想引用底层 DOM 元素，可以从类中引用它。我们可以在 ref 的回调函数中与其交互，但大多时候希望将对 DOM 元素的引用存储在组件类中，以便在其他地方可以使用它。

应该注意几件事。不能从外部在无状态函数组件上使用 ref，因为这类组件没有支撑实例。例如，下面这种方式是行不通的：

```
<ACoolFunctionalComponent ref={ref => { this.ref = ref; } } />
```

但如果组件是一个类，可以得到组件的引用，因为组件拥有支撑实例。还可以将 ref 作为属性传递给使用它们的组件。大多情况下，仅当需要直接访问 DOM 节点时才使用 ref，所以这种用例场景可能并不常见，除非正在构建需要使用 ref 的库。

我们将使用 ref 与 Mapbox JavaScript SDK 交互。Mapbox 库负责创建地图并在地图上设置很多东西，如事件处理程序、UI 控件等。它的地图 API 需要使用 DOM 元素的引用或用来搜索 DOM 的 ID。代码清单 6-3 展示了 DisplayMap 组件的框架。

代码清单 6-3　给地图组件添加 ref（src/components/map/DisplayMap.js）

```
import React, { Component } from 'react';
import PropTypes from 'prop-types';

export default class DisplayMap extends Component {
    render() {
        return [
            <div key="displayMap" className="displayMap">
                <div
                    className="map"
                    ref={node => {
                        this.mapNode = node;
                    }}
                >
```

从 render 中返回元素数组

Mapbox 用来创建地图的 DOM 元素

```
            </div>
        </div>
    ];
  }
}
```

这是地图与 React 协同的良好开端。接下来需要使用 Mapbox JS API 来创建地图。我们将创建一个方法，该方法会使用存储在类上的 ref。我们还需要设置一些默认属性和状态来让地图有默认区域定位，而不是一上来就显示整个世界地图。我们将在组件中记录一些状态，包括地图是否已加载以及一些位置信息（纬度、经度和地名）。注意，通过 React 与另一个 JavaScript 库交互是非常简单的事。让这些库一起工作也很容易实现，最难的部分是使用 ref。代码清单 6-4 展示了如何设置 DisplayMap 组件。

代码清单 6-4 使用 Mapbox 创建地图（src/components/map/DisplayMap.js）

```
import React, { Component } from 'react';
import PropTypes from 'prop-types';

export default class DisplayMap extends Component {
    constructor(props) {
        super(props);
        this.state = {
            mapLoaded: false,                        设置初始状态
            location: {
                lat: props.location.lat,
                lng: props.location.lng,
                name: props.location.name
            }
        };
        this.ensureMapExists = this.ensureMapExists.bind(this);  <-
    }                                                   绑定 ensureMapExists
    static propTypes = {                                类方法
        location: PropTypes.shape({
            lat: PropTypes.number,
            lng: PropTypes.number,
            name: PropTypes.string
        }),
        displayOnly: PropTypes.bool
    };
    static defaultProps = {
        displayOnly: true,
        location: {
            lat: 34.1535641,
            lng: -118.1428115,
            name: null
        }
    };
    componentDidMount() {
```

```
        this.L = window.L;
         if (this.state.location.lng && this.state.location.lat) {
             this.ensureMapExists();
        }
    }
    ensureMapExists() {
        if (this.state.mapLoaded) return;
        this.map = this.L.mapbox.map(this.mapNode, 'mapbox.streets', {
            zoomControl: false,
            scrollWheelZoom: false
        });
        this.map.setView(this.L.latLng(this.state.location.lat,
     this.state.location.lng), 12);

        this.setState(() => ({ mapLoaded: true }));
    }
    render() {
        return [
            <div key="displayMap" className="displayMap">
                <div
                    className="map"
                    ref={node => {
                        this.mapNode = node;
                    }}
                >
                </div>
            </div>
        ];
    }
}
```

Mapbox 使用一个名为 Leaflet 的库（因此是“L”）

检查地图是否有可使用的位置信息，如果有，设置地图

如果已经加载了地图，确保不会意外地重新创建地图

使用 Mapbox 创建新地图并在组件上存储对它的引用（禁用不需要的地图特性）

用组件接收到的纬度和经度设置地图视图

更新状态以便知道地图已经加载

组件现在应该很好地展示了一个仅用于展示的地图。但记住，我们要创建的 map 组件可以在用户选择新位置时为其指明特定位置并进行更新。我们需要做更多工作来实现这些功能：添加方法用于向地图新增标记、更新地图位置以及确保正确更新地图。代码清单 6-5 展示了如何将这些方法添加到组件中。

代码清单 6-5　动态地图（src/components/map/DisplayMap.js）

```
import React, { Component } from 'react';
import PropTypes from 'prop-types';

export default class DisplayMap extends Component {
    constructor(props) {
        super(props);
        this.state = {
            mapLoaded: false,
            location: {
                lat: props.location.lat,
                lng: props.location.lng,
                name: props.location.name
            }
        };
```

```
    this.ensureMapExists = this.ensureMapExists.bind(this);        绑定类方法
    this.updateMapPosition = this.updateMapPosition.bind(this);
}
//...
componentDidUpdate() {                                   <-  告诉Mapbox使地图尺寸失
    if (this.map && !this.props.displayOnly) {               效，防止隐藏/显示地图时
        this.map.invalidateSize(false);                  <-  显示不正确
    }
}
componentWillReceiveProps(nextProps) {       <-  当显示位置发生变化时，需
    if (nextProps.location) {                    要进行相应的响应
        const locationsAreEqual = Object.keys(nextProps.location).every(
            k => nextProps.location[k] === this.props.location[k]
        );
        if (!locationsAreEqual) {
            this.updateMapPosition(nextProps.location);
        }
    }                             如果接收到位置，检查当前位置和之前的位
}                                 置是否相同，如果不同，需要更新地图
//...
ensureMapExists() {
    if (this.state.mapLoaded) return;
    this.map = this.L.mapbox.map(this.mapNode, 'mapbox.streets', {
        zoomControl: false,
        scrollWheelZoom: false
    });                                                              当地图第一
    this.map.setView(this.L.latLng(this.state.location.lat,         次创建时添
 this.state.location.lng), 12);                                      加一个标记
    this.addMarker(this.state.location.lat, this.state.location.lng); <-
    this.setState(() => ({ mapLoaded: true }));
}
updateMapPosition(location) {
    const { lat, lng } = location;                    相应地更新地图
    this.map.setView(this.L.latLng(lat, lng));        视图和组件状态
    this.addMarker(lat, lng);
    this.setState(() => ({ location }));
}
addMarker(lat, lng) {
    if (this.marker) {
        return this.marker.setLatLng(this.L.latLng(lat, lng)); <-  更新现有的标
    }                                                              记，而不是每次
    this.marker = this.L.marker([lat, lng], {          <-          创建一个标记
        icon: this.L.mapbox.marker.icon({
            'marker-color': '#4469af'                  创建一个标记并将
        })                                             其添加到地图中
    });
    this.marker.addTo(this.map);                       <-
}
render() {
    return [
        <div key="displayMap" className="displayMap">
            <div
                className="map"
                ref={node => {
```

```
                    this.mapNode = node;
                }}
            >
            </div>
        </div>
    ];
  }
}
```

当向组件中添加方法时可能注意到这里的一个模式：用第三方库做一些事，将做事的方式教授给 React，重复。根据我的经验，这通常就是与第三方库集成的方式。开发者想找到一个集成点，在这里可以从库中获取数据或者使用库 API 来告诉它去做一些事情——但这些都发生在 React 中。很多情况下这可能非常困难，但依我之见，把 React 的 ref 与常规 JavaScript 互操作性结合起来使得使用非 React 库不再如其他情况那么糟糕（希望在未来的 React 应用程序你也能找到相同的感觉）。

至少还可以对组件进行一项改进。Mapbox 允许根据地理信息生成静态的地图图像。这对于不想加载交互式地图的情况非常有用。我们将添加此功能作为备用，这样用户就可以立即看到地图。这个改进在第 12 章中做服务器端渲染时会很有用。服务器将生成不调用任何装载相关方法的标记，因此用户在应用完全加载前仍能看到帖子的位置。

为了地图能够在纯展示模式下显示其位置名称，还需要给地图组件添加一个小 UI。前面已提到，最好给主元素添加一个兄弟元素，这就是我们要返回元素数组的原因。这就是添加这个小标记的地方。代码清单 6-6 展示了如何向组件添加备用图以及位置名称展示。

代码清单 6-6 添加备用地图图像（src/components/map/DisplayMap.js）

```
import React, { Component } from 'react';
import PropTypes from 'prop-types';

export default class DisplayMap extends Component {
    constructor(props) {
        super(props);
        this.state = {
            mapLoaded: false,
            location: {
                lat: props.location.lat,
                lng: props.location.lng,
                name: props.location.name
            }
        };
        this.ensureMapExists = this.ensureMapExists.bind(this);
        this.updateMapPosition = this.updateMapPosition.bind(this);
        this.generateStaticMapImage = this.generateStaticMapImage.bind(this);
    }
    //...
    generateStaticMapImage(lat, lng) {
        return `https://api.mapbox.com/styles/v1/mapbox/streetsv10/
    static/${lat},${lng},12,0,0/600x175?access_token=${process
            .env.MAPBOX_API_TOKEN}`;
    }
```

绑定类方法

使用纬度和经度从 Mapbox 生成图像 URL

```
    render() {
        return [
            <div key="displayMap" className="displayMap">
                <div
                    className="map"
                    ref={node => {
                        this.mapNode = node;
                    }}
                >
                    {!this.state.mapLoaded && (        <--- 显示位置图片
                        <img
                            className="map"
                            src={this.generateStaticMapImage(
                                this.state.location.lat,
                                this.state.location.lng
                            )}
                            alt={this.state.location.name}
                        />
                    )}
                </div>
            </div>,
            this.props.displayOnly && (
                <div key="location-description" className="location
  description">
                    <i className="location-icon fa fa-location-arrow" />
                    <span className="location-
  name">{this.state.location.name}</span>
                </div>
            )
        ];         如果处于纯显示模式，则展示位置名称和指示器
    }
}
```

6.2.2 创建 LocationTypeAhead 组件

虽然可以在应用中显示地图，但尚不能创建它们。要支持该特性，就需要构建另一个组件——位置预输入。下一节将在 CreatePost 组件中使用这个组件让用户搜索位置。这个组件将使用浏览器的 Geolocation API 及 Mapbox API 来搜索位置。

创建另一个文件 src/components/map/LocationTypeAhead.js 开始工作。图 6-2 显示了本节将创建的预输入组件。

下面是该组件完成时具有的基本功能：

- 显示位置列表供用户选择；
- 将选定的位置交给父组件使用；
- 使用 Mapbox 和 Geolocation API 让用户选择他们当前的位置或通过地址进行搜索。

接下来，我们将开始创建组件框架。代码清单 6-7 展示了其初稿。我们将再次使用 Mapbox，但这次使用的是另一组不同的 API。上一节使用了地图展示 API，但这里将使用的这组 API 允许

用户进行反向地理编码——这是“通过文本搜索实际位置”的时髦说法。项目已经安装了 Mapbox 模块并将使用相同的公共 Mapbox 键来工作。如果之前已经添加了自己的 API 键，应用程序配置在这里应该使用相同的键。

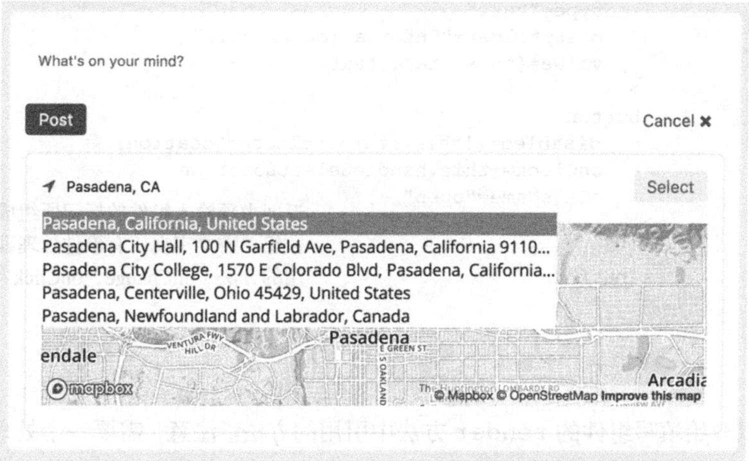

图 6-2 位置预输入组件可以与地图组件一起使用来让用户给他们的帖子添加位置信息

练习 6-1 Mapbox 的替代选择

本章使用了 Mapbox，但还有其他地图库，如谷歌地图。要怎么把 Mapbox 换成谷歌地图？要做什么不同的事情？

代码清单 6-7 初始的 LocationTypeAhead 组件

```
import React, { Component } from 'react';
import PropTypes from 'prop-types';
import MapBox from 'mapbox';                       ◁ 导入 Mapbox
export default class LocationTypeAhead extends Component {
    static propTypes = {
        onLocationUpdate: PropTypes.func.isRequired,   暴露两个方法，一个
        onLocationSelect: PropTypes.func.isRequired    用于位置更新，另一
    };                                                 个用于位置选择
    constructor(props) {
        super(props);
        this.state = {                             ◁ 设置初始状态
            text: '',
            locations: [],
            selectedLocation: null
        };                                                        创建一个 Mapbox
        this.mapbox = new MapBox(process.env.MAPBOX_API_TOKEN);  ◁ 客户端实例
    }
    render() {
```

```
        return [
            <div key="location-typeahead" className="location-typeahead">
                <i className="fa fa-location-arrow"
        onClick={this.attemptGeoLocation} />
                <input
                    onChange={this.handleSearchChange}
                    type="text"
                    placeholder="Enter a location..."
                    value={this.state.text}
                />
                <button
                    disabled={!this.state.selectedLocation}
                    onClick={this.handleSelectLocation}
                    className="open"
                >
                    Select
                </button>
            </div>
        ];
    }
}
```

返回由预输入组件的标记所组成的元素数组。需要实现所有事件处理程序所引用的方法（onChange、onClick 等）

现在，可以开始填写组件的 render 方法中引用的方法。注意，需要一个处理搜索文本变更的方法、一个允许用户选择位置的按钮和一个让用户选择当前位置的图标。接下来我将介绍这个功能；现在，需要一些方法来让用户使用文本搜索位置以及选择位置。代码清单 6-8 展示了如何添加这些方法。这些地点从哪儿来呢？我们将根据用户类型使用 Mapbox API 搜索位置并用这些结果来显示地址。这只是 Mapbox 的一种用法。也可以反着做——输入坐标并将其转换为地址。代码清单 6-9 将使用 Geolocation API 来实现这个功能。

代码清单 6-8　搜索位置（src/components/map/LocationTypeAhead.js）

```
//...
constructor(props) {
    super(props);
    this.state = {
        text: '',
        locations: [],
        selectedLocation: null
    };
    this.mapbox = new MapBox(process.env.MAPBOX_API_TOKEN);
    this.handleLocationUpdate = this.handleLocationUpdate.bind(this);
    this.handleSearchChange = this.handleSearchChange.bind(this);
    this.handleSelectLocation = this.handleSelectLocation.bind(this);
    this.resetSearch = this.resetSearch.bind(this);
}
componentWillUnmount() {
    this.resetSearch();
}
handleLocationUpdate(location) {
    this.setState(() => {
        return {
            text: location.name,
```

绑定类方法

组件卸载时，重置搜索

选中一个位置时，更新本地组件状态

```
            locations: [],
            selectedLocation: location
        };
    });
    this.props.onLocationUpdate(location);      <-- 同时，通过属性回调将位置传给父组件
}
handleSearchChange(e) {
    const text = e.target.value;                 当用户在搜索框中输入文本时，
    this.setState(() => ({ text }));             从接收的事件中提取文本
    if (!text) return;
    this.mapbox.geocodeForward(text, {}).then(loc => {      <-- 通过Mapbox客户端使用用户输入的文本来搜索位置
        if (!loc.entity.features || !loc.entity.features.length) {
            return;   <-- 如果没有结果就什么也不做
        }
        const locations = loc.entity.features.map(feature => {   <-- 将 Mapbox 的结果转换为在组件中更容易使用的格式
            const [lng, lat] = feature.center;
            return {
                name: feature.place_name,
                lat,
                lng
            };
        });
        this.setState(() => ({ locations }));   <-- 使用新位置更新本地组件状态
    });
}
resetSearch() {                                  允许重置组件状态（查看
    this.setState(() => {                        componentWillUnmount）
        return {
            text: '',
            locations: [],
            selectedLocation: null
        };
        });
    }
    handleSelectLocation() {
        this.props.onLocationSelect(this.state.selectedLocation);   <-- 当选中了位置时，将当前选中的位置向上传递
    }
//....
```

接下来，我们想让用户为帖子选择他们的当前位置。为此，我们将使用到浏览器的 Geolocation API。如果之前没有用过 Geolocation API 也没关系。它在很长一段时间里一直是一个前沿特性，只能在某些浏览器上使用。现在，它已经获得了广泛的应用并且用途更多。

Geolocation API 所做的事情基本上是：询问用户是否可以在应用中使用他们的位置。目前几乎所有浏览器都支持 Geolocation API，所以我们可以利用它来让用户为帖子选择当前位置。注意，Geolocation API 只能在安全的上下文中使用，因此，如果将 Letters Social 部署到不安全的主机上，它就无法工作。

我们需要再次使用 Mapbox API，因为 Geolocation API 返回的只是坐标。还记得如何使用用户输入的文本在 Mapbox 中搜索位置吗？我们可以反过来做：向 Mapbox 提供坐标并获取匹配的地址。代码清单 6-9 展示了如何使用 Geolocation API 和 Mapbox API 让用户为帖子选择他们的当前位置。

代码清单 6-9　添加 Geolocation（src/components/map/LocationTypeAhead.js）

```
constructor(props) {
    super(props);
    this.state = {
        text: '',
        locations: [],
        selectedLocation: null
    };
    this.mapbox = new MapBox(process.env.MAPBOX_API_TOKEN);
    this.attemptGeoLocation = this.attemptGeoLocation.bind(this);
    this.handleLocationUpdate = this.handleLocationUpdate.bind(this);
    this.handleSearchChange = this.handleSearchChange.bind(this);
    this.handleSelectLocation = this.handleSelectLocation.bind(this);
    this.resetSearch = this.resetSearch.bind(this);
}
//...
attemptGeoLocation() {
    if ('geolocation' in navigator) {
        navigator.geolocation.getCurrentPosition(
            ({ coords }) => {
                const { latitude, longitude } = coords;
                this.mapbox.geocodeReverse({ latitude, longitude },
{}).then(loc => {
                    if (!loc.entity.features ||
!loc.entity.features.length) {
                        return;
                    }
                    const feature = loc.entity.features[0];
                    const [lng, lat] = feature.center;
                    const currentLocation = {
                        name: feature.place_name,
                        lat,
                        lng
                    };
                    this.setState(() => ({
                        locations: [currentLocation],
                        selectedLocation: currentLocation,
                        text: currentLocation.name
                    }));
                    this.handleLocationUpdate(currentLocation);
                });
            },
            null,
            {
                enableHighAccuracy: true,
                timeout: 5000,
                maximumAge: 0
            }
        );
    }
}
//...
```

注释：
- 绑定类方法
- 检测浏览器是否支持 geolocation
- 获取用户设备的当前位置
- 这将返回可以使用的坐标
- 使用 Mapbox 对坐标进行地理编码，如果什么也没有找到就尽早返回
- 提取经纬度
- 获取要用的第一个（最近的）地点
- 创建要使用的位置荷载并用其更新组件状态
- 使用新位置信息调用 handleLocationUpdate 属性
- 传递给 Geolocation API 的选项

组件能够用 Mapbox 搜索位置并让用户通过 Geolocation API 选择他们自己的位置。但它还没有向用户展示任何东西，接下来我们会完善它。如代码清单 6-10 所示，需要使用检索的位置结果以便用户能够通过点击选择一个位置。

代码清单 6-10 向用户展示检索结果（src/components/map/LocationTypeAhead.js）

```
//...
render() {
    return [
        <div key="location-typeahead" className="location-typeahead">
            <i className="fa fa-location-arrow"
    onClick={this.attemptGeoLocation} />
            <input
                onChange={this.handleSearchChange}
                type="text"
                placeholder="Enter a location..."
                value={this.state.text}
            />
            <button
                disabled={!this.state.selectedLocation}
                onClick={this.handleSelectLocation}
                className="open"
            >
                Select
            </button>
        </div>,
        this.state.text.length && this.state.locations.length ? (   ← 如果有搜索查询并且有匹配结果，那么就显示结果
            <div key="location-typeahead-results"
                 className="location-typeahead-results">
                {this.state.locations.map(location => {   ← 遍历从 Mapbox 中返回的位置
                    return (
                        <div
                            onClick={e => {   ← 如果用户点击一个位置，则设置该位置为选中位置
                                e.preventDefault();
                                this.handleLocationUpdate(location);
                            }}
                            key={location.name}
                            className="result"   ← 不要忘记给迭代组件指定 Key
                        >
                            {location.name}
                        </div>   ← 显示位置名称
                    );
                })}
            </div>
        ) : null   ← 如果没有位置和搜索查询，不要做任何事情
    ];
}
//...
```

6.2.3 更新 CreatePost，给帖子添加地图

现在已经创建了 LocationTypeAhead 和 DisplayMap 组件，可以将这些组件集成到 CreatePost 组件中了。这将把已创建的功能结合起来并允许用户创建具有位置的帖子。记得 CreatePost 组件是如何将数据回传给父组件来执行实际的帖子创建吗？LocationTypeAhead 和 DisplayMap 组件将做同样的事情，但是是在 CreatePost 组件中。它们将协同工作，但不会绑得过于紧密以至于无法移动它们或在其他地方使用它们。

需要更新 CreatePost 组件来使用之前创建的 LocationTypeAhead 和 DisplayMap 组件，这两个组件分别用来生成和接收位置。在 CreatePost 组件中将跟踪位置并使用最近创建的两个组件作为位置数据的源和目的。代码清单 6-11 展示了向帖子添加位置所需的方法。

代码清单 6-11　在 CreatePost 组件中处理位置（src/components/post/Create.js）

```
constructor(props) {
    super(props);
    this.initialState = {
        content: '',
        valid: false,
        showLocationPicker: false,
        location: {
            lat: 34.1535641,
            lng: -118.1428115,
            name: null
        },
        locationSelected: false
    };
    this.state = this.initialState;
    this.filter = new Filter();
    this.handlePostChange = this.handlePostChange.bind(this);
    this.handleRemoveLocation = this.handleRemoveLocation.bind(this);
    this.handleSubmit = this.handleSubmit.bind(this);
    this.handleToggleLocation = this.handleToggleLocation.bind(this);
    this.onLocationSelect = this.onLocationSelect.bind(this);
    this.onLocationUpdate = this.onLocationUpdate.bind(this);
}
//...
handleRemoveLocation() {
    this.setState(() => ({
        locationSelected: false,
        location: this.initialState.location
    }));
}
handleSubmit() {
    if (!this.state.valid) {
        return;
    }
    const newPost = {
        content: this.state.content
    };
    if (this.state.locationSelected) {
```

在 state 中添加键，以便能够跟踪位置和相关数据，设置一些默认的位置数据

绑定类方法

允许用户从他们的帖子中删除位置

提交帖子时，如果存在位置信息就添加到帖子的荷载中

```
            newPost.location = this.state.location;
        }
        this.props.onSubmit(newPost);
        this.setState(() => ({
            content: '',
            valid: false,
            showLocationPicker: false,
            location: this.initialState.location,
            locationSelected: false
        }));
    }
    onLocationUpdate(location) {
        this.setState(() => ({ location }));   <-- 处理来自 LocationTypeAhead
    }                                              组件的位置更新
    onLocationSelect(location) {
        this.setState(() => ({
            location,
            showLocationPicker: false,
            locationSelected: true
        }));
    }                                   切换显示位置选择器
    handleToggleLocation(e) {        <--
        e.preventDefault();
        this.setState(state => ({ showLocationPicker:
    !state.showLocationPicker }));
    }
//...
```

CreatePost 组件现在可以处理位置了，我们需要添加 UI 使之实现。一旦加入添加位置的相关 UI，你会发现 render 方法变得有点儿混乱。这并不一定是件坏事，组件标记还没有复杂到需要重构的地步（我曾经处理过长达几百行的 render 方法），但这是探索 React 组件中不同的渲染技术的好机会——我称之为子渲染。

练习 6-2 使用 ref 的其他情况

我们在本章花了些时间探讨了如何在 React 中使用 ref。你能想到其他用得上 ref 的库或者场景吗？你过去参与过需要集成使用 ref 的 React 项目吗？

子渲染方法就是将 render 方法的一部分拆解为组件上的类方法（或者其他地方的函数），然后在主 render 方法的 JSX 表达式中调用它。如果需要分解较大的 render 方法、需要为 UI 的特定部分隔离逻辑或其他原因，就可以使用此技术。有可能会找到子渲染方法的其他有用的场景，但关键在于可以将 render 分解为多个部分，而这些部分无须成为组件。代码清单 6-12 说明了将 render 方法拆解成更小的部分。

代码清单 6-12 添加子渲染方法（src/components/post/Create.js）

```
constructor(props) {                                         在构造函数中绑定类方法
        //...
        this.renderLocationControls = this.renderLocationControls.bind(this);  <--
    }
renderLocationControls() {                                                      <--
```

```
        return (
            <div className="controls">
                <button onClick={this.handleSubmit}>Post</button>
                {this.state.location && this.state.locationSelected ? (
                    <button onClick={this.handleRemoveLocation}
    className="open location-indicator">
                        <i className="fa-location-arrow fa" />
                        <small>{this.state.location.name}</small>
                    </button>
                ) : (
                    <button onClick={this.handleToggleLocation}
    className="open">
                        {this.state.showLocationPicker ? 'Cancel' : 'Add
    location'}{' '}
                        <i
                            className={classnames(`fa`, {
                                'fa-map-o': !this.state.showLocationPicker,
                                'fa-times': this.state.showLocationPicker
                            })}
                        />
                    </button>
                )}
            </div>
        );
    }
    render() {
        return (
            <div className="create-post">
                <textarea
                    value={this.state.content}
                    onChange={this.handlePostChange}
                    placeholder="What's on your mind?"
                />
                {this.renderLocationControls()}
                <div
                    className="location-picker"
                    style={{ display: this.state.showLocationPicker ? 'block'
    : 'none' }}
                >
                    {!this.state.locationSelected && [
                        <LocationTypeAhead
                            key="LocationTypeAhead"
                            onLocationSelect={this.onLocationSelect}
                            onLocationUpdate={this.onLocationUpdate}
                        />,
                        <DisplayMap
                            key="DisplayMap"
                            displayOnly={false}
                            location={this.state.location}
                            onLocationSelect={this.onLocationSelect}
                            onLocationUpdate={this.onLocationUpdate}
                        />
                    ]}
                </div>
```

如果选中一个位置，显示一个让用户删除其位置的按钮

绑定 removeLocation 方法并显示当前位置

显示切换位置选择器组件的按钮

正确显示文本并根据位置状态使用正确的绑定方法

调用子渲染方法

根据状态显示或隐藏位置选择器组件

如果没有选择位置，则显示位置选择器组件

```
            </div>
        );
    }
```

最后，需要给有位置的帖子添加地图。之前已经完成 DisplayMap 组件的构建并且确保其能在纯显示模式下工作，因此需要做的是将它包含到 Post 组件中。代码清单 6-13 展示了要怎么做。

代码清单 6-13 给帖子添加地图（src/components/post/Post.js）

```
import React, { Component } from 'react';
import PropTypes from 'prop-types';

import * as API from '../../shared/http';
import Content from './Content';
import Image from './Image';
import Link from './Link';
import PostActionSection from './PostActionSection';
import Comments from '../comment/Comments';
import DisplayMap from '../map/DisplayMap';          <- 导入 DisplayMap 组件以供使用
import UserHeader from '../post/UserHeader';
import Loader from '../Loader';

export class Post extends Component {
    static propTypes = {
        post: PropTypes.object
    };
    //...
    render() {
        if (!this.state.post) {
            return <Loader />;
        }
        return (
            <div className="post">
                <UserHeader date={this.state.post.date}
 user={this.state.post.user} />
                <Content post={this.state.post} />
                <Image post={this.state.post} />
                <Link link={this.state.post.link} />
                {this.state.post.location && <DisplayMap
 location={this.state.post.location} />}          <- 如果帖子有与之关联的位置，显示位置并启用 displayOnly 模式
                <PostActionSection showComments={this.state.showComments} />
                <Comments
                    comments={this.state.comments}
                    show={this.state.showComments}
                    post={this.state.post}
                    handleSubmit={this.createComment}
                    user={this.props.user}
                />
            </div>
        );
    }
}

export default Post;
```

至此，在帖子上添加和显示位置的功能就为用户添加完了。投资者肯定会为这样一个改变游戏规则的特性感到高兴并印象深刻！图 6-3 示出了本章工作的最终成果。

图 6-3　本章工作的最终成果。用户可以创建帖子并给帖子添加位置

6.3　小结

下面是我们在本章中学到的主要内容。

- React 中，ref 是底层 DOM 元素的引用。当需要应急手段并且需要使用在 React 之外操作 DOM 的库时，ref 很有用。
- 组件可以是受控的或非受控的。受控组件让使用者完全控制组件的状态，它涉及从监听到设置输入值的整个周期。非受控组件在内部维护自己的状态，而且不提供洞察或控制。
- 通过使用 ref，通常可以将 React 组件与同样使用 DOM 的第三方库集成。当需要接触并与 DOM 元素交互时，ref 可以充当应急手段。

下一章将开始增加复杂性，我们将为应用程序创建基本路由以便能够拥有多个页面。

第 7 章 React 的路由

本章主要内容

- 更高级的组件设计和使用
- 使用路由启用多页面的 React 应用程序
- 使用 React 从头构建路由

在本章中，我们开始通过添加路由来使应用程序更加强大和可扩展。路由意味着用户能够使用 URL 导航到应用程序的不同部分。到现在为止，这款应用程序被限制在一个页面内，这会阻碍新内容的添加。如果没有路由或其他机制为应用提供可管理的层级结构，大应用程序会特别拥挤。我们来看看如何使用 React 解决这个问题。我们会从头开始构建一个简单的路由，以便更好地理解如何处理 React 应用的路由。

如何获取本章代码

和每章一样，读者可以去 GitHub 仓库检出源代码。如果想从头开始编写本章代码，可以使用第 5 章和第 6 章的已有代码（如果跟着编写了示例）或直接检出取指定章的分支（chapter-7-8）。

记住，每个分支对应该章末尾的代码（例如，chapter-7-8 对应第 7 章和第 8 章末尾的代码）。读者可以在选定目录下执行以下终端命令之一来获取当前章的代码。

如果还没有代码库，请输入下面的命令来获取：

```
git clone git@github.com:react-in-action/letters-social.git
```

如果已经克隆过代码仓库：

```
git checkout chapter-7-8
```

如果你是从其他章来到这里的，则需要确保已经安装了所有正确的依赖：

```
npm install
```

7.1 什么是路由

要真正了解路由，我们必须先对它是什么有一些概念。无论怎样，路由都是所有网站和 Web 应用程序的关键部分。它在最简单的静态 HTML 页面和最复杂的 React Web 应用程序中都扮演着核心作用。路由在将 URL 映射到操作上起着很大作用。大多数应用程序都充满了 URL 链接，毕竟链接是在 Web 上四处跳转的标准方式。想想看，一个搜索 URL 内容的系统会是多么高效——对它们的使用几乎无处不在！为什么 URL 链接对于网上检索如此有用？也许是因为我们已经习惯了地址这样的路由系统，即使 URL 无须逐项导航，它们也帮助我们找到了正在寻找的东西——在这里是应用或资源而非位置。

定义　路由可以有许多不同的含义和实现。对我们而言，它是一个资源导航系统。抽象地说，路由或许是你已经熟悉的概念，而且在 Web 工程中很常见。如果你使用浏览器，就会熟悉路由，因为它与浏览器中的 URL 和资源（图像、脚本等的路径）相关。在服务器端，路由着重于将传入的请求路径匹配到源自数据库的资源。我们正在学习如何使用 React，因此本书中的路由通常意味着将组件（人们想要的资源）匹配到 URL（将用户想要的东西告诉系统的方式）。

路由是 Web 应用程序的重要部分。假设要建立一个让用户可以创建自定义筹款页面的 Web 应用程序，用来为他们的重要事项筹集资金。在这种情况下，需要路由的原因有很多。

- 一般来说，人们可以给 Web 应用提供外部链接。指向永久资源的 URL 应该是长期的并随时间保持一致的结构。
- 公共筹款网页需要让所有人都可靠地访问，所以需要将用户路由到正确页面的 URL。
- 管理界面的不同部分将需要它。用户需要能够在浏览历史记录中前后移动。
- 网站的不同部分将需要它们自己的 URL，以便可以轻松地将人们路由到正确的部分（如 /settings/profile、/pricing 等）。
- 按页面拆分代码有助于促进模块化，从而拆分应用程序。这与动态内容一起可以反过来减小在特定时刻要加载的应用程序的大小。

现代前端 Web 应用的路由

过去，Web 应用的基本架构使用了一种不同于现代路由的方法。旧方法涉及服务器（想一想用 Python、Ruby 或 PHP 创建的东西）生成 HTML 标记并将标记下发到浏览器。用户可能会在表单里填写一些数据，然后再将数据提交给服务器并等待响应。这在使 Web 更强大方面是革命性的进步，因为用户能够修改数据而不只是查看数据。

自那时起，Web 服务在设计和构造方面经历了很多发展。如今，JavaScript 框架和浏览器技术已经足够先进，以至于 Web 应用可以采用更独特的前后端分离机制。客户端应用程序（完全在浏览器中）被服务器下发，然后客户端应用有效地“接管”工作。而后服务器负责发送原始数据，通常是 JSON 格式。图 7-1 说明并比较了这两个通用架构是如何工作的。

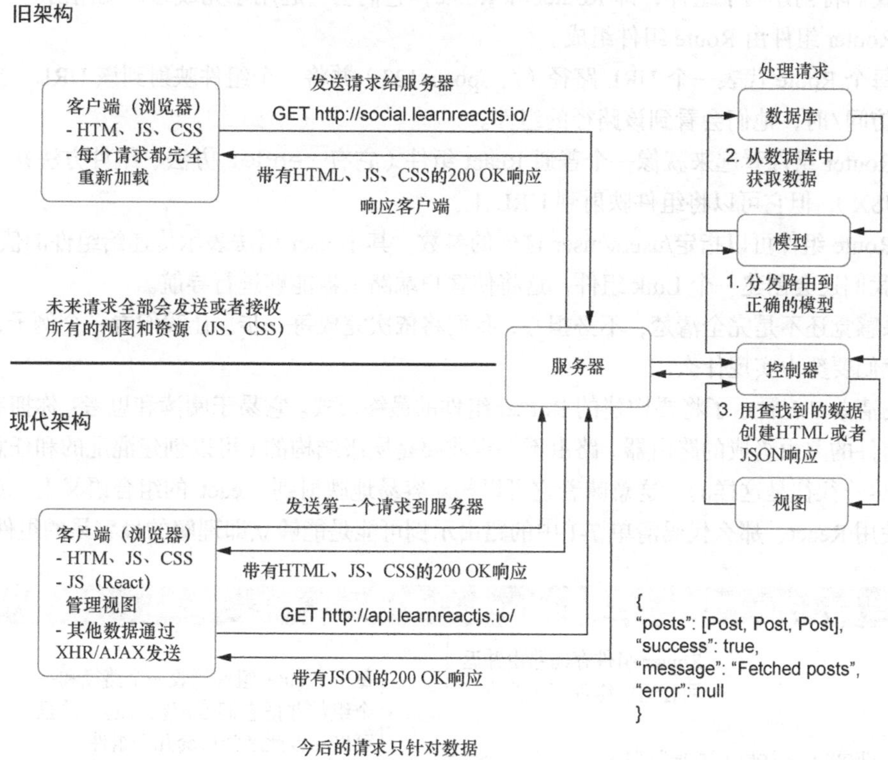

图 7-1　新旧 Web 应用架构的简单比较。在旧架构中，动态内容由服务器生成。服务器通常会从数据库中获取数据，然后使用这些数据填充要发送给客户端的 HTML 视图。现在，客户端上拥有更多 JavaScript 管理的应用程序逻辑（这里是 React）。服务器最初会下发 HTML、JavaScript 和 CSS 资源，但之后客户端 React 应用程序将会接管。从这里开始，除非用户手动刷新页面，否则服务器将只需下发原始 JSON 数据

至此，我们一直使用现代架构构建这个用于教学的应用 Letters Social。Node.js 服务器发送应用程序需要的 HTML、JavaScript 和 CSS。一旦加载完成，React 就会接管。接下来的数据请求被发送到示例 API 服务器。但我们还缺少该架构的一个关键部分：客户端路由。

练习 7-1　路由的思考

在深入使用 React 构建路由之前，花些时间思考一下路由。你在过去的项目中还遇到过哪些路由的例子？路由还有什么其他用途？

7.2　创建路由器

我们将使用组件从头构建一个简单的路由器，以便能更好地理解 React 应用程序如何进行路

由处理。这里是从较高层次来看我们要怎样推进。

- 我们将创建两个组件，即 Router 和 Route，它们会一起用于完成客户端路由。
- Router 组件由 Route 组件组成。
- 每个 Route 代表一个 URL 路径（/、/posts/123）并将一个组件映射到该 URL。当用户们访问/时，他们会看到该路径的组件。
- Router 组件看起来就像一个普通 React 组件（它有 `render` 方法、组件方法并且使用了 JSX），但它可以将组件映射到 URL 上。
- Route 组件可以指定/users/:user 这样的参数，其中:user 语法表示传递给组件的值。
- 我们还会创建一个 Link 组件，这将使客户端路由器能够进行导航。

如果感觉还不是完全清楚，不必担心，我们将依次完成每一步。让我们看一个例子，当构建路由时我们要努力实现什么。

代码清单 7-1 展示了将要构建的 Router 组件的最终形式。它易于阅读和思考：你拥有一个由绑定到组件的路由组成的路由器。路由不一定非要是层级结构的（可以创建混乱的和任意嵌套的资源），尽管往往是这样的。这意味着它可以相对容易地映射到 React 的组合语义上。如果第一次接触使用 React，那么代码清单 7-1 中的路由示例可能是能够立即理解的最容易的组件之一。

代码清单 7-1 Router 组件的最终结果（src/index.js）

Router 组件存储路由并返回合适的组件用于渲染

每个 Route 组件接收一个路径和一个组件并把它们匹配在一起，并且可以在彼此之间嵌套几个组件

```
//...
    <Router location="/">
      <Route path="/" component={App}>
        <Route path="posts/:post" component={SinglePost} />
        <Route path="login" component={Login} />
      </Route>
    </Router>,
//...
```

可以将代表动态值的参数传递给组件路径，这意味着可以从路由获取数据并在组件里使用它们

这种路由器结构易于阅读和思考。多亏了 React 的 Router，React 应用中的路由也相当完善。我们会使用相同的基本 API 来效仿构建自己的路由器。当这样做的时候，我们会从 TJ Holowaychuk 创建的一个小型轻量路由器库 `react-enroute` 中获取灵感和方向。我们通过这个库可以探索 React 中的路由而不必重新创建像 React Router 这样的完整开源库。

我们已经清楚将要创建的是什么以及它应该如何使用，但我们从哪里开始好呢？我们从 children 开始。

7.2.1 组件路由

我们不会用新东西来实现应用的路由。相反，我们将使用 `children` 这个特殊的组件属性。

也许还记得前面章节中的 children 属性，它是 React.createElement(type, props, children)方法签名的一部分或者作为用来组合组件的特殊属性。

之前仅从输入视角关注了 children：将一些组件传递给另一个组件来把它们组合到一起。现在从组件内部访问 children 并利用组件自身来搭建路由。这就是开始将组件映射到 URL 的地方。如果 Web 开发中的路由是将 URL 映射到行为或视图，那么 React 中的路由就是将 URL 映射到特定的组件。

7.2.2 创建<Route />组件

我们将创建一个 Router 组件，它将用子组件匹配 URL 到组件的路由并将组件渲染出来。如果你很难想象这会是什么样子，记住，你不必一开始就理解所有东西，我们将精心讲解每一步。

我们从 Route 组件开始，可以用 Route 将组件和路由关联起来。代码清单 7-2 展示了如何创建 Route 组件。这看起来可能没什么内容，但很快你就会看到，这就足够了。Router 组件会完成大部分繁重的工作，而 Route 组件主要作为 URL 和组件映射的数据容器。

代码清单 7-2 创建一个 Route 组件（src/components/router/Route.js）

```
import PropTypes from 'prop-types';
import { Component } from 'react';
import invariant from 'invariant';

class Route extends Component {
    static propTypes = {
        path: PropTypes.string,
        component: PropTypes.oneOfType([PropTypes.element, PropTypes.func]),
    };
    render() {
        return invariant(false, "<Route> elements are for config only and
    shouldn't be rendered");
    }
}

export default Route;
```

引入 invariant 库以确保 Route 组件不会被渲染，或者渲染时会抛出一个错误

整个 Route 组件只是一个返回对 invariant 库调用的函数——如果有调用的话，就会抛出错误，我们就知道事情不对了

每个 Route 需要一个路径和一个函数，所以用 PropTypes 指定这些属性

用命名导出来让组件可用于外部模块

可能注意到这里导入一个被称为 invariant 的新库。它是一个简单的工具，用于确保在某些条件不满足的情况下抛出错误。要使用它，只需要传入一个值和一个消息。如果这个值是假（null、0、undefined、NaN、' '或者 false），它就会抛出一个错误。React 经常使用 invariant 库，所以如果曾经在开发者工具控制台里看到警告或者错误消息报告了“invariant violation”这样的东西，就可能使用了 invariant 库。这里将使用它来确保 Route 组件不渲染任何东西。

没错，Route 组件不渲染任何东西。如果渲染的话，invariant 工具将抛出错误。乍一听，

这似乎是在做一件奇怪的事。毕竟，到目前为止我们一直在组件中进行大量渲染。但是，这仅是以React可以理解并让使用者能够利用的方式将路由和组件组织在一起的办法。我们将使用Route组件存储props并传入想要的children。随着构建出Router组件，这会变得更加清晰，但在继续检验你的理解之前，先看一下图7-2。

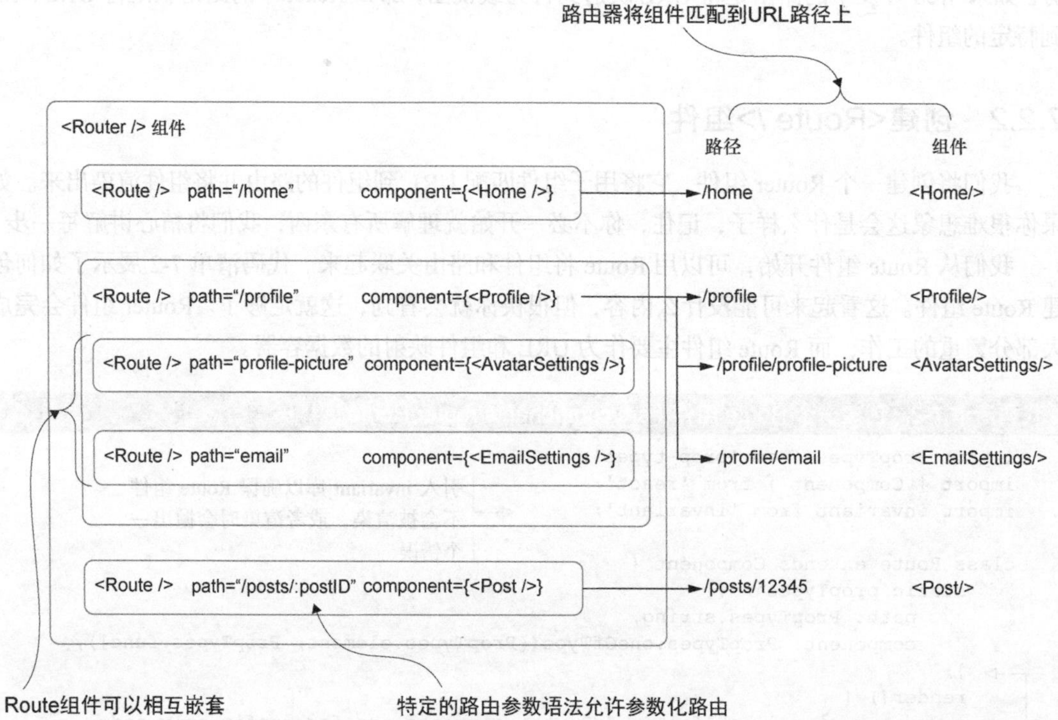

图 7-2　Route 和 Router 组件的工作原理的概览。下一节要构建的 Router 组件拥有作为其子组件的 Route 组件。每个组件都有两个属性：一个 path 字符串和一个组件。<Router />将使用每个<Route />来匹配 URL 并渲染正确的组件。因为所有东西都是 React 组件，使用者可以在渲染时给路由器传递属性并将这些作为高层数据的初始应用状态，如用户、认证状态等

7.2.3　开始构建<Router />组件

为了在 Router 组件上开始工作，你需要再次了解创建组件的基础知识。尽管你应该对此很熟悉了，但最终你会构建一个做至此从没见过的独特事情的组件。好消息是不需要施展任何“魔法”就能创建路由器。我们将使用React组件，向Router组件中添加一些逻辑，然后将其用作应用程序渲染的主要组件。

这也许看起来没什么大不了的。你也许在想：“好吧，所以它是一个组件。毕竟这是React，所以看起来……很正常？”我之所以要指出这一点，是因为这是一个强大而灵活的东西的好例子——

使用者“仅”用 React 就能做到但却不会立即想到。我们不需要任何全新的工具，只需要找到一种记录 URL 与组件映射关系的方法以及一种与正确浏览器 API 交互的方法。现在可以开始构建这个组件了。

React Router 如何

如果曾经使用过 React，也许听说过 `React Router`。它是开源里最流行的 React 项目之一并且是迄今为止 React 应用程序最流行的路由解决方案。你也许想知道为什么不直接安装 `React Router` 并学习如何使用它的 API。虽然可以那样做，但我认为这样你就错过了一个了解如何使用 React 组件做一些原本可能没有意识到 React 可以做的事情（如将 URL 映射到组件）的机会。比起通过用 npm 简单地安装一些东西所学到的，通过自己构建一些东西可以学到更多。

现在，这与你在商业环境或任何类型的生产环境中可能做的事情不同。如同从头构建自己的路由器一样有帮助，作为工程师的主要任务（几乎总是）是为公司交付价值，要最高效地实现这一点，要么构建工具，要么使用经过良好测试的、性能卓越而且简单易用的工具。

认识到这一点，你和你的团队也许就会选择使用 `React Router` 而不是构建自己的路由器。选择一款维护良好的、流行的、符合需求的开源库通常是一个更好的工程和商业决策。当第 12 章讨论服务器端渲染时，我们会用 `React Router` 替换掉自己构建工具的路由，以便能利用 `React Router` 的一些特性。

代码清单 7-3 展示了如何搭建 Router 组件。这里除了在组件上设置 `routes` 属性没有什么不寻常的东西。注意，因为不想做任何事情来动态改变路由，所以不能将路由存储在 React 的本地组件状态中。某些情况下可能想在运行时动态改变路由，如用户主动定制应用程序或类似的事情。在这些情况下可以使用组件的 `state` 接口。不过这里不会有这种需要，所以将路由放在组件上即可。

代码清单 7-3　搭建 Router 组件（src/components/router/Router.js）

```
export default class Router extends Component {
  static propTypes = {                              ◁ 指定 PropTypes——router 会接收
    children: PropTypes.object,                       children 和 location 来工作
    location: PropTypes.string.isRequired
  };

  constructor(props) {                              在 Router 组件上用一个
    super(props);                                   对象来存储路由信息
    this.routes = {};                             ◁

}                                                   Router 组件会有一个
                                                    render 方法
  render() {}                                     ◁
}
```

现在有了 Router 组件的基本骨架，可以开始添加一些之后组件核心方法会用到的辅助方法。要使用路由还有一些事情需要做。如果仔细看过代码清单 7-2，你也许会看到传入的 `path`

属性并不全是以/开头的。这看上去似乎是一件小事，但需要确保路由器的使用者能够这样做。如果使用者由于偶然或路由嵌套而包含太多斜杠，还需要确保任何双斜杠（//）都已被删除。

让我们看看如何创建两个辅助方法来解决这些问题。首先，我们想要创建一个实用方法来清理路径。我们将使用一个简单的正则表达式将任何双斜线替换为单斜杠。如果不熟悉正则表达式，可以从网上找到很多不错的资源来进一步学习。正则表达式是文本模式匹配的有效方式，也是很多软件开发形式的关键，但它们可能也显得非常晦涩，难以理解或者学习。幸好，我们只需要用一个简单的正则表达式来查找并替换所有双斜杠（//）。代码清单 7-4 展示了如何实现简单的 cleanPath 方法。注意，使用正则表达式清理字符串可能比较棘手，所以不要期望遇到的每种情况都如此简单。

代码清单 7-4 将 cleanPath 实用方法添加到 Router 组件中（src/components/router/Router.js）

```
//...
cleanPath(path) {
    return path.replace(/\/\//g, '/');   <- cleanPath 使用 String.replace 从 path
}                                           属性（/）中移除所有双斜杠字符
//...
```

我们不会深入讨论正则表达式，但我们至少应该注意一些事情。首先，JavaScript 的正则表达式的基本语法是两个斜杠和中间的表达式/<regular expression>/。其次，即使\/\/这样的字符串看起来很神秘并且有点儿像 W，它也只是添加了转义字符（\）的两个斜杠（//），因此它们不会被解释为注释或者其他东西。最后，添加到正则表达式末尾的 g 字符是一个意味着匹配所有出现的标记。想学习更多关于正则表达式的内容，可以了解一下正则表达式的各部分的详细信息并练习匹配不同模式。

现在可以清除//了，我们需要为新添加的路由处理一些其他情况。我们将调用 normalizeRoute 这个实用方法，它会确保父路由和子路由创建为正确的字符串并在必要时添加斜杠。该函数会接收一个路径和一个可选的父路由。有了这两个输入就可以应付一些情况。代码清单 7-5 展示了 normalizeRoute 方法的工作原理。

代码清单 7-5 创建 normalizeRoute 实用方法（src/components/router/Router.js）

```
//...
normalizeRoute(path, parent) {      <- 函数接收路径和父路由对象——路由
                                       属性是一个路径字符串
    if (path[0] === '/') {          如果路径只是一个/，可以直接返回它——我们
      return path;                  不需要把它与父路由连接在一起
    }

    if (parent == null) {           如果没有被提供父路由，可以直接
      return path;                  返回路径，因为没有什么要连接的
    }

    return `${parent.route}/${path}`;   <- 如果有父路由，通过连接将路径
  }                                        加入父路由的路径中
//...
```

7.2.4 匹配 URL 路径和参数化路由

我们已经创建了一些辅助方法，但还没有做任何路由的工作。为了开始将 URL 匹配到组件，需要将路由添加到路由器中。要如何做呢？本质上，需要找到一种方法基于当前 URL 渲染给定的组件——我一直讨论的“匹配”部分。也许听起来没有太多工作，但涉及的步骤也不少。

首先，让我们看看浏览器前端路由系统的一个关键部分：*路径匹配*。我们需要一些方法来对路径字符串求值并将它们转换为能够使用的有意义的数据。我们会用一个名为 enroute 的小软件包来完成这个工作，它本身就是一个微型路由器，我们将使用它把路径匹配到组件。enroute 内部可以将字符串转换为可用于匹配字符串的正则表达式（如要检查的 URL）。也可以用它来指定路径参数，从而可以创建像/users/:user 这样的路径，然后就可以在代码中用类似 route.params.user 的方式获取/users/1234 中的用户 ID。这种方法很常见，如果使用过 express.js 的话，也许已经见过类似的做法。

这种参数化 URL 的能力很有用，因为通过这种方式就可以将 URL 视为另一种可以传递给路由器的数据输入形式。URL 很强大，使它们动态化是其中一个原因。URL 可以是表意的并且能让用户直接访问资源，而无须先访问一个页面，再导航多次才能到达他们想去的地方。

虽然没有使用参数化路由的全部能力，但让我们看一些示例，确保清楚工作的走向。表 7-1 展示了几个在普通 Web 应用中可能很有用的 URL 路径示例。

表 7-1 常见的参数化路由示例

路由	使用示例
/	应用程序的主页
/profile	用户的个人配置页面，展示一些配置
/profile/settings	设置的路由，个人配置页面的子页面，展示用户相关的设置
/posts/:postID	postID 可以用于代码层面，示例路由可能是/posts/2391448。如果想创建指向特定帖子的公开链接，它非常有用
/users/:userID	:userID 是一个路径参数，对基于用户 ID 展示特定的用户非常有用
/users/:userID/posts	展示一个用户的所有帖子，URL 的:userID 部分是动态的并可以在代码中获取

:name 语法只利用了参数化路由的一个方面，还有一些工具可以做更多事情。如果有兴趣学习更多参数化路由的知识，可以检出 path-to-regexp 库，它是一个很强大的工具，还有些其他东西值得我们花时间了解一下，但我们还是要把精力集中到手头的任务上：React 路由。

这些路由工具（enroute 和 path-to-regexp）的重要用途在于使用它们辅助匹配 URL 并处理 URL 中的路径参数。现在用什么工具或者是否构建自己的工具都不重要，我们只需要一些能让自己将精力集中在基础原理之上的东西。React 最棒的一点就是使用者可以在构建应用时自由地决定使用哪些路由工具。

练习 7-2　思考参数

参数化路由通常是将数据导入应用程序的一种有用方法。除了获取帖子 ID，你还能想到其他使用路由参数的方法吗?

我们使用 URL 匹配库（enroute）来确定渲染哪个路由，所以接下来就会在组件上进行设置。现在，Router 组件有一个不做任何事情的 render 方法，这看起来是开展工作的好地方。代码清单 7-6 展示了如何与路由器集成 enroute 以及对 render 方法的修改结果。

代码清单 7-6　完成路由器（src/components/router/Router.js）

```
import enroute from 'enroute';          ◁─ enroute 是一个小型功能路由器，可以
import invariant from 'invariant';         用来匹配 URL 字符串和参数化路由

export class Router extends Component {
  static propTypes = {                  ─ 将 propTypes 设置为类
    children: PropTypes.element.isRequired,   的静态属性
    location: PropTypes.string.isRequired,
  }

  constructor(props) {  ◁─ 设置组件的初始状
    super(props);          态并初始化 enroute

    // We'll store the routes on the Router component
    this.routes = {};     ◁─ 路由最终将成为以
                             URL 路径为键的对象

    // Set up the router for matching & routing
    this.router = enroute(this.routes);  ◁─ 将路由传给 enroute，render 会使用 enroute
  }                                         的返回值来进行 URL 到组件的匹配

  render() {
    const { location } = this.props;    ◁─ 将当前地址作为属性传给路由器
    invariant(location, '<Router/> needs a location to work');  ◁─ 使用 invariant 来确保不会忘记提供地址
    return this.router(location);  ◁─ 最后也是最重要的，使用路由器匹配地址并返回相应的组件
  }
}
```

我们并没有添加太多代码，但路由器最重要的一些部分已经就绪。现在，还没有任何可用于 enroute 的路由，但基本工作机制已经形成：尝试寻找与路由相关联的组件，然后用路由器来渲染它。下一节，我们会创建路由器可以使用的路由。

7.2.5　向 Router 组件添加路由

为了向路由器添加路由，需要两样东西：要使用的正确 URL 字符串以及这个 URL 对应的组件。我们会在 Router 组件上创建 addRoute 方法，该方法会将这两样东西联系在一起。如果快

速浏览 enroute 的用法示例，就能看到 enroute 的工作原理。它接收一个键为 URL 字符串而值为函数的对象，当其中一个路径被匹配上时，它就调用相应函数并传递一些额外的数据。代码清单 7-7 展示了在没有 React 的情况下如何使用 enroute 库。使用 enroute 可以将接收参数和任何附加数据的函数匹配到 URL 字符串。

代码清单 7-7 路由配置示例（src/components/router/Router.js）

```
function edit_user (params, props) {
   return Object.assign({}, params, props)
}

const router = enroute({
        '/users/new': create_user,
        '/users/:slug': find_user,
        '/users/:slug/edit': edit_user,
        '*': not_found
    });

enroute('/users/mark/edit', { additional: 'props' })
```

- 使用两个参数：路由参数（像/users/:user）和任何传入的附加数据
- 传入一个带有路径和创建来处理这些路径的函数的对象
- 要使用 enroute，传入地址和附加数据，然后正确的函数将会被执行

现在已经对 enroute 如何工作有了些概念，让我们看看如何将它集成到路由器中并让它运转起来。不是像之前代码清单那样返回对象，而是想要返回组件。但现在没有办法获取路由的路径或组件。还记得是如何创建了一个 Route 组件来存储这些信息但没有渲染任何东西的吗？需要从父组件（Router 组件）访问这些数据。这意味着需要用到 children 属性。

注意 我们已经看到了如何在 React 中通过创建组件之间的父子关系来组合组件以创建新的组件。到目前为止，我们只是在将组件彼此嵌套时“外部地”使用了子组件。任何时候嵌套组件和组合组件都在利用 React 的子组件概念。但我们还没有从父组件动态访问任何嵌套的子组件。我们可以通过组件属性访问传递给父组件的子组件，猜得没错，这个属性就是 children。

每个 React 组件或元素上的 children 属性就是我们所说的不透明数据结构，因为与 React 中的几乎所有其他东西不同，它不只是数组或 JavaScript 纯对象。这也许会在 React 今后的版本中发生改变，但同时，这意味着 React.Children 上有许多方法可以用来处理 children 这个不透明数据结构，包含下面这些。

- React.Children.map——类似于原生 JavaScript 中的 Array.map，它在 children 中的每个直接子组件上调用一个函数（意味着它不会遍历每个可能的后代组件，只是直接后代）并返回一个其遍历元素组成的数组。如果 children 属性是 null 或者 undefined，就返回 null 或者 undefined 而不是空数组：

  ```
  React.Children.map(children, function[(thisArg)])
  ```

- React.Children.forEach——类似于 React.Children.map 的工作方式，但是不会返回数组：

```
React.Children.forEach(children, function[(thisArg)])
```

- React.Children.count——返回 children 中发现的组件的总数，等于 React.Children.map 或 React.Children.forEach 在相同元素集合上调用其回调的次数：

```
React.Children.count(children)
```

- React.Children.only——返回 children 中唯一的子组件，否则抛出一个错误：

```
React.Children.only(children)
```

- React.Children.toArray——将 children 作为一个摊平的数组返回并将键分配给每个子元素：

```
React.Children.toArray(children)
```

由于想将路由信息添加到 Router 组件的 this.routes，因此会使用 React.Children.forEach 遍历 Router 的 children 的每个元素（记住，它们是 Route 组件）并访问它们的属性。我们将用这些属性来设置路由并告诉 enroute 哪个 URL 应该渲染哪个组件。

React 中的“自消除”组件

当 React 16 问世，它允许组件从 render 方法中返回数组。这在之前是不可能的，它带来了一些有趣的可能性，其中一个是“自解构”或“自消除”组件[1]的概念。之前，当任意给定组件仅返回单个节点时，通常发现只是为了 JavaScript 输出有效而将组件包装在 div 或者 span 中，常见场景看起来像这样：

```
export const Parent = () => {
    return (
        <Flex>
            <Sidebar/>
            <Main />
            <LinksCollection/>
        </Flex>
    );
}
export const LinksCollection = () => {
    return (
        <div>
            <User />
            <Group />
            <Org />
        </div>
    );
}
```

顶层组件，并排，使用 Flexbox 布局（或者 CSS 网格）

添加包装用的 div，因为 User、Group 以及 Org 在 JavaScript 中不能被一起返回——它不支持返回多个值

对许多团队来说，这曾是许多烦恼的来源，即使它确实没有阻止人们使用 React。而它造成的主要问题可不只是包装 div 显得多余。正如所见，这个应用使用了 Flexbox 来布局（或者一些其他在这个场景中会被破坏的 CSS 布局 API）。

① 非常感谢 Ben Ilegbodu，首次向我介绍了这个概念！

包装 div 造成的问题是，它强制使用者向上移动组件以便它们不用在单个节点的分组中。当然还有造成问题或强制变通的其他原因，但这是我多次遇到的问题。

随着 React 16 及后续版本的到来，返回数组成为可能，所以现在我们有一个办法来实现它。React 16 引入了很多其他强大的功能，但这个方法是非常受欢迎的改变。开发者现在可以这么做：

```
export const SelfEradicating = (props) => props.children
```

这个组件充当了某种直通角色，当它渲染其子组件时可以避开或者“自消除”。通过这种方式，在维持组件分离的同时不必防范破坏 CSS 布局技术之类的东西。使用“自消除”组件的场景看起来像这样：

```
export const SelfEradicating = (props) => props.children

export const Parent = () => {
    return (
        <Flex>
            <Sidebar/>
            <Main />
            <LinksCollection/>
        </Flex>
    );
}

export const LinksCollection = () => {
    return (
        <SelfEradicating>
            <User />
            <Group />
            <Org />
        </SelfEradicating>
    );
}
```

记住，enroute 希望为每个路由都提供一个函数，以便它能将参数信息或其他数据传给路由。这个函数将告诉 React 创建组件以及处理其他子组件的渲染。代码清单 7-8 展示了组件中的 addRoute 和 addRoutes 方法。addRoutes 使用 React.Children.forEach 遍历所有子 Route 组件，获取它们的数据，并设置 enroute 使用的路由。这是路由器的核心，一旦实现了这一点，路由将启动并运行！

代码清单 7-8 addRoute 和 addRoutes 方法（src/components/router/Router.js）

确保每个 Route 都有路径和组件属性，否则抛出错误

使用解构获取组件、路径和 children 属性

render 是一个提供给 enroute 的函数，其接收路由相关的参数和额外的数据

```
addRoute(element, parent) {
  const { component, path, children } = element.props;

  invariant(component, `Route ${path} is missing the "path" property`);
  invariant(typeof path === 'string', `Route ${path} is not a string`);

  const render = (params, renderProps) => {
```

```
将父组件的属性与子组件的属性合并在一起
    const finalProps = Object.assign({ params }, this.props, renderProps);

    const children = React.createElement(component, finalProps);
      return parent ? parent.render(params, { children }) : children;
    };
使用合并后的属性创建新组件

    const route = this.normalizeRoute(path, parent);

    if (children) {
      this.addRoutes(children, { route, render });
    }

    this.routes[this.cleanPath(route)] = render;
  }
  //...
```

如果当前 Route 组件还有嵌套的子组件，重复这个过程并传入路由和父组件

使用 normalizeRoute 辅助函数来确保 URL 路径正确设置

使用 cleanPath 实用方法在路由对象上创建路径并将已完成的函数赋值给它

如果有父组件，调用 parent 参数的 render 方法，但使用已创建的子组件

这几行代码中包含不少东西，请随时回顾以确保吃透这些概念。一旦添加了 addRoutes 方法，我们就概括这些步骤并进行可视化的回顾。但首先要添加 addRoutes 方法。相比而言，addRoutes 方法非常短小，代码清单 7-9 展示了如何实现它。

练习 7-3 props.children

本章我们讨论了 React 的 props.children。props.children 和其他属性有什么不同？为什么会有不同？

代码清单 7-9 addRoutes 方法（src/components/router/Router.js）

```
//...
constructor(props) {
    super(props);
    this.routes = {};
    this.addRoutes(props.children);
    this.router = enroute(this.routes);
}

addRoutes(routes, parent) {
    React.Children.forEach(routes, route => this.addRoute(route, parent));
}
```

即使在 addRoute 方法中使用 addRoutes，也要在组件的构造函数中添加它，以开始设置路由

使用 React.Children.forEach 实用方法遍历每个子组件，然后为每个子 Route 组件调用 addRoute 方法

当 addRoute 方法中有要迭代的子元素时使用 addRoutes

向路由器添加路由的过程如图 7-3 所示。

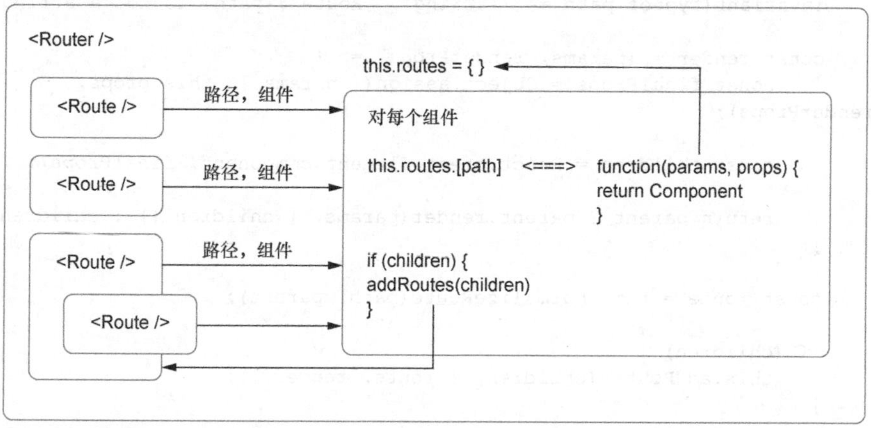

图 7-3 向路由器添加路由的过程。对于 Router 组件中找到的每个 Route 组件，将取得路径和组件属性，然后使用这些信息创建一个用来与 URL 路径配对的函数 `enroute`。如果 Route 有子组件，继续之前对这些组件运行相同的过程。当完成的时候，routes 属性将设置好所有正确的路由

至此，路由器就完成了并且准备好运转。代码清单 7-10 展示了最终的 Router 组件，而且为了简洁省略了辅助工具（路径规范化，不变量的使用）。在下一章我们会将 Router 组件投入使用。

代码清单 7-10 完成的 Router 组件（src/components/router/Router.js）

```
import PropTypes from 'prop-types';

import React, { Component } from 'react';
import enroute from 'enroute';
import invariant from 'invariant';

export default class Router extends Component {
    static propTypes = {
        children: PropTypes.array,
        location: PropTypes.string.isRequired
    };

    constructor(props) {
        super(props);

        this.routes = {};

        this.addRoutes(props.children);
        this.router = enroute(this.routes);
    }

    addRoute(element, parent) {
        const { component, path, children } = element.props;
```

```
        invariant(component, `Route ${path} is missing the "path" property`);
        invariant(typeof path === 'string', `Route ${path} is not a string`);

        const render = (params, renderProps) => {
            const finalProps = Object.assign({ params }, this.props,
    renderProps);

            const children = React.createElement(component, finalProps);

            return parent ? parent.render(params, { children }) : children;
        };

        const route = this.normalizeRoute(path, parent);

        if (children) {
            this.addRoutes(children, { route, render });
        }

        this.routes[this.cleanPath(route)] = render;
    }

    addRoutes(routes, parent) {
        React.Children.forEach(routes, route => this.addRoute(route,
     parent));
    }

    cleanPath(path) {
        return path.replace(/\/\//g, '/');
    }
    normalizeRoute(path, parent) {
        if (path[0] === '/') {
            return path;
        }
        if (!parent) {
            return path;
        }
        return `${parent.route}/${path}`;
    }

    render() {
        const { location } = this.props;
        invariant(location, '<Router/> needs a location to work');
        return this.router(location);
    }
}
```

7.3 小结

这一章中，我们开始将 React 应用从一个带有一些组件的简单页面转变成一个处理路由和路由配置的更强的应用。我们介绍了很多内容并探索了如何用组件从头构建完成路由器。

- 现代客户端应用中的路由不需要执行完整的页面重新加载。相反，它可以被像 React 这样的客户端应用处理。这可以减少浏览器的加载时间，也可能降低服务器的性能负载。
- React 没有像一些框架那样内置一个路由库。相反，使用者可以随意地从社区选择一个或者从头构建一个自己的路由库（就像已经做过的那样！）。
- React 为开发人员提供了几个工具来处理不透明的 `children` 数据结构。使用者可以迭代多个组件，检查有多少组件，等等。
- 使用者可以用自己创建的路由设置来动态更改组件内渲染哪个子组件。开发人员要监听浏览器中地址的变化并使用那些数据进行渲染。

在第 8 章中，我们将使用 Router 组件，并用 Firebase 给应用添加身份认证功能。

第 8 章　再谈路由以及集成 Firebase

本章主要内容

- 使用第 7 章构建的路由
- 创建路由相关的组件，如 Router、Route 和 Link
- 使用 HTML5 的 History API 实现 push-state 路由
- 复用组件
- 集成用户身份验证和 Firebase

第 7 章从头构建了一个简单的路由器以便更好地理解 React 应用如何处理路由。这一章将开始使用之前构建的路由器并将 Letters Social 应用分解为更合适的部分。本章末尾，我们将能够导航到应用的任意位置、查看用户发的帖子，以及进行用户身份验证。

如何获取本章代码

和每章一样，读者可以去 GitHub 仓库检出源代码。如果想从头开始编写本章代码，可以使用第 5 章和第 6 章的已有代码（如果跟着编写了示例）或直接检出指定章的分支（chapter-7-8）。

记住，每个分支对应该章末尾的代码（例如，chapter-7-8 对应第 7 章和第 8 章末尾的代码）。读者可以在选定目录下执行以下终端命令之一来获取当前章的代码。

如果还没有代码库，请输入下面的命令来获取：

```
git clone git@github.com:react-in-action/letters-social.git
```

如果已经克隆过代码仓库：

```
git checkout chapter-7-8
```

如果你是从其他章来到这里的，则需要确保已经安装了所有正确的依赖：

```
npm install
```

8.1 使用路由器

上一章用 React 构建了一个可以工作的路由器。当致力于开发生产环境的 React 应用时，使用者也许想选择 React Router 这样的东西。幸好，React Router 遵循非常类似的 API，而且它还有更高级的功能，让使用者可以用路由做更多事情。使用者也许并不需要全部这些功能，类似之前构建的路由器就已经够用了。这非常好——选择最适合要解决的问题的工具，而不是选择拥有最多 GitHub 星的或 Hacker News 支持的工具。我们的需求会在第 12 章处理服务器端渲染时改变，因此我们会在第 12 章切换到 React Router。

让我们开始使用那个亮闪闪的新路由器。首先需要将路由器与 HTML5 History API 连接起来，以便可以利用导航而又无须重新加载整个页面。因为不需要每次都连接服务来刷新整个页面，所以我们将使用 pushState 导航。不过也可以使用 hash-based 路由。

我们不会花太多时间探索 HTML5 API，因为它们值得另花时间专门学习。我们将使用知名的 `history` 库，这个库将让使用者以可靠和可预测的方式跨浏览器使用 History API。运行 `npm install--save history` 来确保它已经安装。一旦安装好，需要对当前作为整个应用根源的 index.js 文件进行一些更改。到现在为止，这个文件是 React DOM 将整个应用渲染到一个 DOM 元素的地方。不过我们已经启用了路由，而 Router 组件需要位置（参见第 7 章）。需要找到办法为 Router 组件提供位置并通过 `history` 库来使用 HTML5 History API，而 index.js 就是做这些的绝佳位置。

练习 8-1 客户端路由与服务器端路由对比

花点儿时间思考一下客户端路由和基于 URL 的客户-服务器端路由有什么不同之处。客户端路由和服务器端路由的主要区别是什么？

除利用 `history` 之外，还需要设置路由。为了做到这一点，需要重构一些组件，这会让使用者对 React 的可组合性与模块化的好处有所认识。虽然会移动一些东西，但不必从根本上改变组件的工作方式。让我们看看首先如何修改 App 组件。它需要成为装载子路由的容器，因为想让每个页面拥有相同的侧边栏和导航栏，只改变传递给 `children` 属性的东西。图 8-1 中的示例展示了这看起来是什么样子。

如代码清单 8-1 所示，为了实现这类嵌套，需要重构 App 组件来动态地展示 `children`。幸好，最终不会删除太多已经完成的工作——只是将其移动一下。随着重构，将会重新组织应用程序的文件。在 src 目录中创建一个叫作 pages 的新目录。我们将会把那些仅包含其他组件并为其提供数据的组件放在这个目录中。在后续章节中开始探索 React 应用的架构时，我将更多地讨论这个想法。

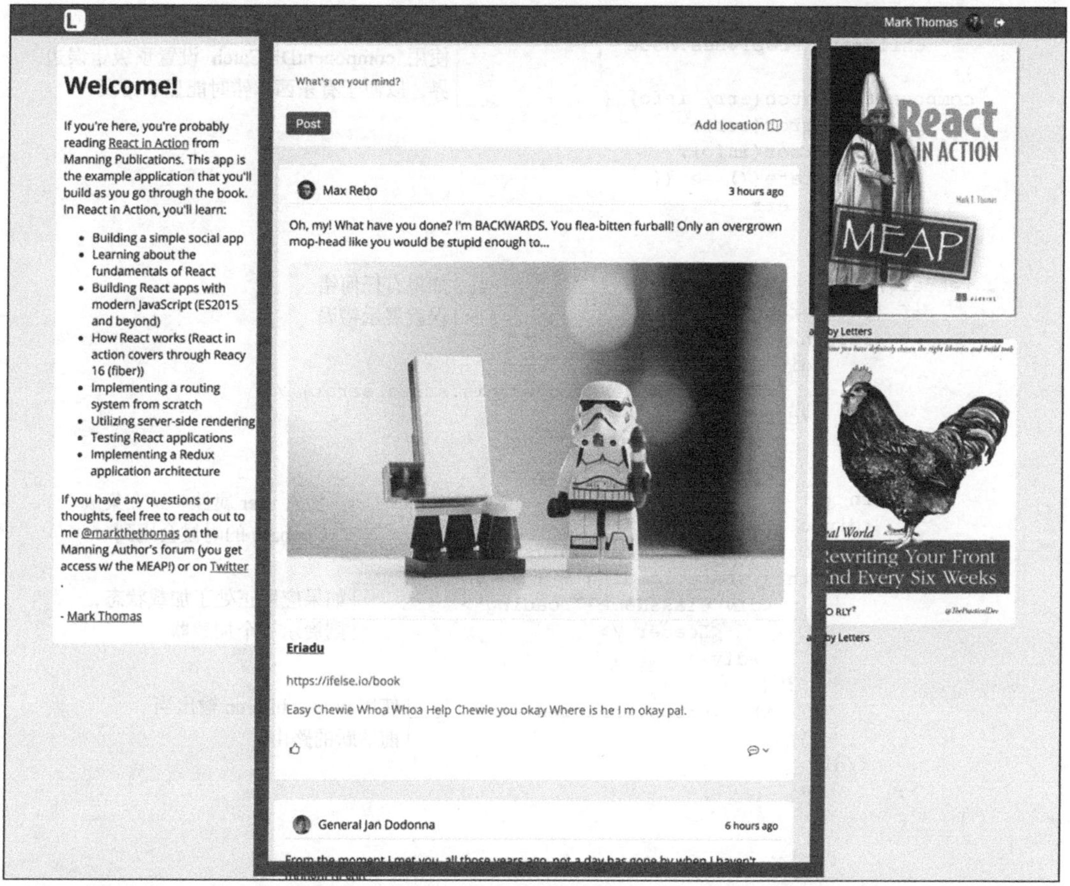

图 8-1　截屏中的框选区域将依据基于 URL 要渲染的视图而改变。随着时间推移，甚至可以做更多嵌套，并将该区域扩展到包含边栏，以便跨页面维护相同的导航栏以及拥有其他具有动态区域的路由

代码清单 8-1　重构 App 组件（src/app.js）

```
import React, { Component } from 'react';
import PropTypes from 'prop-types';

import ErrorMessage from './components/error/Error';
import Nav from './components/nav/navbar';
import Loader from './components/Loader';

class App extends Component {
    constructor(props) {
        super(props);
        this.state = {
            error: null,
            loading: false
        };
    }
```

```
    static propTypes = {
        children: PropTypes.node
    };
    componentDidCatch(err, info) {          ◁ 使用 componentDidCatch 设置顶级错误边
        console.error(err);                    界，以便于有东西出错时能显示错误
        console.error(info);
        this.setState(() => ({
            error: err
        }));
    }
    render() {
        if (this.state.error) {             ◁ 如果有任何错
            return (                           误就展示错误
                <div className="app">
                    <ErrorMessage error={this.state.error} />
                </div>
            );
        }
        return (
            <div className="app">
                <Nav user={this.props.user} />        ◁ 传入 user 属性——在集成
                {this.state.loading ? (                  Firebase 的时候会用到
                    <div className="loading">         ◁ 如果应用正处于加载状态，
                        <Loader />                       则展示一个加载器
                    </div>
                ) : (
                    this.props.children           ◁ 使用 props.children 输出当
                )}                                   前活跃的路由
            </div>
        );
    }
}

export default App;
```

需要给主页面创建一个组件以便用户可以查看帖子。创建一个名为 home.js 的文件并将它放到 pages 目录中。这个组件看起来应该很熟悉——它是使用者将内容分解为若干页面之前拥有的主要组件。代码清单 8-2 展示了 Home 组件，其使用了之前已实现的方法逻辑，并且为了简洁起见注释掉了这些方法。记住，和所有章一样，如果想了解应用是如何变化的或者应用在一章结束时的情况，可以从本书 GitHub 上检出每章的不同分支。

代码清单 8-2 重构后的 Home 组件（src/pages/Home.js）

```
import React, { Component } from 'react';
import parseLinkHeader from 'parse-link-header';
import orderBy from 'lodash/orderBy';

import * as API from '../shared/http';                   别忘了调整导入路径——
import Ad from '../components/ad/Ad';                      组件位于不同的目录中
import CreatePost from '../components/post/Create';
import Post from '../components/post/Post';
import Welcome from '../components/welcome/Welcome';
```

```
export class Home extends Component {
    constructor(props) {
        super(props);
        this.state = {
            posts: [],
            error: null,
            endpoint: `${process.env

      .ENDPOINT}/posts?_page=1&_sort=date&_order=DESC&_embed=comments&_expand=
      user&_embed=likes`
        };
        this.getPosts = this.getPosts.bind(this);
        this.createNewPost = this.createNewPost.bind(this);
    }
    componentDidMount() {
        this.getPosts();
    }
    getPosts() {
        API.fetchPosts(this.state.endpoint)
            .then(res => {
                return res.json().then(posts => {
                    const links = parseLinkHeader(res.headers.get('Link'));
                    this.setState(() => ({
                        posts: orderBy(this.state.posts.concat(posts),
    'date', 'desc'),
                        endpoint: links.next.url,
                    }));
                });
            })
            .catch(err => {
                this.setState(() => ({ error: err }));
            });
    }
    createNewPost(post) {
        post.userId = this.props.user.id;
        return API.createPost(post)
            .then(res => res.json())
            .then(newPost => {
                this.setState(prevState => {
                    return {
                        posts: orderBy(prevState.posts.concat(newPost),
     'date', 'desc')
                    };
                });
            })
            .catch(err => {
                this.setState(() => ({ error: err }));
            });
    }
    render() {
        return (
            <div className="home">
                <Welcome />
```

这些逻辑是完全相同的——只是移动组件以适应新的层次结构

这些逻辑是完全相同的，只是移动组件以适应新的层次结构

```
            <div>
                <CreatePost onSubmit={this.createNewPost} />
                {this.state.posts.length && (
                    <div className="posts">
                        {this.state.posts.map(({ id }) => {
                            return <Post id={id} key={id}
    user={this.props.user} />;
                        })}
                    </div>
                )}
                <button className="block" onClick={this.getPosts}>
                    Load more posts
                </button>
            </div>
            <div>
                <Ad url="https://ifelse.io/book"
    imageUrl="/static/assets/ads/ria.png" />
                <Ad url="https://ifelse.io/book"
    imageUrl="/static/assets/ads/orly.jpg" />
            </div>
        </div>
        );
    }
}

export default Home;
```

目前已经移动了 Home 组件，准备配置路由并勾连 history 工具，以便路由器能响应浏览器的地址变化。将一个模块作为实用方法提供给应用程序的其他部分通常是非常有用的，这样就避免了重复工作。本书后面会做更多这样的事情，而且开发者自己也可能已经这样做了。如代码清单 8-3 所示，我们将这样处理 history 库，因为最终希望（在其他部分）使用它创建与路由器协同工作的链接而不必使用常规的<a href=""></a>标签。

代码清单 8-3 部署 history 库（src/history/history.js）

```
import createHistory from 'history/createBrowserHistory';
const history = createHistory();
const navigate = to => history.push(to);
export { history, navigate };
```

创建一个用于应用的 history 库的单例

导出 navigate 方法和 history 实例（之后需要直接访问的情况）

目前已经设置好了 history，可以设置 index.js 的其余部分并配置 Router，代码清单 8-4 展示了如何做。

代码清单 8-4 为路由设置 index.js（src/index.js）

```
import React from 'react';
import { render } from 'react-dom';
```

导入 React DOM

```
import { App } from './pages/App';
import { Home } from './pages/Home';
import Router from './components/router/Router';
import Route from './components/router/Route';
import { history } from './history';

import './shared/crash';
import './shared/service-worker';
import './shared/vendor';
import './styles/styles.scss';

export const renderApp = (state, callback = () => {}) => {
  render(
    <Router {...state}>
      <Route path="" component={App}>
        <Route path="/" component={Home} />
      </Route>
    </Router>,
    document.getElementById('app'),
    callback
  );
};

let state = {
  location: window.location.pathname,
};
history.listen(location => {
    state = Object.assign({}, state, {
        location: location.pathname
    });
    renderApp(state);
});

renderApp(state);
```

导入 App、Home、Router 及 Route 组件

导入刚创建的 history 实用方法

创建一个用来渲染应用程序的函数，封装 React DOM 的 render 方法以便能传入地址数据和回调函数

使用 JSX 延展操作符“填充”作为 Router 属性的位置状态

为 App 和 Home 组件创建路由

将应用渲染到 index.html 的目标 DOM 元素内

创建一个状态对象来跟踪地址和用户

当地址变化时触发并更新路由器，促使应用使用新数据重新渲染

渲染应用程序

8.1.1 创建帖子页面

路由运行了！至此，已经做了大量工作来启用路由并使其在应用中工作。但还没有做任何事情来让用户浏览应用程序的不同部分。此刻，应用或许开始拥有很多页面和页面的片段。如果正在构建一个更复杂的社交网络应用程序，或许会有很多部分用于资料页、用户设置、消息等。但就本例而言，需要做的全部事情就是显示用户的帖子。打算如何做？从 URL 开始。还记得到目前为止示例中用了几次的`/posts/:postID`路由吗？帖子页面将会位于这个 URL 上。

首先将为用户帖子页面创建页面组件开始。前面几章构建了一个 Post 组件，它会在加载后获取数据，因此创建这个单篇帖子页面应该不会太麻烦。我们想给这个页面创建一个新组件，确保包含帖子组件，并且确保把它映射到正确的路由。有一点不同的是从何处获得帖子的 ID。我们会从 URL 拉取到帖子的 ID，而不是一上来先访问服务器获取。我们曾用特定的语法设置 URL，路由器会将参数化路由的数据提供给组件。代码清单 8-5 展示了如何设置单篇帖子页面。

代码清单 8-5 创建 SinglePost 组件（src/pages/Post.js）

```
import PropTypes from 'prop-types';
import React, { Component } from 'react';

import Ad from '../components/ad/Ad';
import Post from '../components/post/Post';

export class SinglePost extends Component {
    static propTypes = {
        params: PropTypes.shape({
            postId: PropTypes.string.isRequired
        })
    };
    render() {
        return (
            <div className="single-post">
                <Post id={this.props.params.postId} />
                <Ad
                    url="https://www.manning.com/books/react-in-action"
                    imageUrl="/static/assets/ads/ria.png"
                />
            </div>
        );
    }
}

export default SinglePost;
```

导入前几章中创建的 Post 组件

从路由器传入的属性中获取帖子 ID

现在有一个可以用的组件了，把它集成到路由器中以便用户能够导航到帖子页面。代码清单 8-6 展示了如何将 SinglePost 组件添加到路由器。注意，我们正在利用在路由器示例中所看到的参数化路由。路径的`:post`部分会通过`params`属性传递给组件。

代码清单 8-6 添加用户帖子到路由器（src/index.js）

```
import React from 'react';
import { render } from 'react-dom';

import * as API from './shared/http';
import { history } from './history';
import Route from './components/router/Route';
import Router from './components/router/Router';
import App from './app';
import Home from './pages/home';
import SinglePost from './pages/post';

//...

export const renderApp = (state, callback = () => {}) => {
    render(
        <Router {...state}>
            <Route path="" component={App}>
```

导入路由器使用的 SinglePost 组件

```
                <Route path="/" component={Home} />
                <Route path="/posts/:postId" component={SinglePost} />
            </Route>
        </Router>,
        document.getElementById('app'),
        callback
    );
};

//...
```

使用特定的参数化路由语法（:post）配置 SinglePost 路由

8.1.2　创建<Link />组件

如果在开发模式下运行应用并试着四处点点，你会注意到，即使为用户帖子页面设置了路由，只要没有一开始就知道帖子 ID 并将其置于 URL 中，就无法去到那里。那不是很有用，对吧？

我们需要创建一个自定义的 Link 组件来与 history 工具和路由器协同工作，否则，用户会很快抛弃这个应用，而投资者会非常沮丧。要如何实现？普通的链接标签（<a href="/">Link!</a>）是不能用的，因为它会尝试重载整个页面，这不是我们想要的。我们想不用链接标签来创建链接，例如，不想用链接标签包裹列表中的帖子或其他的东西。

注意　可访问性是指一个界面可以被人使用的程度。也许之前听到过人们讨论“Web 可访问性”，但可能知道的并不多。没关系——它很容易学习。人们想要确保应用对尽可能多的人是可用的，无论他们是使用鼠标和键盘、屏幕阅读器还是使用其他设备。我刚提到过，使用 Link 组件可以让应用程序的任意元素都可以导航——这是从可访问性的角度来处理时要小心应对的事情。考虑到这一点，我只想针对本书简单地提一下可访问性。因为构建可访问的 Web 应用是一个庞大而重要的话题，它超出了本书的范围。一些公司、应用程序以及业余项目都将它视为工程的头等大事。虽然人们可以参考 Letter Social 的源代码作为使用 React 组件构建应用程序的方法源泉，但我们并没有处理应用程序可能遇到的所有不同的可访问性问题。为了从网上学习更多关于可访问性的知识，查看 WAI-ARIA 创作实践或者有关 ARIA 的 MDN 文档。Ari Rizzitano 还就这一话题进行了精彩的演讲，特别关注了 React 的可访问性，该演讲叫作“构建可访问的组件”。

这里会再次使用 history 实用方法并将其集成到 Link 组件中，以便在应用程序中可以使用 push-state 进行链接。还记得早些时候公开过的 navigate 函数吗？现在用这个函数可以通过程序的方式告诉 history 库为用户更改地址。为了将这个功能添加到组件中，我们将使用一些 React 工具把其他组件包装在可点击的 Link 组件中。我们可以使用 React.cloneElement 来创建目标元素的副本，然后附加执行导航功能的点击处理程序。React.cloneElement 的签名看起像下面这样：

```
ReactElement cloneElement(
  ReactElement element,
  [object props],
  [children ...]
)
```

它接收一个要克隆的元素、要合并到新元素的 props，以及它应该有的任何 children。我们将使用这个实用方法来克隆想要封装到 Link 的组件，并且需要确保 Link 组件仅有一个子组件，所以要从前几章中找回 React.Children.only 工具。总之，这些工具会让使用者将其他组件转换为 Link 组件，从而帮助用户在应用中进行跳转。代码清单 8-7 展示了如何创建 Link 组件。

代码清单 8-7 创建 Link 组件（src/components/router/Link.js）

```
import { PropTypes, Children, Component, cloneElement } from 'react';
import { navigate } from '../../history'

class Link extends Component {
  static propTypes = {
    to: PropTypes.string.isRequired,
    children: PropTypes.node,
  }

  render() {
    const { to, children } = this.props;
    return cloneElement(Children.only(children), {
      onClick: () => navigate(to),
    });
  }
}
```

导入需要的库

复用一直在用的 history 工具

to 和 children 属性会分别保存目标 URL 和 Link 化的组件

克隆 Link 组件的子组件来包裹仅有的一个节点（它可以有子组件）

在 props 对象中，传入 onClick 处理程序，其会使用 history 进行 URL 导航

定义 propTypes

```
import PropTypes from 'prop-types';
import { Children, cloneElement } from 'react';
import { navigate } from '../../history';

function Link({ to, children }) {
    return cloneElement(Children.only(children), {
        onClick: () => navigate(to)
    });
}

Link.propTypes = {
    to: PropTypes.string,
    children: PropTypes.node
};

export default Link;
```

导入需要的库

复用一直在用的 history 工具

克隆 Link 组件的子组件来包裹仅有的一个节点（它可以有子组件）

定义 propTypes

在 props 对象中，传入 onClick 处理程序，其会使用 history 进行 URL 导航

to 和 children 属性会分别保存目标 URL 和 Link 化的组件

为了集成 Link 组件，可以将用户帖子包裹在可复用的 Post 组件中并确保 Link 可以获取将用户送到正确页面的 to 属性（看看之前关于可访问性的注意事项）。我们能够按照相同的模式以类似的方式来包裹其他组件并将它们转换为 Link 化的组件。代码清单 8-8 展示了如何集成 Link 组件。

代码清单 8-8 集成 Link 组件（src/components/post/Post）

```
import React, { Component } from 'react';
import PropTypes from 'prop-types';

import * as API from '../../shared/http';
import Content from './Content';
import Image from './Image';
import Link from './Link';
import PostActionSection from './PostActionSection';
import Comments from '../comment/Comments';
import DisplayMap from '../map/DisplayMap';
import UserHeader from '../post/UserHeader';

import RouterLink from '../router/Link';    ← 导入 Link 组件，给它取一个别名叫 RouterLink，从而避免与帖子中使用的 Link 组件的命名冲突

export class Post extends Component {

//...

    render() {
        return this.state.post ? (
            <div className="post">
                <RouterLink to={`/posts/${this.state.post.id}`}>    ← 包裹想要链接化的 Post 组件的部分并给它提供正确的 ID
                    <span>
                        <UserHeader date={this.state.post.date}
 user={this.state.post.user} />
                        <Content post={this.state.post} />
                        <Image post={this.state.post} />
                        <Link link={this.state.post.link} />
                    </span>
                </RouterLink>
                {this.state.post.location && <DisplayMap
    location={this.state.post.location} />}
                <PostActionSection showComments={this.state.showComments} />
                <Comments
                    comments={this.state.comments}
                    show={this.state.showComments}
                    post={this.state.post}
                    handleSubmit={this.createComment}
                    user={this.props.user}
                />
            </div>
        ) : null;
    }
}

export default Post;
```

如此就将 Router 完全集成到应用中了。用户现在可以查看帖子，这对于一次分享和关注一个帖子非常不错。投资者会对此留下不错的印象并期待在下一轮融资时投资你。不过我们还没做完。下一节会讨论当无法匹配 URL 到组件时该做什么。

练习 8-2 添加更多链接

尝试寻找应用程序中其他一些非常合适成为 Link 的区域并使用 Link 组件将它们转换为链接。提示：用户在导航到帖子页面之后该如何回到主页？随着学习的进行，尝试考虑用户在应用中跳转时的体验。什么对他们是有意义的？要把哪些转换成 Link？是否有这样的情况：转换为 Link 组件的东西并不是已有的链接标签？检出应用程序源代码的单个帖子页面，看看添加简单返回按钮的示例。

8.1.3 创建<NotFound />组件

尝试在 Letters 应用程序中导航到/oops，看看会发生什么？什么都没有？是的，这就是基于代码应该发生的事情，但这并非我们想呈现给用户的。现在，路由器组件不会处理任何“未找到”或“全部捕获”路由。想要对用户友好并假定他们（或者自己）会犯错误并尝试导航到应用程序不存在的路由中。为了解决这个问题，我们创建一个简单的 NotFound 组件，并在创建 Router 实例的时候配置它。代码清单 8-9 展示了如何创建 NotFound 组件。

代码清单 8-9 创建 NotFound 组件（src/pages/404.js）

```
import React from 'react';
import Link from '../components/router/Link';    ← 导入已创建的 Link 组件，以便用户能返回主页

export const NotFound = () => {    ← 不需要组件状态，所以创建一个无状态函数组件
    return (
        <div className="not-found">
            <h2>Not found :(</h2>
            <Link to="/">    ← 使用 Link 组件让用户返回主页
                <button>go back home</button>
            </Link>
        </div>
    );
};

export default NotFound;
```

现在，NotFound 组件已经有了，需要将它集成到 Router 配置中。你也许想知道，要如何告诉 Router：它应该将用户送到 NotFound 组件。答案是，在配置路由器时使用*字符。这个字符意味着“匹配任何东西”，如果把它放在配置的末尾，所有没有匹配到任何东西的路由都会走到这里。一定要注意，在这里顺序很重要：如果把全部捕获路由放得过高，它会匹配上任何东西，而不会按你想要的方式工作。代码清单 8-10 展示了如何给路由器配置更多路由。

代码清单 8-10 添加单个帖子到路由器中（src/index.js）

```
//...
import NotFound from './pages/404';    ← 导入 NotFound 组件
//...
```

```
export const renderApp = (state, callback = () => {}) => {
    render(
        <Router {...state}>
            <Route path="" component={App}>
                <Route path="/" component={Home} />
                <Route path="/posts/:postId" component={SinglePost} />
                <Route path="*" component={NotFound} />
            </Route>
        </Router>,
        document.getElementById('app'),
        callback
    );
};
//...
```

配置 NotFound 组件的路由，以便其作为一个全部匹配的路由

8.2 集成 Firebase

随着路由器完善并运作起来，我们还想在本章解决一个以前无法解决的问题：启用用户登录和身份验证。我们将使用流行且易用的"后端即服务"平台 Firebase 来完成它。Firebase 提供的服务抽象或替代了用于处理用户数据、身份验证以及其他关注点的后端 API。就我们的目的而言，可以将 Firebase 视为后端 API 的简易替代。

我们不会使用 Firebase 完全替换应用的后端（仍然会使用自己的 API 服务器），但会使用 Firebase 来处理用户登录和用户管理。在开始使用 Firebase 之前，如果还没有账户就创建一个。一旦注册好，转去 Firebase 控制台并创建一个用于 Letters Social 的新项目。一旦完成，点击"Add Firebase to Your Web App"按钮打开一个模态窗口，会看到一些将被用到的应用配置信息，参见图 8-2。

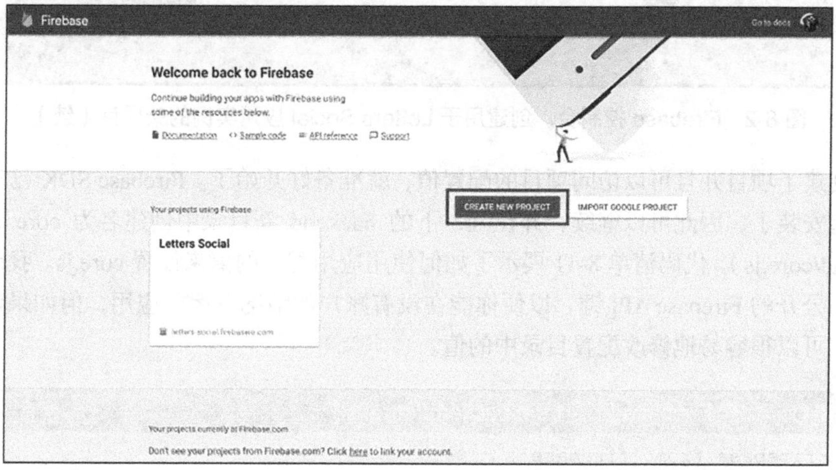

图 8-2 Firebase 控制台。创建用于 Letters Social 应用实例的新项目

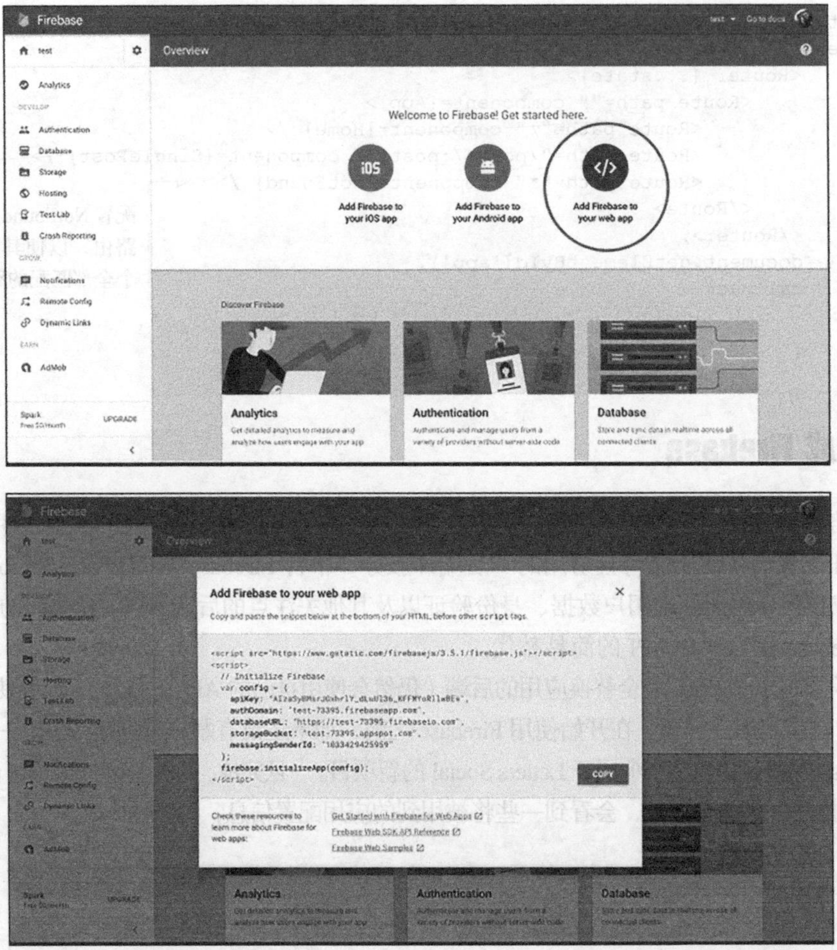

图 8-2 Firebase 控制台。创建用于 Letters Social 应用实例的新项目（续）

一旦创建了项目并且可以访问项目的配置值，就准备好开始了。Firebase SDK 已经随示例应用代码一起安装了，因此可以继续，并在 src 下的 backend 新目录中创建名为 core.js 的新文件（src/backend/core.js）。代码清单 8-11 展示了如何使用应用配置的值来设置 core.js。我已经在源代码中包含了公开的 Firebase API 键，以便你能在没有账户的情况下运行应用，但如果你想替换成自己的键，可以很容易地修改配置目录中的值。

代码清单 8-11 配置 Firebase 后端（src/backend/core.js）

```
import firebase from 'firebase';

const config = {
    apiKey: process.env.GOOGLE_API_KEY,
    authDomain: process.env.FIREBASE_AUTH_DOMAIN
};
```

Webpack 注入的值——如果想换成自己的，改变配置目录中的值

```
try {
    firebase.initializeApp(config);     ◁— 使用自己的凭证来初始化 Firebase
} catch (e) {
    console.error('Error initializing firebase — check your source code');
    console.error(e);
}

export { firebase };     ◁— 导出配置好的 firebase 实例以便在其他地方使用
```

由于要用 Firebase 做身份验证，因此需要设置一些代码来利用这项功能。如图 8-3 所示，开始使用之前，先选择一个要使用的身份验证平台。选择 GitHub、Facebook、Google 或者 Twitter，会让已经拥有这些账号的用户直接登录，而无须管理另一套用户名/密码。因为访问应用的大多数用户可能都有 GitHub 账号，所以我建议选择 GitHub，不过你可以完全自由地设置一个或者多个其他平台来用。简单起见，我将在示例中使用 GitHub。一旦确定，点击选择供应商并遵照指示进行平台设置。

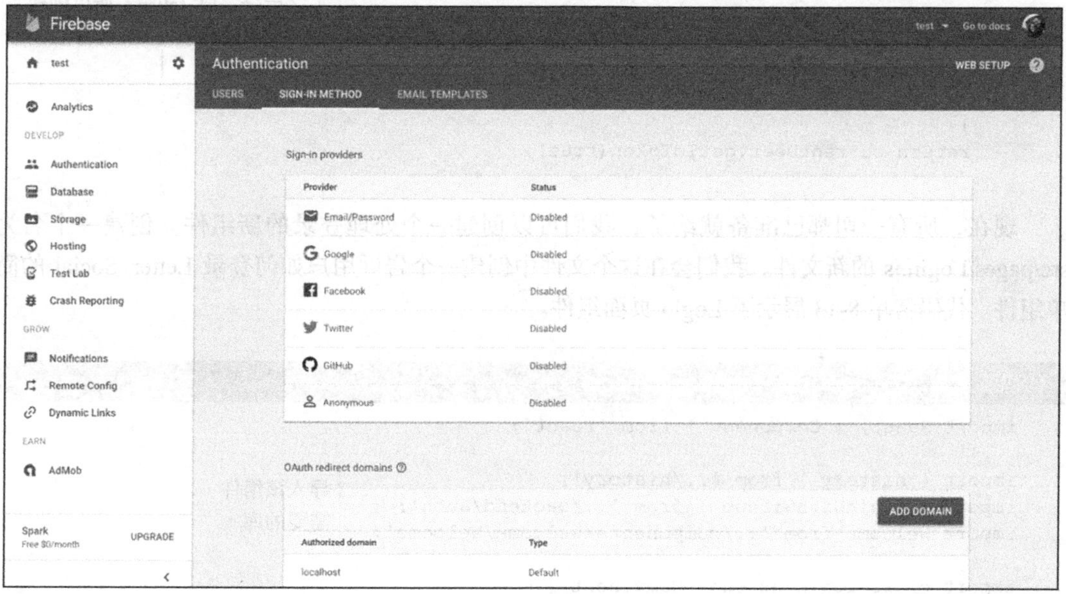

图 8-3　使用 Firebase 设置身份验证方法。导航到身份验证部分，然后选择社交供应商。接着遵照所选择的社交身份验证者的指示，确保 Firebase 可以访问正确的认证信息来使用所选择的平台进行身份验证

设置好与 Firebase 一起使用的平台之后，需要设置更多代码，以便与 Firebase 交互来执行用户登录。Firebase 附带了可以使用各种社交平台进行身份验证的内置工具。如前所述，我会使用 GitHub，你可以自由使用自己设置的任何一个或者多个供应商。它们都遵循相同的模式（如创建供应商对象、设置作用域等）。代码清单 8-12 展示了如何在 src/backend/auth.js 文件中设置身份验证实用工具。我们会创建函数获取用户和 token 以及登录和登出。

代码清单 8-12 设置身份验证工具（src/backend/auth.js）

```
import { firebase } from './core';        <-- 导入最近配置的 Firebase 库

const github = new firebase.auth.GithubAuthProvider();     使用 Firebase 设置 GitHub
github.addScope('user:email');                             身份验证供应商

export function logUserOut() {
    return firebase.auth().signOut();     <-- 创建包装了 Firebase 的登
}                                             出方法的函数

export function loginWithGithub() {                    创建简单的 loginWithGithub 实
    return firebase.auth().signInWithPopup(github);  <-- 用方法，其返回一个 Firebase 身
}                                                      份验证操作的 Promise

export function getFirebaseUser() {
    return new Promise(resolve => firebase.auth().onAuthStateChanged(user =>
     resolve(user)));
}                                              创建获取 Firebase 用户的包装方法

export function getFirebaseToken() {                   之后会需要 token，所以创建
    const currentUser = firebase.auth().currentUser; <-- 一个帮助获取 token 的方法
    if (!currentUser) {
        return Promise.resolve(null);
    }
    return currentUser.getIdToken(true);
}
```

现在，所有一切都已准备就绪了，我们可以创建一个处理登录的新组件。创建一个名为 src/pages/Login.js 的新文件。我们会在这个文件中创建一个告诉用户如何登录 Letter Social 的简单组件。代码清单 8-13 展示了 Login 页面组件。

代码清单 8-13 Login 组件（src/pages/Login.js）

```
import React, { Component } from 'react';

import { history } from '../history';                     导入该组件
import { loginWithGithub } from '../backend/auth';        需要的库
import Welcome from '../components/welcome/Welcome';

export class Login extends Component {
    constructor(props) {
        super(props);
        this.login = this.login.bind(this);    <-- 创建并绑定 login
    }                                              方法
    login() {                                  <--
        loginWithGithub().then(() => {         <--
            history.push('/');                     使用之前创建的包装方
        });                                        法来用 GitHub 登录
    }
    render() {
        return (
```

```
            <div className="login">
                <div className="welcome-container">
                    <Welcome />
                </div>
                <div className="providers">
                    <button onClick={this.login}>
                        <i className={`fa fa-github`} /> log in with Github
                    </button>
                </div>
            </div>
        );
    }
}

export default Login;
```

渲染 Welcome 组件（包含在源代码中）或者任何其他使用者喜欢的东西

确保当用户点击登录按钮时登录方法会被调用

确定用户已登录

最后一项任务是确保将未经身份验证的用户重定向到登录页。鉴于当前应用程序的状况，用户是登录还是登出没有什么区别，因为他们只能看到一些与真实生活毫无关系的假数据（他们只是很高兴看到所有"星球大战"的随机语录和角色）。但在生产情形中，很可能绝对需要用户在拥有账号并已登录的情况下才能查看数据，这几乎是所有 Web 应用程序的基本需求。即使我们这里不重点关注安全，我们也需要确保只有用户成功登录才能查看社交网络。

有不同的方法可用来实现这种功能。在像 React Router 这样更为健壮和成熟的工具中，拥有当导航到特定的路由时能够执行的钩子函数——可以检查用户是否登录以及是否可以继续。这只是一种方法，而且我们并没有在 Router 组件中设置钩子函数的功能，但可以向主文件（index.js）添加一些逻辑来检查用户的在线状态并决定应该将他们路由到哪儿去。后续章节会过渡到使用 React Router 和这些钩子函数。我们还需将 Login 组件添加到 Router 中。

练习 8-3　Firebase 的替代品

在本书中，我们将 Firebase 作为"后端即服务"来使用。这极大地简化了学习，但这并非团队的做事方式。无须深入，想想应用可以用什么可以取代 Firebase?

当用户登录之后，我们想要确保他们也会用自己的 API 被记录下来。我们使用 Firebase 进行身份验证，但仍想存储用户信息以便他们能够发帖和评论以及点赞（后续章节中会添加评论和点赞功能）。首先，需要检查用户是否存在，如果他们不存在，就需要将他们创建为系统的用户。我们构建出来的身份验证逻辑会把这些全都考虑在内。我们还将稍微修改浏览器历史监听器函数，以便它能根据用户是否登录来对其进行重定向。

代码清单 8-14 展示了如何在应用的主入口文件（src/index.js）中添加这段逻辑并修改历史监听器。

代码清单 8-14　将 Login 容器添加到 Router（src/index.js）

```
export const renderApp = (state, callback = () => {}) => {
    render(
        <Router {...state}>
            <Route path="" component={App}>
                <Route path="/" component={Home} />
                <Route path="/posts/:postId" component={SinglePost} />
                <Route path="/login" component={Login} />    ◁── 添加 Login
                <Route path="*" component={NotFound} />          页的路由
            </Route>
        </Router>,
        document.getElementById('app'),
        callback
    );
};

let state = {
    location: window.location.pathname,
    user: {                                 ◁── 跟踪用户并相应地更新
        authenticated: false,                    所创建的状态对象
        profilePicture: null,
        id: null,
        name: null,
        token: null
    }
};
renderApp(state);

history.listen(location => {
    const user = firebase.auth().currentUser;           ◁── 在历史监听器中，首先检
    state = Object.assign({}, state, {                       查是否有 Firebase 用户
        location: user ? location.pathname : '/login'   ◁──
    });
    renderApp(state);
});

firebase.auth().onAuthStateChanged(async user => {   │ 使用 async 函数来响应 Firebase
    if (!user) {                                      │ 用户状态的变更
        state = {                                  ◁──
            location: state.location,
            user: {                                      如果没有用户，更新状态并适
                authenticated: false                     当地渲染应用程序
            }
        };
        return renderApp(state, () => {            ◁──
            history.push('/login');
        });
    }                                           如果有用户，使用 await 和我们创建的
    const token = await getFirebaseToken();  ◁── Firebase 实用方法来获取他们的 token
    const res = await API.loadUser(user.uid);  ◁── 尝试从我们的 API 加载用户信息
```

```
    let renderUser;                                                 ← 声明一个要赋值的用户变量
    if (res.status === 404) {                                       ← 如果没有用户，需要注册他们
        const userPayload = {                                       ← 创建 API 能理解的用户载荷
            name: user.displayName,
            profilePicture: user.photoURL,
            id: user.uid
        };
        renderUser = await API.createUser(userPayload).then(res => res.json()); ← 将请求发送给API并使用响应
    } else {
        renderUser = await res.json();                              ← 如果用户已经存在，用它们渲染应用程序
    }
    history.push('/');                                              ← 将用户推送到主页
    state = Object.assign({}, state, {                              ← 更新应用状态
        user: {
            name: renderUser.name,
            id: renderUser.id,
            profilePicture: renderUser.profilePicture,
            authenticated: true
        },
        token
    });
    renderApp(state);                                               ← 使用新状态渲染应用程序
});
```

现在用户可以登录并已拥有为其动态创建的账号。我们应该更新导航栏以便用户知道如何登录而且也能够看到登出选项。也许还记得在前几章中曾将 `user` 属性传给 Navbar 组件，尽管那时 `user` 属性还不存在。现在有了，Navbar 组件可以根据用户的身份验证状态有条件地显示不同的视图。代码清单 8-15 展示了如何对 Navbar 组件进行这些修改。

代码清单 8-15　更新 Navbar 组件（src/components/nav/navbar.js）

```
import React from 'react';
import PropTypes from 'prop-types';

import Link from '../router/Link';
import Logo from './logo';
import { logUserOut } from '../../backend/auth';

    export const Navigation = ({ user }) => (
     <nav className="navbar">
         <Logo />
         {user.authenticated ? (                                    ← 如果用户通过了身份验证，就展示他们的档案信息（姓名、资料图片）
             <span className="user-nav-widget">
                 <span>{user.name}</span>
                 <img width={40} className="img-circle"
  src={user.profilePicture} alt={user.name} />
                 <span onClick={() => logUserOut()}>                ← 为用户提供登出选项（使用我们先前创建的 Firebase 实用方法）
                     <i className="fa fa-sign-out" />
                 </span>
             </span>
         ) : (
             <Link to="/login">                                     ← 如果他们没有登录，展示一个登录链接
```

```
                <button type="button">Log in or sign up</button>
            </Link>
        )}
    </nav>
);

Navigation.propTypes = {                       声明组件属性的
    user: PropTypes.shape({               <--  数据结构
        name: PropTypes.string,
        authenticated: PropTypes.bool,
        profilePicture: PropTypes.string
    }).isRequired
};
                                               导出组件以
export default Navigation;                <--  便使用
```

8.3 小结

本章开始使用之前构建的 Router 组件，还在应用程序中添加了一些路由相关的组件，进行了一些重构，并添加了使用 Firebase 进行的用户身份验证。下面是要记住的一些事情。

- Firebase 是一个“后端即服务”工具，让使用者验证用户、存储数据等。它可以让使用者在没有后端开发的情况下做很多事情，它也是很多业余爱好项目的好起点。
- 可以将浏览器的 History API 与路由器集成。这也让使用者能够创建替代常规链接标签且无须重新加载整个页面的 Link 组件。
- Firebase 可以帮使用者处理身份验证和用户会话数据。在后续章节中，当我们研究 Flux、Redux，甚至在服务器端使用 Firebase 进行服务器端渲染时，将探索处理这种状态变化的更高级的方法。

测试是开发优秀软件的一个至关重要的部分。在第 9 章中，我们将看到如何使用 Jest 和 Enzyme 来测试 React 组件。

第 9 章　测试 React 组件

本章主要内容

- 测试前端应用程序
- 搭建 React 测试
- 测试 React 组件
- 搭建测试覆盖率

我们在上一章为应用程序添加了一些重要功能，它现在拥有路由和用户状态，而且已经被分解成更小的部分。我们甚至添加了一些基本身份验证以便用户可以使用 GitHub 账号登录。应用开始变得更加健壮，即便它可能不会让 Facebook 或 Twitter 的任何人感到担心。现在可以用 React 做更多的事情。但是，当我们专注于学习基础知识时，却忽略了开发过程的一个重要环节——测试。

我没有从一开始就涵盖测试是为了避免同时学习 React 和测试的基础知识而让大脑超负荷，但这并不意味着它是学习或 Web 开发中不重要的部分。我们在本章中会关注测试，因为它是开发高质量软件解决方案的基本部分，但不会演示每个组件的测试，而是仔细研究一个具有代表性的示例，以便读者理解起作用的重要原则，并能够编写自己的测试。

到本章结束，我们会了解一些测试 Web 应用程序的基本原则。我们还会搭建测试和测试运行器，使用 Jest、Enzyme 以及 React 测试渲染器，然后学习使用和理解测试覆盖率工具。我们将装备好开始测试应用程序，这将为我们学习 React 开发技能增加另一层信心。

如何获取本章代码

和每章一样，读者可以去 GitHub 仓库检出源代码。如果想从头开始编写本章代码，可以使用第 7 章和第 8 章的已有代码（如果跟着编写了示例）或直接检出指定章的分支（chapter-9）。

记住，每个分支对应该章末尾的代码（例如，chapter-9 对应第 9 章末尾的代码）。读者可以在选定目录下执行以下终端命令之一来获取当前章的代码。

如果还没有代码库，请输入下面的命令来获取：

```
git clone git@github.com:react-in-action/letters-social.git
```

如果已经克隆过代码仓库：

```
git checkout chapter-9
```

如果你是从其他章来到这里的，则需要确保已经安装了所有正确的依赖：

```
npm install
```

软件开发中的测试是验证假设的过程。举个例子，假设你正在构建一个让用户书写和创建博客的应用程序（像 Medium、Ghost 或 WordPress）。用户按月付费获得托管和工具来运行他们自己的博客。当创建此应用的前端程序时，（在其他一些事项中）有几个必须做的关键事项，包括正确显示那些帖子并允许用户编辑它们。

我们如何才能确定应用程序正在做它需要做的事情呢？我们可以自己试试看它是否正常工作。四处点点，编辑一些内容，并用能想到的尽可能多的方式使用应用程序。这个手动过程相当不错，它是防止 bug 和回归的第一道防线。我们应该始终注意检查自己正在做的工作，但却不能快速地测试这些东西，或者以一种完全一致的方式进行快速测试。

此外，随着应用程序的不断增长，需要手动测试的情境和功能也以惊人的速度增加。我曾见识过拥有成千上万测试用例的应用程序，但是很多应用程序的测试数量却很容易被忽视。在撰写本书时，React 库本身就有 4855 个测试用例。想要测试 React 的人不可能手工验证所有这些测试所涉及的假设。

幸运的是，我们可以使用软件来测试软件，而不是手工测试所有东西。计算机至少在我们表现欠佳的两个领域出类拔萃：速度和一致性。我们可以用软件测试以手工方式无法完成测试的代码，即使有一大群人以各种可能的方式尝试。人们也许会认为，“我们的项目很小而且相当简单——不会出什么差错。”但即使编码技术再厉害，也无法避免 bug。当改变一些东西时（有时甚至什么都没改变），应用程序就会崩溃并以无法预料的方式运行。

但无须对不可避免的 bug 感到绝望，我们可以接受它们发生并采取措施尽量减少其影响和频率。这正是测试的意义所在。你也许对什么是测试有一些大概的了解，但是作为开始，我们需要了解一些不同类型的测试。记住，测试的世界是非常庞大的，所以我不可能在这里介绍所有内容。我不会把测试作为一个领域进行深入介绍，也不会深入讲解一些类型的测试，包括集成测试、回归测试、测试自动化等。但在本章结束时，你应该对这些知识足够熟悉，而且可以开始用几种不同的方式测试 React 组件了。

9.1 测试的类型

就像我说过的，测试软件是使用软件来验证假设的过程。正因为是使用软件来测试软件，所以测试最终将使用与构建软件时相同的基本类型，如布尔值、数字、字符串、函数、对象等。重要的是要记住，这里没有魔法——只是更多的代码。

测试有不同类型，我们将使用其中一些类型来测试我们的React应用程序。它们涵盖了应用程序的不同方面，当一起使用并且比例适当，它们会极大地提升对应用程序的信心。不同类型的测试处理应用程序的不同部分和范围。一个经过良好测试的应用程序不但会测试组成应用基础部分的独立的功能单元，还会测试这些功能单元的集合，以及在最高层次上所有东西结合在一起的点（如用户界面）。

下面是一些测试类型。

- **单元测试**——聚焦于单个功能单元。例如，有一个从服务器端获取新帖子的工具方法。单元测试将只关注这一个函数，而不关心其他任何事情。与组件一样，这些测试允许重构并促进了模块化。
- **服务测试**——聚焦于功能集。“测试谱系”这一部分可能包含各种粒度和关注点。关键的一点是测试的东西即不是最高层次的功能（参见接下来的集成测试）也不是最低层次的功能。一个服务测试的例子可能是一个使用了几个功能单元的工具，但它本身并不在集成测试的层次上。
- **集成测试**——聚焦于更高层次的测试：应用程序的各个部分的集成。它们测试了服务和低层功能结合在一起的方式。通常，这些测试通过应用的用户界面来测试应用，而不是通过用户界面背后的单独代码。这些测试可以模拟点击、用户输入以及其他驱动应用程序的交互。

你可能想知道这些测试代码是什么样子的，我们很快就会讲到，但我们需要先讨论这些测试在整个测试方法中是如何协同工作的。如果之前做过测试，你可能听说过测试金字塔。如图 9-1 所示，这个金字塔通常指的是应该编写的不同类型测试的比例。本章将只为组件编写单元测试。

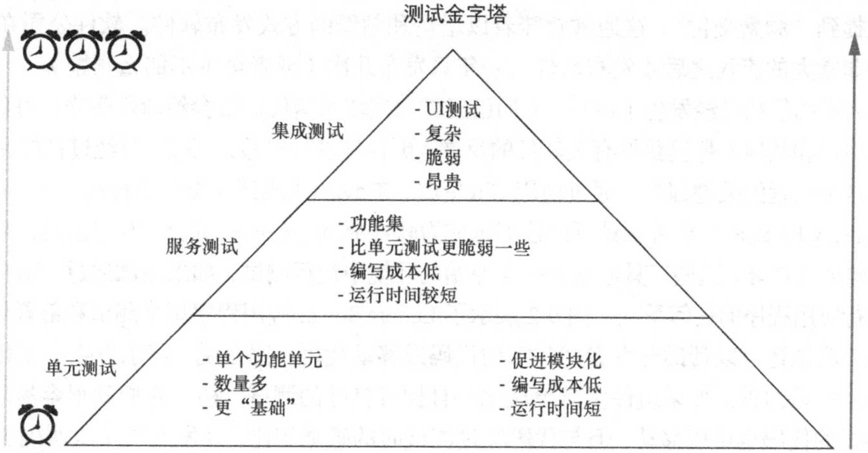

图 9-1 测试金字塔是一种指导开发者在测试应用程序时编写多少和哪种类型测试的方法。需要注意的是，某些类型的测试需要花费更长时间，因此在时间方面更“昂贵”（财务成本亦然）

为什么测试

测试在有些软件开发范式中是整个开发过程的“一等公民”。这意味着测试非常重要，在开发过程的开始和整个过程中都要考虑，并且通常在决定某事是否完成时发挥作用。的确，公认测试对于软件开发是件好事，但在某些范例中测试扮演了核心角色。例如，可能听说过测试驱动开发（Test-Driven Development，TDD）。顾名思义，当实践 TDD 时，编写软件的过程就是由测试驱动的。应用时，开发人员通常会编写一个失败的测试（一个断言尚未满足的测试），只编写足够的代码通过测试，重构任何重复的代码，然后继续下一个特性，如此反复。

尽管不必成为 TDD 的严格实践者也能编写优秀的软件，但在继续之前考虑一下其带来的一些好处。如果已经明白测试的好处，请随意继续下一节，我们将在那里开始 React 的测试。但我想问一个重要问题：我们为什么要测试？

首先，也是最重要的，我们想要编写可工作的软件。现代软件有如此多相互关联的部分以至于假定软件栈的每个部分都将始终可靠地工作是非常愚蠢的。东西总会坏掉，所以与假设事情会始终正常发展相比，假设事情会失败更为合适。我们可以尽我们所能通过测试自己的假设来减少软件可能崩溃的方式。测试迫使开发人员去审视（或重新审视）对软件的假设。开发人员可以详细检查软件能够处理的不同情况并确保它能恰当地处理所有情况。

其次，测试软件的过程有利于编写出更好的代码。经历编写测试的过程可以促进开发人员仔细思考代码的作用，尤其是先写测试的情况下（如 TDD 那样）。开发者也可以在事后编写测试，虽然这样不太可取，但这也比完全不进行测试要好。经历测试的过程将帮助开发者更好地理解自己编写的代码并验证自己和他人对程序如何运行所做的假设。

再次，将测试集成到软件开发流程中意味着可以更频繁地发布代码。你可能之前听过技术行业中的人提到“频繁交付”。这通常意味着以增量和频繁的方式发布软件。软件公司在过去倾向于在一个非常大的流程之后才发布软件，一年只发布几次（或者至少不那么频繁）。

今天人们的想法已经发生了改变，人们已经意识到增量迭代通常会给软件带来更好的结果：可以更快从用户和其他人那里获得有关软件的反馈，更容易进行实验，等等。对经过良好测试的应用的信心是这个过程的关键部分。通过使用 Circle CI、Travis CI 或其他类似的持续集成（Continuous Deployment，CI）或持续部署工具可以让测试成为软件部署过程的一部分。其想法是：*如果测试通过，软件就会被部署*。这些工具通常在一个原始的环境中运行测试，如果测试通过，则将代码发送到可以运行应用程序的任何系统。图 9-2 展示了 Letters Social 应用程序用来测试和部署的过程。

最后，测试还可以帮助开发者回头重构代码或移动代码。比方说，需求发生了变化，开发人员需要移动一些组件。如果组件保持模块化并且拥有良好的测试，移动它们就很容易。当然，没有经过测试的代码也可以移动，但与代码经过测试时的感觉相比，开发人员不太明确它是否破坏了系统的其他部分。

关于软件测试的好处和理论还有很多要说的，但这超出了本书的范围。如果想要了解更多，建议看看 Roy Osherove 的 *The Art of Unit Testing*（第 2 版）和由 Nat Pryce 与 Steve Freeman 共同编写的 *Growing Object-Oriented Software, Guided by Tests*。

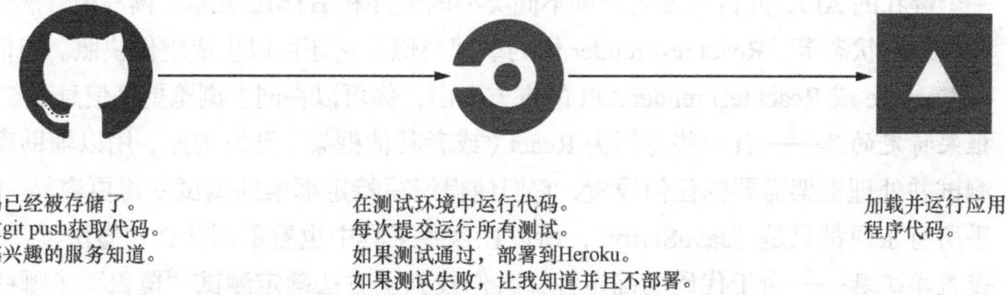
代码已经被存储了。
通过git push获取代码。
让感兴趣的服务知道。
在测试环境中运行代码。
每次提交运行所有测试。
如果测试通过，部署到Heroku。
如果测试失败，让我知道并且不部署。
加载并运行应用
程序代码。

图 9-2 Letters Social 部署流水线。当我（或者其他对这个仓库有贡献的人）推送了代码，CI 构建过程就会被触发。CI 提供者（本例中使用 Circle）使用了 Docker 容器来快速可靠地运行测试。如果测试通过，代码将会被部署到用来运行代码的任何服务上。我们的例子用的是 Now

9.2 用 Jest、Enzyme 和 React-test-render 测试 React 组件

尽管人们开发了专门的工具来辅助测试，但测试软件也只是软件，它也是由与普通程序相同的基本类型和基础元素组成的。虽然我们可以尝试创建必要的工具来运行所有测试，但开源社区已经为一大堆强力工具做了大量的工作，因此我们会使用这些工具。

我们需要一些类型的库来测试自己的 React 应用程序。

- 测试运行器——开发者运行测试所需要的东西。虽然大部分测试可以作为常规 JavaScript 文件执行，但开发人员也想利用测试运行器的一些附加特性，例如，一次运行多个测试以及用更漂亮的方式报告错误或成功信息。对于本书，我们会将 Jest 用于测试的大多数方面（Jest 是由 Facebook 工程师开发的测试库）。我们也可以考虑一些内置功能较少的流行替代方案，包括 Mocha 和 Jasmine。Jest 通常用于测试 React 应用程序，但也为其他框架创建了适配器。示例源代码包含一个调用 React 适配器的设置文件（test/setup.js）。
- 测试替身——在编写测试时，开发人员希望尽可能避免将测试与其他基础设施的脆弱部分或不可预测部分绑在一起；开发人员依赖的其他工具应该被 mock——使用一个行为可以预期的“伪”函数来替代。这种方式的测试可以促进对被测代码和模块化的关注，因为测试不会依赖给定时间的确切代码结构。我们会使用 Jest 进行 mock 和测试替身，但其他库也可以做这些，如 Sinon。
- 断言库——开发者可以使用 JavaScript 对代码进行断言（例如，*X* 是否等于 *Y*?），但我们仍然需要考虑大量的边界情况。开发者们创建了很多解决方案以使编写有关代码的断言更为容易。Jest 自带内建的断言方法，所以我们会依赖这些方法。
- 环境助手——对于需要在浏览器环境中运行的代码，在其上运行测试对开发者的要求略

有不同。浏览器环境是独特的，包含了诸如 DOM、用户事件，以及 Web 应用程序的其他常规部分。这些测试工具有助于确保我们能够成功模拟浏览器环境。开发者将使用 Enzyme 和 React test render 来帮助测试 React 组件。Enzyme 可使测试 React 组件更容易。它提供了一个健壮的 API，允许开发者查询不同类型的组件和 HTML 元素、读写组件属性、检查和设置组件状态等。React test render 做的事情类似，它还可以生成组件快照。我们并不会深入 Enzyme 或 React test render API 的方方面面，你可以在网上浏览更多信息。

- *框架特定的库*——有一些专门为 React（或者其他框架）开发的库，用以辅助库或框架的测试并处理框架需要的任何设置，它们使得编写特定框架的测试变得更容易。React 中几乎所有东西都只是“JavaScript”，所以在这些工具中也看不到什么“魔法”。
- *覆盖率工具*——由于代码的确定性，人们找到了方法确定测试“覆盖”了哪些代码。这非常棒，因为我们能够得到一个用来指导确定代码测试好坏的指标。它不能替代逻辑和基本分析（100%的代码覆盖率也不意味着没有 bug），但是它可以指导我们如何测试代码。

  我们将使用 Jest 的内置覆盖率工具，它使用了名为 Istanbul 的流行工具。

接下来，我们将开始安装用于测试的工具。如果从 GitHub 克隆了本书的仓库，这些工具应该已经被安装好了。在切换章时需要再次运行 `npm install`，以确保已经拥有该章所需要的全部库。

9.3 编写第一个测试

安装好需要的工具后，就可以开始编写一些测试了。本节中，我们将设置运行测试的命令并开始测试一些基本的 React 组件。我们会对组件设置断言并了解对组件渲染的输出进行测试的方法。

但在开始之前，我应该说明一些关于 Jest 的事情以及测试代码在哪儿运行。依据所编写的测试的类型，能够配置 Jest 在不同的环境中运行。如果正在为运行于浏览器的 React 应用程序编写测试，我们要告诉 Jest，以便它能够提供正确模拟真实浏览器所需要的虚拟浏览器环境。Jest 使用另一个库 `jsdom` 来实现这一点。如果为 Node.js 应用程序编写测试，就无须 `jsdom` 环境的额外内存和负担——仅需测试服务器端代码。Jest 默认配置成运行面向浏览器的测试，所以不需要覆盖任何东西。

练习 9-1 回顾测试类型

有几种不同类型的测试。回顾一下，尝试将类型与测试类型的描述进行匹配。

（1）单元测试

（2）服务测试

（3）集成测试

__ 复杂且通常脆弱的测试，需要花费很长时间来编写和运行。它们从较高层次测试不同系统协同工作的方式。这些类型的测试通常比其他类型的要少。

——不太复杂的测试，测试特定系统工作的方式，不与其他系统交互。

——底层的、目的明确的测试，专注于测试小块功能。这些测试应该是测试集中最多的测试。

9.3.1 开始使用 Jest

如前所述，我们将使用 Jest 来运行测试。可以通过命令行来运行 Jest，它会执行测试，因此我们会向 package.json 文件添加一个脚本命令以便可以运行这个命令。代码清单 9-1 展示了如何向 package.json 添加自定义脚本。如果从 GitHub 克隆了这个仓库，那么这个脚本命令应该已经可以使用了。

代码清单 9-1 设置自定义 npm 脚本（package.json）

```
{
    //...
    "scripts": {
    //...
    "test": "jest --coverage",                          <- 运行测试，并输出测试覆盖率
    "test:w": "jest -watch --coverage",                 <- 在监视模式中运行测试
  "jest": {
    "testEnvironment": "jsdom",
    "setupFiles": ["raf/polyfill", "./test/setup.js"]   <- 配置 Jest；示例代码中包含了一些测试辅助和桩代码
  },
  "repository": {
    "type": "git",
    "url": "git+ssh://git@github.com/react-in-action/letters-social.git"
  },
  "author": "Mark Thomas <hello@ifelse.io>",
// ...
```

目前有了运行测试的命令（`npm test`），此时运行应该不会获取到任何有帮助的信息，因为还没有任何可以运行的测试（Jest 应该会在终端给出相应的警告）。也可以通过 npm run test:w 在监视模式中运行 Jest。这样就不用每次都手动运行测试了。Jest 沉浸式的监视模式特别有用，它会做一些工作来只运行那些与发生更改的文件相关的测试。如果有一个大型测试集并且不想每次都运行每一个测试，这样做就很有帮助。还可以通过提供正则表达式或者文本字符串搜索来运行特定的测试。

工具很重要

在评估库时，测试库甚至整个测试有时最后才会被考虑。至少从两个原因看来这很糟糕。首先，不可用的测试库会让团队更难接受将其用于测试自己的代码，可能导致他们完全放弃测试，从而导致代码更难维护、更不稳定、更难于处理。

另一个缺点是，如果开发者或团队花费大量时间编写测试，测试工具会对时间产生巨大的影响，这可能很快就会转化为企业的损失，因为工程师将花费更长的时间完成他们需要做的工作。我目睹了这两

种结果。如果测试从一开始就不被认为是最重要的事情，那么随着时间的推移，它会变得越来越困难，最后就被当作“总有一天”要干的那种事情。结果可能导致更难对代码修改有信心，因为有关功能的假设不再被测试支撑。

测试工具值得被重视的另一个原因是，如果要测试代码，那么需要牵扯大量的时间投入。这时如果有不可靠的测试或者需要花费很长时间运行的测试设置，那么最终可能损失数以天计的大量时间。这个问题没有有效的方式，但长远来看，将测试工具和设置作为头等问题来对待通常会有莫大帮助。

9.3.2 测试无状态函数组件

是时候开始编写一些测试了。首先，我们将关注一个相对简单的测试组件示例。我们将测试 Content 组件。它只是在其内部渲染了一个带有内容的段落，其他什么都没做。代码清单 9-2 展示了这个组件的结构。

代码清单 9-2 Content 组件（src/components/post/Content.test.js）

```
import React, { PropTypes } from 'react';

const Content = (props) => {
  const { post } = props;
  return (
    <p className="content">
      {post.content}
    </p>
  );
};

Content.propTypes = {
  post: PropTypes.object,
};
export default Content;
```

- 组件接收 props 对象并使用 post 的 content 属性来渲染段落元素
- 将 content 类样式赋值给段落
- 段落元素的内容是来自 post 对象的 content 属性
- 导出组件——这很重要，因为需要在测试中导入组件

在开始编写测试之前，首先要做的事情之一是考虑要验证哪些假设。也就是说，一旦所有测试通过，它们应该向使用者确认某些事情并作为一种保证。实际上，我对测试最喜欢的事情之一就是，当修改了特定功能或系统的一部分时，我依赖它们的失败。它们支持我的假设，即我所做的更改代表了对应用程序或系统的更改。这让我在编写代码时感觉更舒服，一方面因为我事先就有事情应该如何工作的记录，另一方面因为我可以全面了解更改如何影响应用程序。

让我们来看看这个组件，考虑如何测试它。关于这个组件，有一些想要验证的假设。其一，它需要呈现一些作为属性传入的内容，还需要给段落元素赋值类名；其二，组件需要关注的就没什么了。这些东西足以使你开始编写测试。

你可能注意到，“React 正确运行”并非这里要测试的内容之一。我们还排除了诸如“函数可以被执行”“JSX 转译器能运行”之类的东西，以及其他一些关于我们正在使用的技术的

基本假设。这些东西确实重要到需要测试，但我们编写的测试永远无法充分或准确地验证这些假设。这些项目要负责编写自己的测试并确保自己能正常工作。这就强调了选择可靠、经过良好测试并保持更新的软件的重要性。如果你严重怀疑 React 的可靠性，你的怀疑可能是没有根据的。

纵然不完美，React 仍然在一些全球最受欢迎的 Web 应用程序上得到了应用，包括 Facebook 和 Netflix 网站。虽然确实有 bug，但在我们这种简单直接的情形中不太可能遇到它们。

你知道一些想要验证的组件的事情，但如果从头开始并且先编写测试的话，也可以用另一种方式。你可能想："我们需要一个显示内容的组件，它具有特定类型并且具有特定的 CSS 类名——如此 CSS 才能起作用。"之后就可能编写验证这些条件的测试。由于一直学习 React 的缘故，你会先写代码再写测试，但我们可以看到从测试开始是如何让事情变得容易的：一开始就必须仔细考虑并规划组件。如前所述，测试驱动开发（TDD）是一种将先编写测试作为软件开发核心的流派。

让我们来看看如何测试这个组件。要做到这一点，需要编写一个**测试套件**——它是一组测试。单个测试通过**断言**（关于代码的声明，可以返回真或假）来验证假设。例如，组件的一个测试会**断言**设置了正确的类样式名。如果任何断言失败，那么这个测试就会失败。这就是得知应用中有些东西发生了不经意的改变或者不再工作的方法。代码清单 9-3 展示了如何建立测试骨架。

代码清单 9-3 Content 组件的测试骨架（src/components/post/Content.test.js）

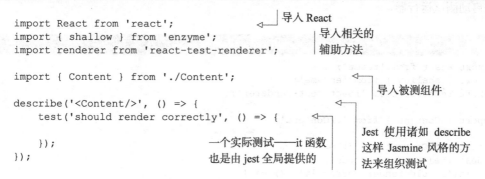

```
import React from 'react';                          ← 导入 React
import { shallow } from 'enzyme';                   ← 导入相关的辅助方法
import renderer from 'react-test-renderer';

import { Content } from './Content';                ← 导入被测组件

describe('<Content/>', () => {                      ← Jest 使用诸如 describe 这样 Jasmine 风格的方法来组织测试
    test('should render correctly', () => {        ← 一个实际测试——it 函数也是由 jest 全局提供的

    });
});
```

注意，这个组件的测试文件以.test.js 结尾。这是一个惯例，如果愿意可以选择遵循。Jest 默认情况下会查找以.spec.js 或者.test.js 结尾的文件并运行这些测试。如果选择遵循不同的惯例，就需要将它们添加到命令行调用中（如 `jest --watch ./my.cool.test.file.js`）来显式地告诉 Jest 要运行哪些文件。本书所有测试都将遵循.test.js 惯例。

还要注意测试文件的放置位置。有些人选择把所有测试都放在一个叫作 test 的"镜像"目录中，该目录通常位于项目的根目录下。对于每一个要测试的文件，都会在测试目录中创建一个对应的文件。这是一种很好的文件组织方式，也可以将测试文件放置在它们的源文件旁边。我们将采用这种方法，但无论哪种方法都可以。

你也许已经注意到，到目前为止 `describe` 函数并没有什么特别之处，它们主要是用于组织并确保将测试分割为适当的块来测试代码的不同部分。对这样的小文件来说，似乎并没有多大必要这么做，但是我曾经处理过 2000~3000 行（甚至更多）的测试文件，依经验而言：可读性强的测试有助于做出好的测试。

编写简洁的测试

你是否读过没有与被测代码得到同等对待的测试代码？这种事我已经碰到过不止一次了。阅读不简洁的测试代码会让人感到困惑甚至沮丧。测试只是更多的代码而已，所以它们也需要简洁可读，对吧？我在本章已经提到过测试有时候被认为次于应用程序代码的编写。测试代码被视为不得不干的任务，甚至是开发者与应用程序代码之间的障碍，因此就会降低标准。很容易陷入这种趋势，然而实际上写得差的测试与写得差的应用程序代码一样糟糕。测试应该作为另一种形式的代码文档，开发人员仍然需要阅读它。记住，测试代码应该保持简洁。

Jest 将查找要测试的文件，然后执行这些不同的 `describe` 和 `it` 函数，调用提供给它们的回调函数。但需要在回调函数中放什么呢？需要设立断言。要做到这一点，需要一些可以断言的东西。这就是 Enzyme 的用武之地，它允许创建组件的可测试版本——可以对其进行检视与断言。我们会使用 Enzyme 的浅渲染，它将创建组件的轻量级版本，其不会执行完全的挂载或向 DOM 中进行插入。我们还需要提供一些 mock（假的）数据供组件使用。代码清单 9-4 展示了如何将组件的测试版本添加到测试套件中。开始编写测试之前，请确保在终端运行 `npm run test:w` 命令来启动测试运行器。

代码清单 9-4 浅渲染（src/components/post/Content.test.js）

```
import React from 'react';
import { shallow } from 'enzyme';
import renderer from 'react-test-renderer';

import { Content } from './Content';

describe('<Content/>', () => {
  describe('render methods', () => {
    it('should render correctly', () => {
      const mockPost = {
        content: 'I am learning to test React components',
      };
      const wrapper = shallow(<Content post={mockPost} />);
    });
  });
});
```

创建组件可以使用的虚 post 对象

执行组件的浅渲染并保存返回的包装器留待之后使用

现在建立了一个可以对其进行断言的测试组件。进行断言将使用 Jest 内置的 `expect()` 函数。如果使用的是其他断言库，可能会用到其他东西。记得之前提到过，这些断言库是为了让断言更简单。例如，检查一个对象是否深层相等（意味着每一个属性都相等）可能是一项复杂的任务。在编写测试时，我们不应该只是为了编写测试而关注于实现大量新功能，而应该关注于被测代码。断言辅助和其他开源库让这点变得更容易。

为了测试手头的组件，需要做一些我们之前思考过的断言：类样式名称、内部内容和元素类型。我们还将使用 React Test Renderer 来创建一个快照测试。快照测试是 Jest 的一个功能，它让使用者用一种独特的方式来测试组件的渲染输出。快照测试与可视化回归测试密切相关，可视化回归测试是一个可以用来比较应用程序可视化输出并检查差异的过程。

如果发现图像有差异，就知道测试失败并需要调整，或者至少需要更新输出快照。Jest 没有使用图片，它创建了测试的 JSON 输出并将其存储在特定的目录中。应该将这些与其他代码一起添加到版本控制中。代码清单 9-5 展示了如何使用 Jest、Enzyme 和 React Test Renderer 来编写这些断言。

代码清单 9-5 编写断言（src/components/post/Content.test.js）

```
import React from 'react';
import { shallow } from 'enzyme';
import renderer from 'react-test-renderer';

import Content from '../../../src/components/post/Content';

describe('<Content/>', () => {
    test('should render correctly', () => {
        const mockPost = {
            content: 'I am learning to test React components'
        };
        const wrapper = shallow(<Content post={mockPost} />);
        expect(wrapper.find('p').length).toBe(1);
        expect(wrapper.find('p.content').length).toBe(1);
        expect(wrapper.find('.content').text()).toBe(mockPost.content);
        expect(wrapper.find('p').text()).toBe(mockPost.content);
    });
    test('snapshot', () => {
        const mockPost = {
            content: 'I am learning to test React components'
        };
        const component = renderer.create(<Content post={mockPost} />);
        const tree = component.toJSON();
        expect(tree).toMatchSnapshot();
    });
});
```

- 导入 enzyme 和 react-test-renderer.
- 导入要测试的组件
- 使用 Jasmine 风格的 describe 函数来将测试组织在一起
- 创建 post 的 mock
- 使用 Enzyme 的浅渲染方法来渲染组件
- 使用 Jest 和 react-test-renderer 创建快照测试

如果测试运行器正在运行，应该会看到来自 Jest 的结果输出。自测试运行器出现以来，Jest 命令行工具有了极大的改进，应该能够在终端里看到有关测试的重要信息。

9.3.3 不使用 Enzyme 测试 CreatePost 组件

现在第一个测试已经开始工作，可以继续测试更复杂的组件。大多数情况下，测试 React 组件应该简单明了。如果发现正在创建一个包含了大量功能的组件以及之后与之相关的大量测试，也许要考虑将其分解为几个组件（尽管并非总能如此）。

接下来要测试的 CreatePost 组件比 Content 组件拥有更多功能，测试需要处理这些增加的功能。代码清单 9-6 展示了 CreatePost 组件，以便在为其编写测试之前能够回顾一下。Home 组件使用 CreatePost 组件来触发新帖子的提交，它会渲染出一个随用户输入进行更新的文本域以及一个当用户点击时提交表单数据的按钮。当用户单击时，它将调用由父组件传入的回调函数。我们可以测试所有这些假设并确保组件按预期工作。

代码清单 9-6　CreatePost 组件（src/components/post/Create.js）

```
import PropTypes from 'prop-types';
import React from 'react';
import Filter from 'bad-words';
import classnames from 'classnames';
import DisplayMap from '../map/DisplayMap';
import LocationTypeAhead from '../map/LocationTypeAhead';
class CreatePost extends React.Component {
    static propTypes = {
        onSubmit: PropTypes.func.isRequired
    };
    constructor(props) {
        super(props);
        this.initialState = {
            content: '',
            valid: false,
            showLocationPicker: false,
            location: {
                lat: 34.1535641,
                lng: -118.1428115,
                name: null
            },
            locationSelected: false
        };
        this.state = this.initialState;
        this.filter = new Filter();
        this.handlePostChange = this.handlePostChange.bind(this);
        this.handleRemoveLocation = this.handleRemoveLocation.bind(this);
        this.handleSubmit = this.handleSubmit.bind(this);
        this.handleToggleLocation = this.handleToggleLocation.bind(this);
        this.onLocationSelect = this.onLocationSelect.bind(this);
        this.onLocationUpdate = this.onLocationUpdate.bind(this);
        this.renderLocationControls = this.renderLocationControls.bind(this);
    }
    handlePostChange(event) {
        const content = this.filter.clean(event.target.value);
        this.setState(() => {
            return {
                content,
                valid: content.length <= 300
            };
```

```
    });
}
handleRemoveLocation() {
    this.setState(() => ({
        locationSelected: false,
        location: this.initialState.location
    }));
}
handleSubmit(event) {
    event.preventDefault();
    if (!this.state.valid) {
        return;
    }
    const newPost = {
        content: this.state.content
    };
    if (this.state.locationSelected) {
        newPost.location = this.state.location;
    }
    this.props.onSubmit(newPost);
    this.setState(() => ({
        content: '',
        valid: false,
        showLocationPicker: false,
        location: this.defaultLocation,
        locationSelected: false
    }));
}
onLocationUpdate(location) {
    this.setState(() => ({ location }));
}
onLocationSelect(location) {
    this.setState(() => ({
        location,
        showLocationPicker: false,
        locationSelected: true
    }));
}
handleToggleLocation(event) {
    event.preventDefault();
    this.setState(state => ({ showLocationPicker:
 !state.showLocationPicker }));
}
renderLocationControls() {
    return (
        <div className="controls">
            <button onClick={this.handleSubmit}>Post</button>
            {this.state.location && this.state.locationSelected ? (
                <button onClick={this.handleRemoveLocation}
 className="open location-indicator">
                    <i className="fa-location-arrow fa" />
                    <small>{this.state.location.name}</small>
                </button>
            ) : (
```

```
                    <button onClick={this.handleToggleLocation}
    className="open">
                        {this.state.showLocationPicker ? 'Cancel' : 'Add
    location'}{' '}
                        <i
                            className={classnames(`fa`, {
                                'fa-map-o': !this.state.showLocationPicker,
                                'fa-times': this.state.showLocationPicker
                            })}
                        />
                    </button>
                )}
            </div>
        );
    }
    render() {
        return (
            <div className="create-post">
                <textarea
                    value={this.state.content}
                    onChange={this.handlePostChange}
                    placeholder="What's on your mind?"
                />
                {this.renderLocationControls()}
                <div
                    className="location-picker"
                    style={{ display: this.state.showLocationPicker ? 'block'
    : 'none' }}
                >
                    {!this.state.locationSelected && (
                        <LocationTypeAhead
                            onLocationSelect={this.onLocationSelect}
                            onLocationUpdate={this.onLocationUpdate}
                        />
                    )}
                    <DisplayMap
                        displayOnly={false}
                        location={this.state.location}
                        onLocationSelect={this.onLocationSelect}
                        onLocationUpdate={this.onLocationUpdate}
                    />
                </div>
            </div>
        );
    }
}

export default CreatePost;
```

这是一个比前几章创建的组件稍微复杂一点的组件。使用这个组件可以创建帖子并为这些帖子添加位置信息，根据我的经验，测试更大更复杂的组件进一步强调了简洁、可读测试的重要性。如果无法阅读或分析这些测试文件，自己今后或者其他开发者又该为之奈何？

代码清单 9-7 展示了 CreatePost 组件的推荐测试骨架。方法尚没有多到让阅读测试变得困难，但如果组件有更多内容，可以添加嵌套的 describe 块来让测试变得更容易理解。代码清单 9-7 中的函数将被测试运行器（本例中是 Jest）执行，可以在这些测试中进行断言。大多数测试都遵循同样的模式。导入要测试的代码，mock 它的任何依赖项从而将测试隔离到单个功能单元（因此，这里是单元测试），然后测试运行器和断言库将一起运行这些测试。

代码清单 9-7 测试 CreatePost 组件（src/components/post/Create.test.js）

```
jest.mock('mapbox');
import React from 'react';
import renderer from 'react-test-renderer';

import CreatePost from '../../../src/components/post/Create';

describe('CreatePost', () => {
    test('snapshot', () => {

    });
    test('handlePostChange', () => {

    });
    test('handleRemoveLocation', () => {

    });
    test('handleSubmit', () => {

    });
    test('onLocationUpdate', () => {

    });
    test('handleToggleLocation', () => {

    });
    test('onLocationSelect', () => {

    });
    test('renderLocationControls', () => {

    });
});
```

在这里使用一个 describe 调用，但在更大的测试文件中，可以有多个 describe 调用甚至嵌套它们

为组件中的每个方法创建一个测试，包括一个快照来确保其正确地渲染

如果按照一致的模式来考虑待测试组件的每个部分，开发和测试组件可以更全面。请随意遵循对自己来说最有意义的结构——这只是对我和我所在的团队有帮助的结构。我还发现，在编写任何其他测试之前先为组件或模块编写不同的 describe 和 test 块，这样有助于开始编写测试。我发现，如果能一次性把这个搞定，我就能够更容易地考虑到想要覆盖的各种情况（有错、没错、在某种条件下等）。

其他类型的测试

你可能想知道诸如用户流程测试、跨浏览器测试以及这里没有涵盖的其他类型的测试。这类测试通常被专门从事特定形式测试的工程师或工程团队关注。QA 团队和 SET（测试中的软件工程师）通常拥

有许多专门的工具来操作应用程序并模拟所有可能存在的复杂流程。

这些类型的测试（集成测试）可能会涉及一个或多个不同系统之间的交互。如果还记得图 9-1 中的测试金字塔的话，应该知道这些测试可能需要花费大量时间来编写，很难维护，并且往往会花费大量金钱。当考虑“测试前端应用程序”时，可能认为会涉及这些类型的测试。我们已经看到情况并非如此（非 QA 工程师编写的大多数测试都是单元测试或低级集成测试）。如果有兴趣进一步了解这类工具的话，下面是一些工具可以作为进一步了解更高级别测试的跳板：

- Selenium；
- Puppeteer；
- Protractor。

随着测试骨架设置就位，就可以开始测试 CreatePost 组件了。先测试构造函数。记住，构造函数是设置初始状态、绑定类方法和其他设置发生的地方。要测试 CreatePost 组件的这一部分，需要引入之前提及的另一个工具——Sinon。我们需要一些能够提供给组件使用而又不依赖其他模块的测试函数。使用 Jest 可以为测试创建 `mock` 函数，从而使测试聚焦于组件本身并防止我们将所有代码绑在一起。记得我之前说过当代码更改时测试应该失败吗？这是对的，但更改一个测试时不应该破坏其他测试。与常规代码一样，测试应该是解耦的，它应该只关注其测试的那部分代码。

Jest 的 mock 函数不仅可以帮助我们隔离代码，还可以帮助我们做更多断言。我们可以对组件如何使用 `mock` 函数、`mock` 函数是否被调以及使用哪些参数进行调用等来断言。代码清单 9-8 展示了如何为组件设置快照测试并使用 Jest 来 mock 组件所需的一些基本属性。

代码清单 9-8　编写第一个测试（src/components/post/Create.test.js）

```
jest.mock('mapbox');
import React from 'react';
import renderer from 'react-test-renderer';

import CreatePost from '../../../src/components/post/Create';

describe('CreatePost', () => {
    test('snapshot', () => {
        const props = { onSubmit: jest.fn() };
        const component = renderer.create(<CreatePost {...props} />);
        const tree = component.toJSON();
        expect(tree).toMatchSnapshot();
    });
    //...
});
```

使用 jest.mock 函数告诉 Jest 在测试运行时使用 mock 而不是真正的模块

在之前创建的外部 describe 块中创建 test 块

使用 React Test Renderer 创建组件并传入 props

断言快照匹配

调用 toJSON 方法生成快照

创建 props 的 mock 对象并使用 Jest 来创建 mock 函数

现在手头上已经有了一个测试，可以测试该组件的其他方面。这个组件主要用于让用户创建帖子并向其中附加位置，因此我们需要测试这些功能区域。我们将从测试帖子的创建开始。代码清单 9-9 展示了如何测试组件中的帖子创建方法。

代码清单 9-9 测试帖子创建（src/components/post/Create.test.js）

```
jest.mock('mapbox');
import React from 'react';
import renderer from 'react-test-renderer';

import CreatePost from '../../../src/components/post/Create';
describe('CreatePost', () => {
    test('snapshot', () => {
        const props = { onSubmit: jest.fn() };
        const component = renderer.create(<CreatePost {...props} />);
        const tree = component.toJSON();
        expect(tree).toMatchSnapshot();
    });
    test('handlePostChange', () => {
        const props = { onSubmit: jest.fn() };                       创建要使用的
        const mockEvent = { target: { value: 'value' } };            mock 属性集
        CreatePost.prototype.setState = jest.fn(function(updater) {
            this.state = Object.assign(this.state, updater(this.state));
        });

        const component = new CreatePost(props);                     直接实例化组件并
        component.handlePostChange(mockEvent);                       调用其方法
        expect(component.setState).toHaveBeenCalled();
        expect(component.setState.mock.calls.length).toEqual(1);
        expect(component.state).toEqual({
            valid: true,
            content: mockEvent.target.value,
            location: {
                lat: 34.1535641,
                lng: -118.1428115,
                name: null
            },
            locationSelected: false,
            showLocationPicker: false
        });

    });
    test('handleSubmit', () => {
        const props = { onSubmit: jest.fn() };
        const mockEvent = {
            target: { value: 'value' },
            preventDefault: jest.fn()
        };
          CreatePost.prototype.setState = jest.fn(function(updater) {
            this.state = Object.assign(this.state, updater(this.state));
        });

        const component = new CreatePost(props);
        component.setState(() => ({
            valid: true,
            content: 'cool stuff!'
```

代码注释：

- 对 setState 进行 mock 以便确保组件调用了 setState 并且更新帖子时按照正确的方式更新状态
- 断言组件调用了正确的方法以及该方法正确地更新了状态
- 创建另一个 mock 事件，以模拟组件将会从事件中接收的内容
- 再次对 setState 进行 mock
- 实例化另一个组件并设置组件的状态来模拟用户输入帖子内容

```
      }));
      component.state = {
        valid: true,
        content: 'content',
        location: 'place',
        locationSelected: true
      };
      component.handleSubmit(mockEvent);
      expect(component.setState).toHaveBeenCalled();
      expect(props.onSubmit).toHaveBeenCalledWith({
        content: 'content',
        location: 'place'
      });
    });
});
```

直接修改组件的状态（用于测试目的）

用创建的 mock 事件来处理帖子提交并断言调用了 mock

最后，需要测试组件的其余功能。CreatePost 组件除了让用户创建帖子，还可以让用户选择位置。其他组件通过作为属性传递的回调函数来处理位置更新，但我们仍需要测试 CreatePost 上与此功能相关的组件方法。

记得我们在 CreatePost 上实现了一个子渲染方法，可以使用它来让阅读 CreatePost 的 `render` 方法的输出更容易并减少混乱。我们也可以用与 Enzyme 或 React Test Renderer 测试组件相类似的方式来测试它。代码清单 9-10 展示了 CreatePost 组件的剩余测试。

代码清单 9-10 测试帖子的创建（src/components/post/Create.test.js）

```
jest.mock('mapbox');
import React from 'react';
import renderer from 'react-test-renderer';

import CreatePost from '../../../src/components/post/Create';

describe('CreatePost', () => {
    test('handleRemoveLocation', () => {
        const props = { onSubmit: jest.fn() };
        CreatePost.prototype.setState = jest.fn(function(updater) {
            this.state = Object.assign(this.state, updater(this.state));
        });
        const component = new CreatePost(props);
        component.handleRemoveLocation();
        expect(component.state.locationSelected).toEqual(false);
    });
    test('onLocationUpdate', () => {
        const props = { onSubmit: jest.fn() };
        CreatePost.prototype.setState = jest.fn(function(updater) {
            this.state = Object.assign(this.state, updater(this.state));
        });
        const component = new CreatePost(props);
        component.onLocationUpdate({
            lat: 1,
            lng: 2,
            name: 'name'
        });
```

对 setState 进行 mock

调用 handleRemoveLocation 函数

对剩余组件方法重复相同的过程

断言以正确的方式更新了状态

```
        expect(component.setState).toHaveBeenCalled();
        expect(component.state.location).toEqual({
            lat: 1,
            lng: 2,
            name: 'name'
        });
    });
    test('handleToggleLocation', () => {
        const props = { onSubmit: jest.fn() };
        const mockEvent = {
            preventDefault: jest.fn()
        };
        CreatePost.prototype.setState = jest.fn(function(updater) {
            this.state = Object.assign(this.state, updater(this.state));
        });
        const component = new CreatePost(props);
        component.handleToggleLocation(mockEvent);
        expect(mockEvent.preventDefault).toHaveBeenCalled();
        expect(component.state.showLocationPicker).toEqual(true);
    });
    test('onLocationSelect', () => {
        const props = { onSubmit: jest.fn() };
        CreatePost.prototype.setState = jest.fn(function(updater) {
            this.state = Object.assign(this.state, updater(this.state));
        });
        const component = new CreatePost(props);
        component.onLocationSelect({
            lat: 1,
            lng: 2,
            name: 'name'
        });
    test('onLocationSelect', () => {
        const props = { onSubmit: jest.fn() };
        CreatePost.prototype.setState = jest.fn(function(updater) {
            this.state = Object.assign(this.state, updater(this.state));
        });
        const component = new CreatePost(props);
        component.onLocationSelect({
            lat: 1,
            lng: 2,
            name: 'name'
        });
        expect(component.setState).toHaveBeenCalled();
        expect(component.state.location).toEqual({
            lat: 1,
            lng: 2,
            name: 'name'
        });
    });
    test('renderLocationControls', () => {
        const props = { onSubmit: jest.fn() };
        const component = renderer.create(<CreatePost {...props} />);
        let tree = component.toJSON();
        expect(tree).toMatchSnapshot();
    });
});
```

对剩余组件方法重复相同的过程

为创建的子 render 方法创建另一个快照测试

9.3.4 测试覆盖率

现在我们已经亲自测试了一些组件，让我们看看测试覆盖率并看一下取得了哪些进展。在命令行终端，终止测试运行器，然后执行代码清单 9-11 中的命令，该命令将打开 Jest 中包含的 coverage 选项。

代码清单 9-11 启用测试覆盖率（项目根目录）

```
> npm run test:w
```

一旦测试运行器执行完测试，它就会输出一个类似于图 9-3 的彩色表格（覆盖率更小）。该图展示了带有每列注释的 Jest 覆盖率输出。有不同形式（如 HTML）的可读的代码覆盖率报告，但在开发过程中终端输出是最有用的，因为它可以提供即时反馈。

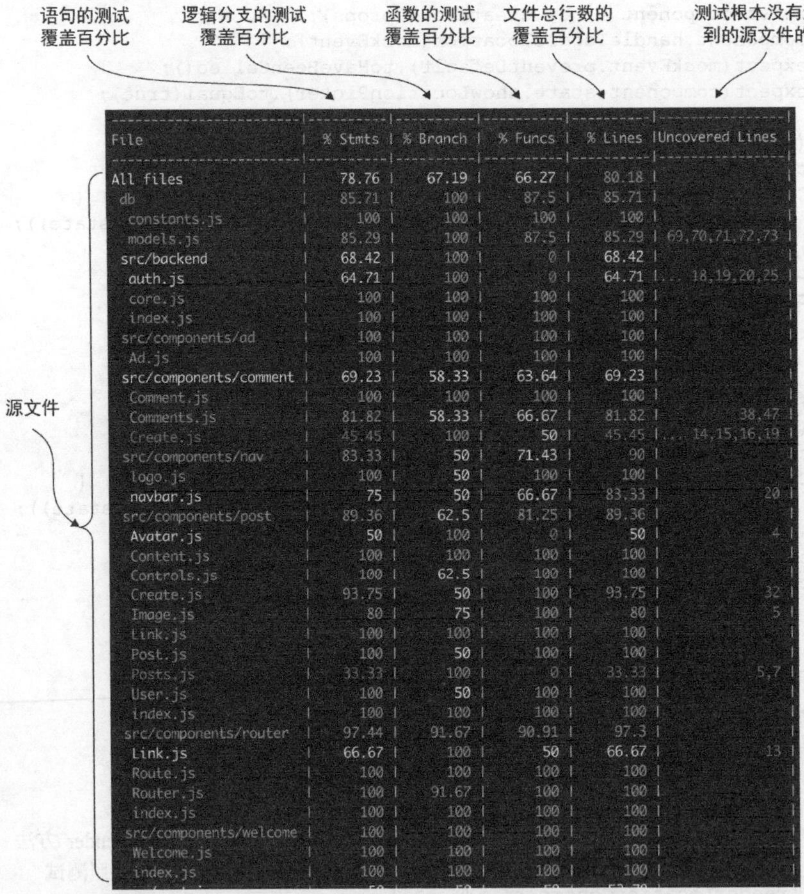

File	% Stmts	% Branch	% Funcs	% Lines	Uncovered Lines
All files	78.76	67.19	66.27	80.18	
db	85.71	100	87.5	85.71	
constants.js	100	100	100	100	
models.js	85.29	100	87.5	85.29	69,70,71,72,73
src/backend	68.42	100	0	68.42	
auth.js	64.71	100	0	64.71	... 18,19,20,25
core.js	100	100	100	100	
index.js	100	100	100	100	
src/components/ad	100	100	100	100	
Ad.js	100	100	100	100	
src/components/comment	69.23	58.33	63.64	69.23	
Comment.js	100	100	100	100	
Comments.js	81.82	58.33	66.67	81.82	38,47
Create.js	45.45	100	50	45.45	... 14,15,16,19
src/components/nav	83.33	50	71.43	90	
logo.js	100	50	100	100	
navbar.js	75	50	66.67	83.33	20
src/components/post	89.36	62.5	81.25	89.36	
Avatar.js	50	100	0	50	4
Content.js	100	100	100	100	
Controls.js	100	62.5	100	100	
Create.js	93.75	50	100	93.75	32
Image.js	80	75	100	80	5
Link.js	100	100	100	100	
Post.js	100	50	100	100	
Posts.js	33.33	100	0	33.33	5,7
User.js	100	50	100	100	
index.js	100	100	100	100	
src/components/router	97.44	91.67	90.91	97.3	
Link.js	66.67	100	50	66.67	13
Route.js	100	100	100	100	
Router.js	100	91.67	100	100	
index.js	100	100	100	100	
src/components/welcome	100	100	100	100	
Welcome.js	100	100	100	100	
index.js	100	100	100	100	

图 9-3 Jest 的测试覆盖率输出显示了项目中不同文件的覆盖率统计数据。每一列反映了不同方面的覆盖率。对于每种覆盖率，Jest 会显示已覆盖的百分比。语句和函数是简单的 JavaScript 语句和函数，而分支是逻辑分支。如果测试没有处理 if 语句的一个分支，就会在 Uncovered Lines 列的代码覆盖率中反映出来，也会在分支覆盖的百分比统计中反映出来

Istanbul 是生成图 9-3 中统计数据的工具。如果想看到更详细的覆盖信息，请打开带有 coverage 选项的 `jest` 命令生成的 coverage 目录。在这个目录中，Istanbul 创建了一些文件。如果在浏览器中打开./coverage/lcov-report/index.html，应该会看到类似图 9-4 所示的内容。

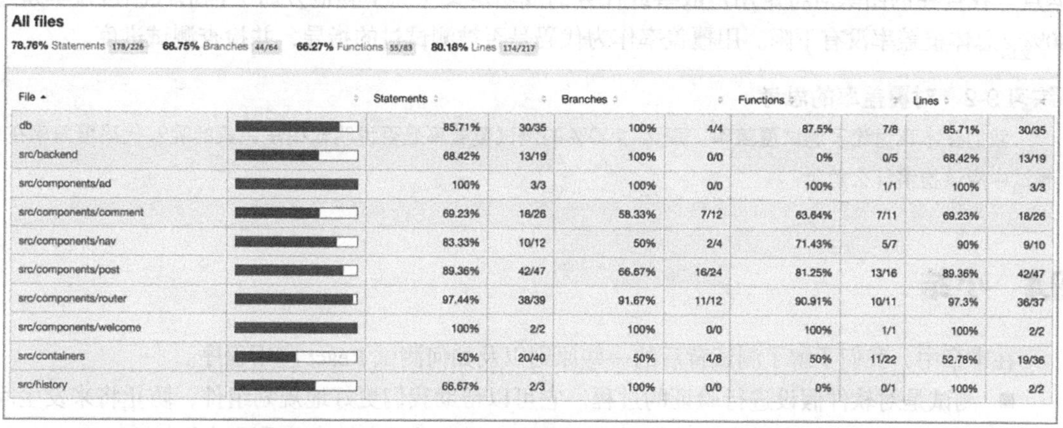
All files

78.76% Statements 178/226 68.75% Branches 44/64 66.27% Functions 55/83 80.18% Lines 174/217

File		Statements		Branches		Functions		Lines	
db		85.71%	30/35	100%	4/4	87.5%	7/8	85.71%	30/35
src/backend		68.42%	13/19	100%	0/0	0%	0/5	68.42%	13/19
src/components/ad		100%	3/3	100%	0/0	100%	1/1	100%	3/3
src/components/comment		69.23%	18/26	58.33%	7/12	63.64%	7/11	69.23%	18/26
src/components/nav		83.33%	10/12	50%	2/4	71.43%	5/7	90%	9/10
src/components/post		89.36%	42/47	66.67%	16/24	81.25%	13/16	89.36%	42/47
src/components/router		97.44%	38/39	91.67%	11/12	90.91%	10/11	97.3%	36/37
src/components/welcome		100%	2/2	100%	0/0	100%	1/1	100%	2/2
src/containers		50%	20/40	50%	4/8	50%	11/22	52.78%	19/36
src/history		66.67%	2/3	100%	0/0	0%	0/1	100%	2/2

图 9-4 Istanbul 以计算机可读和人类可读的格式生成覆盖率元数据。这里展示的覆盖率报告对于更详细地探究代码覆盖率非常有用。我们甚至可以按照不同的列进行排序并优先选出低覆盖率的文件。注意，这些列有语句、分支（if/else 语句）、函数（调用了哪些函数）和行（代码行）

Istanbul 的输出很有用，但也可以深入到不同文件中，获得关于单个文件更深入的信息。每个文件应该展示不同行被覆盖的次数以及哪些行没有被覆盖的信息。大多数情况下，高层摘要已经足够好了，但有时可能想要检视单个报告，就像图 9-5 中的报告。当编写测试时，一旦覆盖了所有用例，我喜欢至少看一遍这些文件，以确保没有遗漏任何边缘用例或逻辑分支。

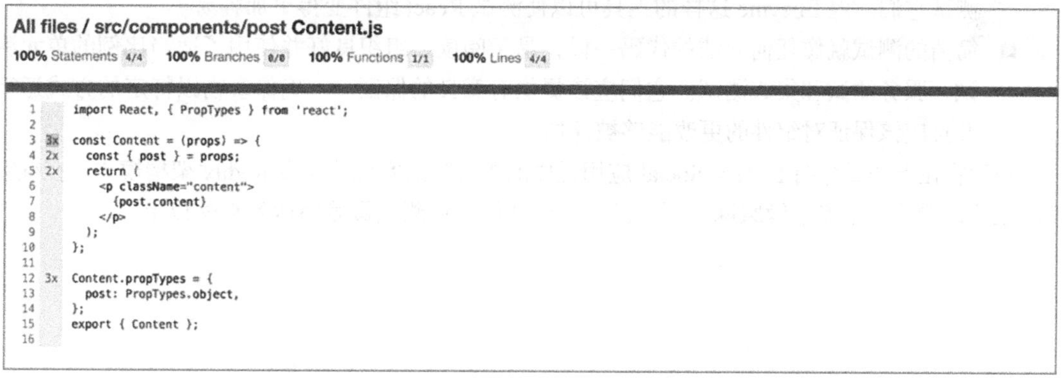

All files / src/components/post Content.js
100% Statements 4/4 100% Branches 0/0 100% Functions 1/1 100% Lines 4/4
import React, { PropTypes } from 'react';
3x const Content = (props) => {
2x const { post } = props;
2x return (
<p className="content">
{post.content}
</p>
);
};
3x Content.propTypes = {
post: PropTypes.object,
};
export { Content };

图 9-5 Istanbul 生成的单个文件覆盖率报告。可以看到有不同行被覆盖了多少次或者未被覆盖，从而准确地了解代码覆盖了代码的哪些部分

对软件开发来说，测试覆盖率是一个重要而有用的工具，但不能把它当作代码正常工作的神

奇保证。虽然可以达到 100%的覆盖率，但仍旧有代码会出错。从技术上讲，也存在 0%覆盖率的工作代码。覆盖率是为了确保测试执行了代码的所有不同部分，而不是保证没有错误或性能之类的问题，但它对这些是有用的，而且当考虑代码“完整度”时，覆盖率应该被当作一个重要的数据点。我曾在的团队对特定用户故事或任务的成功定义（除了其他方面）包括代码覆盖率超过 80%、总体覆盖率没有下降。用覆盖率作为代码是否被测试过的指导，并检查测试进度。

练习 9-2　对覆盖率的思考

我们在本章讨论了测试覆盖率。那么 100%的测试覆盖率是否说明代码是完美的呢？代码覆盖率在测试中应该扮演什么角色？

9.4　小结

在本章中，我们了解了测试背后的一些原则以及如何测试 React 应用程序。

- 测试是对软件假设进行验证的过程。它可以帮助我们更好地规划组件，防止将来发生问题，并有助于提高对代码的信心，其在快速开发过程中扮演着重要的角色。
- 手工测试无法很好地扩展，因为再多的人也不能迅速并充分地测试复杂的软件。
- 我们在软件测试过程中使用了各种各样的工具，包括从运行测试的工具到确定代码覆盖率的工具。
- 不同类型的测试应该以不同的比例进行。单元测试应该是最常见的并且编写起来简单、便宜和快速。集成测试要测试系统许多不同部分之间的交互，其很脆弱并需要更长时间来编写。它们应该并不那么常见。
- 可以使用各种各样的工具来测试 React 组件。因为 React 组件只是函数，所以可以严格地测试它们。但 Enzyme 这样的工具可以使测试 React 组件变得更加容易。
- 简洁的测试就像任何简洁的代码一样，易于阅读、组织良好并使用了适当比例的单元测试、服务测试和集成测试。它们应该提供有意义的保证——确保事物以特定的方式运行并且应该保证对组件的更改能够被评估。

我们将在下一章介绍 Letters Social 应用程序的更健壮的实现并探索 Redux 架构模式。在继续学习之前，看看能不能继续磨炼一下自己的测试技能，让测试覆盖率达到 90%以上。

第三部分

React 应用架构

截至第二部分结束时，我们已经将 Letters Social 示例应用从一个简单的静态页面转换为具有路由、身份验证和动态数据的动态用户界面。在第三部分，我们将通过探索一些 React 的高级主题来为我们所创建的东西添砖加瓦。

第 10 章和第 11 章将探索 Flux 应用架构并实现 Redux。Redux 是 Flux 模式的一种变体，Flux 已经成为大型 React 应用事实上的状态管理解决方案。我们将探索 Redux 的概念并将示例应用转换为使用 Redux 作为状态管理解决方案。在此过程中将继续为 Letter Social 添加评论和点赞的功能。

第 12 章将进一步研究如何在服务器上使用 React。归功于 Node.js 服务器运行时的可用性，开发者可以在服务器上执行 React 代码。我们将探索使用 React 进行服务器端渲染，甚至将 Redux 状态管理集成到该过程中。我们还将集成 React Router 这个流行的 React 路由库。

最后，第 13 章将略微偏离 React 的 Web 应用并探索 React Native。React Native 是另一个 React 项目，其使开发者可以编写能够在 iOS 和 Android 移动设备上运行的 React 应用。

第三部分结束时，我们将创建一个充分利用 React、Redux 和服务器端渲染的完整应用。虽然即将完成 React 的初步尝试，但读者将能够继续增强 React 的能力并探索其他像 React Native 这样的高级主题。

第 10 章　Redux 应用架构

本章主要内容

- Redux 的 action、store、reducer 和 middleware
- Redux 的 action、store、reducer 和 middleware 的简单测试

到目前为止，我们已经能够创建经过测试、处理动态数据、接收用户输入并能够与远程 API 通信的 React 应用。这包含了不少东西并涵盖了典型 Web 应用要处理的大部分功能，你可能觉得接下来只需勤加练习即可。虽然将技能用于实践有助于掌握 React，但是对构建更大更复杂的应用来说，还有一个重要的领域需要掌握：应用架构。应用架构是“定义满足所有技术和运营需求的结构化解决方案的过程，同时优化常见的质量属性，如性能、安全性和可管理性”（摘自 *Microsoft Application Architecture Guide*，第 2 版）。架构会问：“好吧，我们能做这个，但如何能更好且一致地实现它呢？”应用如何有效组织、数据如何流转以及职责如何分配给系统的不同部分，这都是架构上需要考虑的问题。

所有应用都有某种隐含的架构，只是因为应用拥有结构并以某种特定的方式工作。这里讨论的是构建复杂应用的策略和范式。React 宁可成为专注 UI 的小而灵活的框架，因此当构建更复杂的应用时，它没有内置的策略供使用者遵循。

只是没有可供使用的内置策略，并不意味着没有其他选择。使用 React 构建复杂应用的方法有很多，其中很多都是基于 Facebook 工程师推广的 Flux 模型。Flux 与流行的 MVC 架构的不同之处在于它提倡单向数据流，引入了新概念（dispatcher、action、store）以及其他方面。Flux 和 MVC 关注的是比应用的外观甚或构建应用所用的一些特定的库或技术更高层面的东西。它们更关注应用如何组织、数据如何流转，以及职责如何分配给系统的不同部分。

本章探讨的是 Flux 模式中使用最广泛和最受好评的变种之一：Redux。虽然在 React 应用中使用 Redux 是极其常见的，但实际上它可以用于大多数 JavaScript 框架（内部使用或其他方式）。本章和下一章将介绍 Redux 的核心概念（action、中间件、reducer、store 等），然后介绍将 Redux 与 React 应用集成。Redux 中的 action 表示要完成的工作（获取用户数据、登录用户等），reducer 决定状态应该如何变化，store 集中保存状态的副本，中间件允许开发者将自定义行为注入流程中。

如何获取本章代码

和每章一样，读者可以去 GitHub 仓库检出源代码。如果想从头开始编写本章代码，可以使用第 9 章的已有代码（如果跟着编写了示例）或直接检出指定章的分支（chapter-10-11）。

记住，每个分支对应该章末尾的代码（例如，chapter-10-11 对应第 10 章和第 11 章末尾的代码）。读者可以在选定目录下执行以下终端命令之一来获取当前章的代码。

如果还没有代码库，请输入下面的命令来获取：

```
git clone git@github.com:react-in-action/letters-social.git
```

如果已经克隆过代码仓库：

```
git checkout chapter-10-11
```

如果你是从其他章来到这里的，则需要确保已经安装了所有正确的依赖：

```
npm install
```

10.1 Flux 应用架构

现代应用必须比以往做得更多，相应地也更加复杂——内部和外部都是如此。开发者们早就意识到缺乏一致设计的复杂应用的增长所造成的混乱。意大利面条似的代码不仅没有乐趣，还会拖慢开发者的开发进度，进而拖慢业务单元的进度。还记得上一次在满是一次性解决方案和 jQuery 插件的大型代码库中的工作吗？估计这不会有趣。为了对抗混乱，开发者们开发了 MVC（模型-视图-控制器）这样的范式来组织应用的功能并指导开发。Flux（及其扩展 Redux）与此相同，都是为了帮助开发者处理应用中不断增加的复杂性。

如果不是特别熟悉 MVC 范式，也不必担心，在本书中我们不会花太多时间讨论它。但为了便于比较，在讨论 Flux 和 Redux 之前，先简单讨论一下 MVC。下面是一些基础知识。

- 模型（model）——应用的数据。通常是像 User、Account 或 Post 这样的名词。模型至少应该拥有操作关联数据的基本方法。在最抽象的意义上，模型表示原始数据或知识。模型是数据与应用代码交互的地方。例如，数据库可能存储诸如 `accessScope`、`authenticated` 等属性。而模型能够在它上面的 `isAllowedAccessForResource()` 这样的方法中使用这些数据，这些方法将对模型的底层数据进行操作。模型是原始数据与应用代码汇聚的地方。
- 视图（view）——模型的表示。视图通常是用户界面本身。视图中不应有任何与数据表示无关的逻辑。对于前端框架，这通常意味着特定视图直接与资源关联并具有与之关联的 CRUD（创建、读取、更新、删除）操作。前端应用不再总按此方式构建。
- 控制器（controller）——控制器是将模型和视图绑在一起的“黏合剂”。控制器通常应该只是黏合剂而不做更多的事情（例如，它们不应该包含复杂的视图或数据库逻辑）。一般来说，控制器对数据进行修改的能力应该远低于它们所交互的模型。

虽然本章重点讨论的范式（Flux 和 Redux）与这些概念大相径庭，但其目标仍是帮助开发者创建可伸缩的、合理的和有效的应用架构。

Redux 的起源和设计要归功于 Facebook 内部流行的一种称为 Flux 的模式。如果熟悉 Ruby on Rails 和其他应用框架所使用的流行 MVC 模式，那么 Flux 可能与你习惯的模式有所不同。Flux 没有将应用的各个部分分解为模型、视图和控制器，而是定义了若干不同部分。

- store——store 包含应用的状态和逻辑。它有点儿像传统 MVC 中的模型。然而，它们管理许多对象的状态，而不是表示单个数据库记录。与模型不同的是，开发者可以以任何合理的方式表示数据，不受资源的限制。
- action——Flux 应用程序并不是直接更新状态，而是通过创建修改状态的 action 来修改应用状态。
- view——用户界面，通常是 React，但 Flux 并不需要 React。
- dispatcher——对 store 进行操作和更新的一个中心化协调器。

图 10-1 展示了 Flux 的概览。

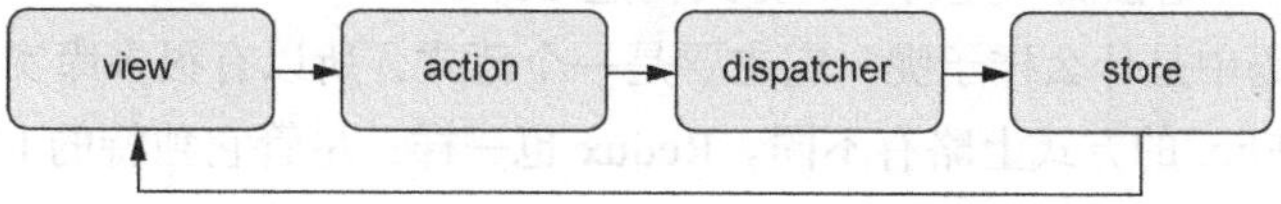

图 10-1　一个简单的 Flux 概览

如图 10-1 所示，在 Flux 模式中，action 是从视图中创建的（可能是用户点击了某个东西），然后 dispatcher 处理传入的 action，之后将 action 发送到适当的 store 中以更新状态。状态变化后，通知视图应该使用新数据（如果可以应用的话）。请注意这与典型 MVC 风格的框架有何不同，在 MVC 风格的框架中，视图和模型（如此处的 store）都能够更新彼此。这种双向数据流不同于 Flux 架构中典型的更为单向的数据流。另外，请注意这里缺少中间件：尽管可以在 Flux 中创建中间件，但它不像在 Redux 中那样是一等公民，因此我们在这里省略了它。

如果之前开发过 MVC 风格的应用，其中一些内容听起来很熟悉，但数据流转方式可能就不是这样了。如前所述，数据在 Flux 范式中更多的是单向流动，这与 MVC 类型的实现倾向于使用的双向方式不同。这通常意味着应用中数据流没有单一的来源；系统的许多不同部分都有权修改状态，而且状态通常分散在整个应用中。这种方式在很多情况下都能很好地工作，但在较大的应用中，调试和使用时可能会令人费解。

想象一下，在一个中到大型的应用中，这会是什么情形。假设有一组模型（用户、账户和身份验证），它们与自己的控制器和视图相关联。在应用中的任何地方，都很难确定状态的确切位置，因为状态分布在应用的各个部分（可以在之前提到的 3 个模型中的任何一个中找到关于用户的信息）。

对较小的应用来说，这可能未必是问题，甚至可以在较大的应用上也能很好地工作，但在大型客户端应用中，它可能变得更加困难。例如，当需要在 50 个不同的位置修改模型的使用并且有 60 个不同的控制器需要了解状态的更改时，会发生什么情况？让事情变得更复杂的是，视图有时在某些前端框架中表现的就像模型一样（因此状态更为分散了）。数据的真实来源在哪里？如果它分散在视图和许多不同的模型中，并且所有这些都处于中等复杂的设置中，那么在心里跟踪所有内容将是很困难的。这还可能导致应用状态不一致，这会引发应用 bug，因此这不只是一个“只有开发人员才面对”的问题，最终用户也会受到直接影响。

这之所以困难的部分原因在于，人们通常不善于推断随时间发生的变化。为了真正理解这个问题，想象脑海中有一个棋盘。在脑子里保持一张甚至几张棋盘的快照并不难，但能跟踪 20 个回合的每个棋盘快照吗？30 回合呢？整局对弈呢？正因为在脑海中跟踪数据随时间的异步变化很困难，所以我们应该构建更易于我们思考和使用的系统。例如，考虑调用远程 API 并使用其数据更新应用状态。对数量较少的情况来说这很简单，但如果需要调用 50 个不同的 API 服务器端点并且需要跟踪进入的响应，与此同时用户仍在使用应用并进行可能引起更多 API 交互的改变时，那么会怎么样？很难在脑海中将它们梳理清楚并预测变化的结果。

你可能已经注意到 React 和 Flux 之间的一些相似性。它们都是相对较新的一种构建用户界面的方式而且都旨在改进开发人员使用的心智模型。在这两种方式中，变化应该很容易推断，并且开发者应该能够以一种增强而不是碍事的方式构建 UI。

Flux 在实际代码中是什么样子呢？它主要是一个范式，所以有很多库实现了 Flux 的核心思想。这些库在实现 Flux 的方式上略有不同。Redux 也一样，尽管它独特的 Flux 风格已经获得了最多用户和关注。其他 Flux 库包括 Flummox、Fluxxor、Reflux、Fluxible、Lux、McFly 和 MartyJS（尽管在实践中与 Redux 相比这些库使用得很少）。

10.1.1　初识 Redux：Flux 的一个变种

也许 Redux 是实现 Flux 背后思想的使用最广泛且最知名的库。Redux 这个库以稍加修改的方式实现了 Flux 的思想。Redux 的文档将其描述为“JavaScript 应用用的可预测状态容器”。具体而言，这意味着它通过自己的方式将 Flux 的概念和思想付诸了实践。

确定 Flux 的确切定义在这里并不重要，重要的是我将介绍 Flux 和 Redux 范式之间的一些重要区别。

- Redux 使用单一的 store——Redux 应用没有在应用中的多个 store 中存放状态信息，而是将所有东西都保存在一个地方。Flux 可以有多个不同的 store。Redux 打破了这一规则并强制使用单个全局 store。
- Redux 引入了 reducer——reducer 以一种更不可变的方式进行变更。在 Redux 中，状态以一种确定的、可预测的方式被改变，一次只修改一部分状态，并且只发生在一个地方（全局 store 中）。
- Redux 引入了中间件——因为 action 和数据流是单向的，所以开发者可以在 Redux 应用中添加中间件，并在数据更新时注入自定义行为。
- Redux 的 action 与 store 不耦合——action 创建器不会向 store 派发任何东西；相反，它们会返回中央调度器使用的 action 对象。

对你来说这些可能只是些细微差别，没关系——你的目标是学习 Redux，而不是“找不同”。图 10-2 展示了 Redux 架构的概览。我们将深入每个不同的部分，探索它们如何工作，并为你的应用开发一个 Redux 架构。

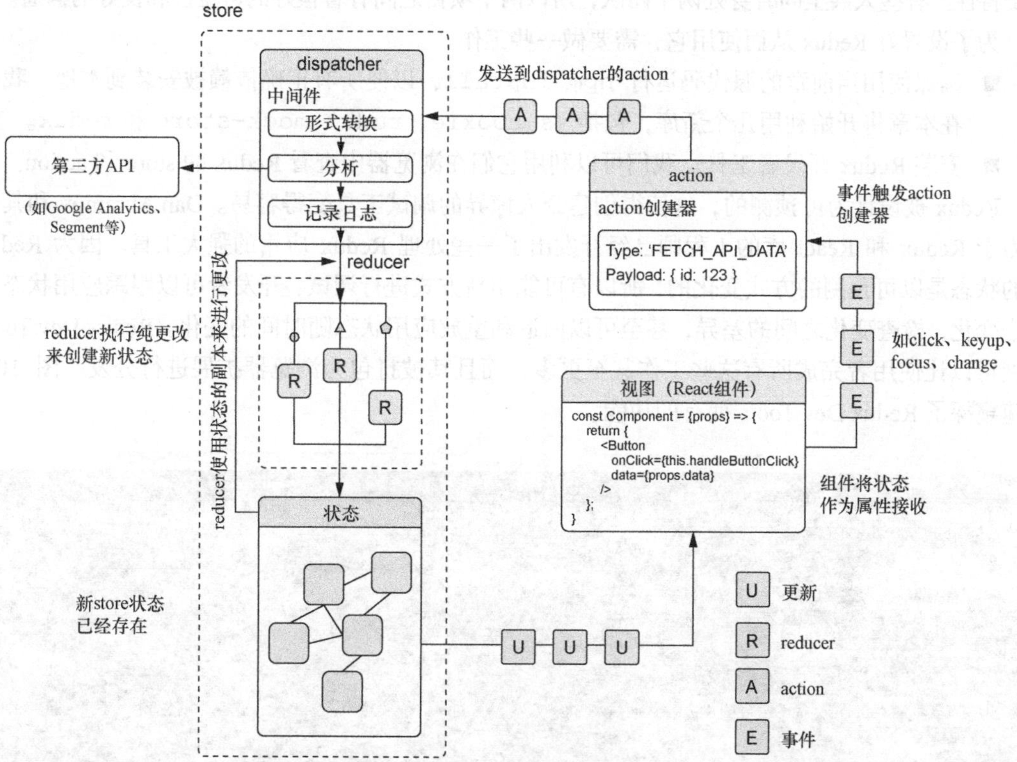

图 10-2 Redux 概览

如图 10-2 所示，action、store 和 reducer 构成了 Redux 架构的主体。Redux 使用一个中心化的状态对象，它以特定的、确定的方式进行更新。当开发者想要更新状态时（通常是由于单击之类的事件），一个 action 被创建出来。action 具有特定 reducer 会处理的类型。处理给定 action 类型的 reducer 会生成当前状态的副本，使用来自 action 的数据对其进行修改，然后返回新状态。当更新 store 时，视图层（此处是 React 组件）可以监听更新并相应地作出响应。还要注意，图中的视图只是从 store 中读取更新——它们并不关心与其通信的数据。React-redux 库会在 store 更改时将新的 props 传递给组件，但视图仍旧只是接收和显示数据。

10.1.2 为 Redux 做准备

Redux 是一种应用架构范式，它也是一个可安装的库。这是 Redux 超过“原始”Flux 实现的一个方面。Flux 范式有非常多的实现（如 Flummox、Fluxxor、Reflux、Fluxible、Lux、McFly 和 MartyJS），它们都有不同程度的社区支持和不同的 API。Redux 拥有强大的社区支持，但 Redux 库本身的 API 却十分小巧而强大，这帮助它成为最受欢迎且最受倚重的 React 应用架构库之一。事实上，Redux 与 React 一起使用的情况非常常见，以至于两个核心团队经常彼此交流，以确保兼容和知晓特性。有些人甚至同时身处两个团队，所以两个项目之间有着很好的可见性和良好的沟通。

为了设置好 Redux 从而使用它，需要做一些工作。

- 确保使用当前章的源代码运行 `npm install`，以便所有正确依赖被安装到本地。我们在本章将开始利用几个新库，包括 `js-cookie`、`rudux-mock-store` 和 `redux`。
- 安装 Redux 开发者工具。我们可以利用它们在浏览器中查看 Redux 的 store 和 action。

Redux 被设计为可预测的，这使得创建令人惊异的调试工具变得容易。Dan Abramov 和其他致力于 Redux 和 React 库的工程师已经开发出了一些处理 Redux 应用的强大工具。因为 Redux 中的状态是以可预测的方式变化的，所以有可能用新方式进行调试：开发者可以跟踪应用状态的单个变化，检查变化之间的差异，甚至可以回退和重放应用状态随时间的变化。Redux Dev Tools 扩展可以让使用者完成所有这些工作甚至更多，而且其被打包为浏览器扩展进行分发。图 10-3 快速窥探了 Redux Dev Tools 拥有的功能。

图 10-3　Redux Dev Tools 扩展将来自于 Dan Abramov 的流行的 Redux Dev Tools 库打包成一个方便的浏览器扩展。有了它，就可以回退和重放 Redux 应用，逐个查看变化，检查状态变化之间的差异，在一个区域检查整个应用的状态，生成测试样板，等等

安装好扩展后，应该能在浏览器的工具栏中看到新开发工具的图标。在写作本书时，它仅会在开发模式下检测到 Redux 应用实例时才变为彩色的，所以如果访问的应用或网站没有使用 Redux，扩展就不会起作用。不过一旦配置好应用，就会看到图标变成彩色的，并且点击它会打开这个工具。

10.2　在 Redux 中创建 action

在 Redux 中，action 是将数据从应用发送给 store 的信息载体。除了 action，store 没有任何其他获取数据的方式。整个 Redux 应用使用 action 来发起数据变更，尽管 action 本身并不负责更新应用的状态（store）。reducer 更多涉及应用状态的更新，我们将在 action 之后了解 reducer。如果你习惯于按自己喜欢的方式更新应用状态，那么一开始可能不会喜欢 action。它们可能需要一些时间来适应，但它们会让应用更容易预测、更容易调试。如果应用的数据更改方式受到严格的控制，就可以很容易地预测应用中什么应该改变而什么不应该改变。图 10-4 展示了 action 在更大图景中的位置。我们将从 action 开始，随后一路经过 store、reducer，最后回到 React 来完成数据流。

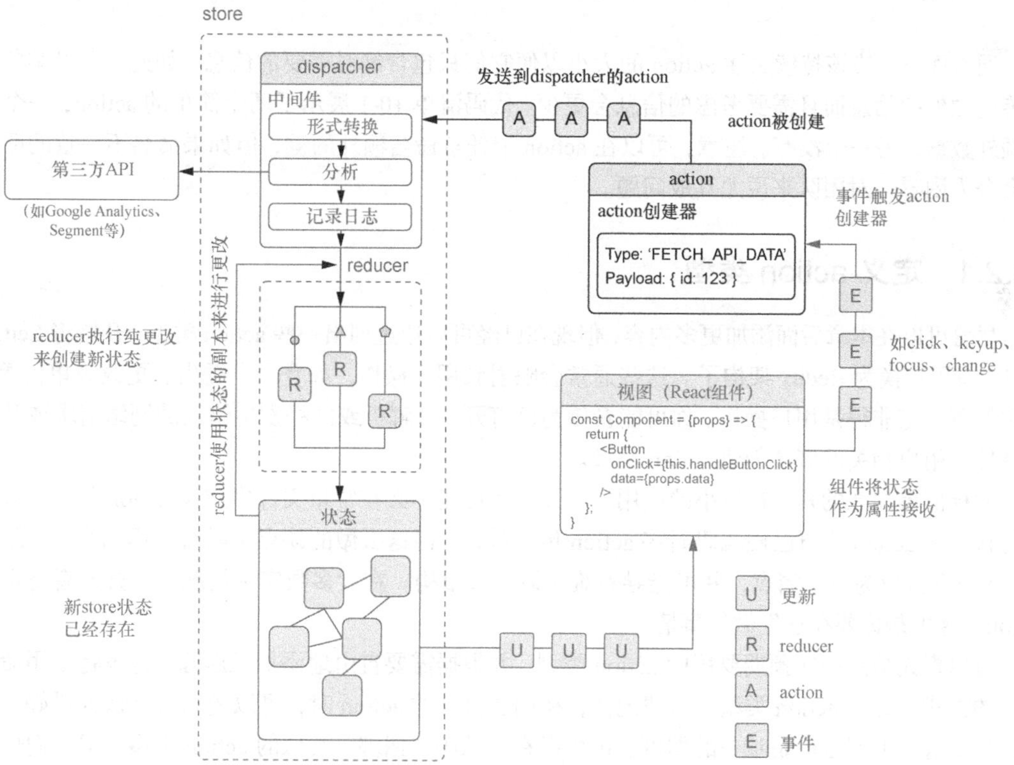

图 10-4　action 是 Redux 应用获悉更改的方式；它们有类型信息和应用需要的任何额外信息

Redux 的 action 是什么样子？它是一个普通的旧式 JavaScript 对象（POJO），具有一个必需的 type 属性和用户期望的其他任意内容。type 属性将被 reducer 和其他 Redux 工具用于将一组更改关联在一起。每一种唯一类型的 action 都应该具有唯一的 type 属性。type 通常应该定义为字符串常量，可以随意地为 type 属性指定任何唯一的名称，当然给出可以遵循的命名模式会更好。代码清单 10-1 展示了一些可能会用到的 action 类型名称。

代码清单 10-1 一些简单的 Redux action

```
{
    type: 'UPDATE_USER_PROFILE',
    payload: {
        email: 'hello@ifelse.io'
    }
}

{
    type: 'LOADING'
}

{
    type: appName/dashboard/insights/load'
}
```

- action 可以包含一些信息，这些信息会告诉应用应该如何做更改，如一个新的用户电子邮件地址、错误诊断或其他信息
- 每个 action 都必须有 type，如果没有，应用就不知道需要对 store 做什么样的更改
- type 通常是大写的字符串常量，如此就可以将它们与应用中的常规值区分开来，但是这里使用了命名空间方案来确保 action 不但是唯一的，而且也可读

通常而言，应该持续关注 action 的大小以便它们只包含绝对需要的信息。如此，可以避免四处传递额外的信息而且需要考虑的信息会更少。代码清单 10-1 展示了两个简单的 action，一个带有额外数据，另一个没有。注意，可以在 action 上任意命名额外的键，但如果命名不一致的话可能会令人困惑，对团队来说尤其成问题。

10.2.1 定义 action 类型

尽管可以在本章后面添加更多内容，但现在已经可以通过列出一些 action 类型，开始将 Letters Social 应用转换为 Redux 架构了。这些通常会映射到用户操作，如登录、登出、更改表单值等，但它们不一定非得是用户操作。你可能希望为已打开、已解析或已经发生错误的网络请求或其他不直接与用户相关的事情创建 action 类型。

同样值得注意的是，在较小的应用中，开发者可能不必在常量文件中定义 action 类型，只需记得在创建 action 或自己硬编码时将 action 传入就行。但这么做的缺点是随着应用的增长，跟踪 action 类型将成为一个痛点，并可能导致难于调试或重构。在大多数实际情况下，开发者将定义 action，这也是你要在这里做的事情。

可以事先拟定一些预期要用的 action 类型，并根据需要自由地添加或删除。这里将使用命名空间的方式来处理 action 类型，但请记住，在创建自己的 action 时，可以遵循自己认为最好的模式，只要这些类型名称是唯一的即可。也可以在对象中“捆绑”类似的 action 类型，但它们也可以像单个常量一样轻松地传播和导出。“捆绑”的优点是可以将 action 类型组织在一起并使用更

短的名称（GET、CREATE 等）而不必将那些信息构建到变量名之中（UPDATE_USER_PROFILE、CREATE_NEW_POST 等）。代码清单 10-2 展示了如何创建初始的 action 类型。我们将这些内容放在 src/constants/types.js 中。我们目前将创建本章所需的所有 action，以便之后可以引用它们，而不必总是回到这个文件中来添加。

代码清单 10-2 定义 action 类型（src/constants/types.js）

```
export const app = {
    ERROR: 'letters-social/app/error',
    LOADED: 'letters-social/app/loaded',
    LOADING: 'letters-social/app/loading'
};

export const auth = {
    LOGIN_SUCCESS: 'letters-social/auth/login/success',
    LOGOUT_SUCCESS: 'letters-social/auth/logout/success'
};

export const posts = {
    CREATE: 'letters-social/post/create',
    GET: 'letters-social/post/get',
    LIKE: 'letters-social/post/like',
    NEXT: 'letters-social/post/paginate/next',
    UNLIKE: 'letters-social/post/unlike',
    UPDATE_LINKS: 'letters-social/post/paginate/update'
};

export const comments = {
    CREATE: 'letters-social/comments/create',
    GET: 'letters-social/comments/get',
    SHOW: 'letters-social/comments/show',
    TOGGLE: 'letters-social/comments/toggle'
};
```

在使用 Redux 的开发者工具时，这些 action 类型将显示在应用状态更改的时间轴中，因此当有许多 action 和 action 类型时，像代码清单 10-2 中那样用类似 URL 的方式对名称进行分组会使它们更容易阅读。你也可以使用:字符来分隔它们（namespace:action_name:status），或者使用任何对你来说最有意义的约定。

10.2.2 在 Redux 中创建 action

定义这些 action 类型之后，就可以开始用它们来做一些事情了。由于我们将复用应用已有的部分逻辑，因此很多代码看起来会很熟悉。这实际上是个值得简单回顾的点：大部分 Redux 应用不应该完全重做任何现有的应用逻辑。希望读者能够理清这些内容，但是将现有应用转换为使用 Redux 的主要工作，可能只是将应用状态的不同方面映射为 Redux 所强制的模式。无论如何，我们将从 action 开始。

action 是我们在 Redux 应用中发起状态变更的方式，我们不能像在其他框架中那样直接修改属性。action 由 action 创建器（返回 action 对象的函数）创建，并由 store 使用 `dispatch` 函数进行派发。

我们不会在这方面走得太远。我将首先介绍 action 创建器本身。从简单的开始，创建一些在加载开始和完成时向应用发出提示的 action。当前还不需要传递任何额外的信息，但接下来会介绍参数化 action 创建器。代码清单 10-3 展示了如何为“加载中”和“已加载”创建两个 action 创建器。为了保持组织条理，我们将把所有 action 创建器放在 actions 文件夹中，其他 Redux 相关的文件也会如此这样处理，reducer 和 store 都会有自己的文件夹。

代码清单 10-3 “加载中”和“已加载”的 action 创建器（src/actions/loadings.js）

```
import * as types from '../constants/types';

export function loading() {
  return {
    type: types.app.LOADING
  };
}

export function loaded() {
  return {
    type: types.app.LOADED
  };
}
```

- 从常量文件中导入类型
- 使用之前定义好的“加载中”类型，返回一个带有所需的 type 键的 action 对象
- 导出“已加载”action 的创建器

10.2.3 创建 Redux store 并派发 action

action 创建器自身并不会做任何事情来更改应用的状态（它们只是返回对象）。想让 action 创建器生效，需要使用 Redux 提供的 dispatcher。`dispatch` 函数由 Redux store 本身提供，它是将 action 发送给 Redux 进行处理的方法。接下来将设置 Redux store 以便能够使用它的 `dispatch` 函数来处理 action。

在设置 store 之前，还需要创建一个根 reducer 文件，它允许开发人员创建一个有效的 store，在之后回过头来将其构建出来之前，这个 reducer 不会做任何事情。在 src 中创建一个名为 reducers 的文件夹，并在其中创建一个名为 root.js 的文件，在这个文件中，使用 Redux 提供的 `combineReducers` 函数来设置之后的 reducer 的去处。`combineReducers` 函数的功能和它字面上的意思完全一样：将多个 reducer 合并成一个。

如果没有合并 reducer 的能力，开发者将会遇到多个 reducer 之间冲突的问题而且必须找到合并 reducer 和路由 action 的方法。这是 Redux 显而易见的好处。虽然将所有东西设置好还有一些工作要做，但是一旦完成这些工作，Redux 就可以更容易地扩展应用的状态管理。代码清单 10-4 展示了如何创建根 reducer 文件。

代码清单 10-4 创建根 reducer（src/reducers/roots.js）

```
import { combineReducers } from 'redux';          ← 从 Redux 导入 combineReducers
const rootReducer = combineReducers({});          ← 目前使用 combineReducers 和空对象来创建根 reducer
export default rootReducer;                       ← 导出根 reducer
```

现在已经为 Redux 设置了一个 reducer，接下来将设置 store。创建一个名为 store 的文件夹，并在其中创建一些文件：store/configureStore.js、store/configureStore.prod.js、store/configureStore.dev.js 和 store/exampleUse.js。这些文件负责导出创建 store 的函数并在开发模式下集成开发者工具。代码清单 10-5 展示了所创建的 store 相关的文件。这里为每个环境使用了不同的文件，因为开发环境和生产环境可能会包含不同的中间件和库。这只是一个惯例——Redux 并没有要求开发者将函数放在多个或一个文件中。

代码清单 10-5 创建 Redux store

```
// src/store/configureStore.js
import { __PRODUCTION__ } from 'environs';                  ← 这个文件让在应用中
import prodStore from './configureStore.prod';                 使用 store 更为容易，
import devStore from './configureStore.dev';                   而不必关心是开发环
export default __PRODUCTION__ ? prodStore : devStore;       ← 境还是生产环境

// src/store/configureStore.prod.js
import { createStore } from 'redux';
import rootReducer from '../reducers/root';

let store;                                                     将初始状态传递给配
export default function configureStore(initialState) {      ← 置以供 Redux 使用
  if (store) {
    return store;
  }
  store = createStore(rootReducer, initialState);          ← 使用 Redux 的 createStore 方法来创建 store
  return store;
}

// src/store/configureStore.dev.js
import thunk from 'redux-thunk';
import { createStore, compose} from 'redux';               ← 从 Redux 中导入 compose 实用程序，以组合 middleware
import rootReducer from '../reducers/root';

let store;
export default initialState => {
    if (store) {                                           ← 确保一直访问同一个 store——这段代
        return store;                                         码用于确保另一个文件访问已创建的
    }                                                         store 时会返回同一个 store
    const createdStore = createStore(
        rootReducer,
        initialState,
```

```
        compose(window.devToolsExtension())
    );
    store = createdStore;
    return store;
};
```

如果已经安装了开发者工具扩展，这段代码会将其集成进来

现在已经设置好了一个可以使用的 store，可以尝试派发一些 action 并来看看它们是如何工作的。不久之后，我们将把 Redux 集成到 React 中，但请记住，Redux 并不是一定要与 React 或其他任何库或者框架一起用，但有不少开源项目将 Redux 与 Angular、Vue 等框架集成在一起。

Redux store 提供了几个在使用 Redux 的整个过程中会持续使用的重要方法——`getState` 和 `dispatch`。`getState` 用于获取给定时间点的 Redux store 状态的快照，`dispatch` 则是将 action 发送到 Redux store 的方式。在调用 dispatch 方法时，传入一个 action，该 action 是调用 action 创建器的结果。由于使用 `store.dispatch()` 是在 Redux 中触发状态更改的唯一方法，因此会在很多地方用到它。接下来，将尝试使用之前设置的“加载”action 创建器，让 store 来派发一些 action。代码清单 10-6 展示了如何使用临时文件（src/store/exampleUse.js）派发一些 action。此文件仅用于演示，主应用工作并不需要它。

代码清单 10-6 派发 action（src/store/exampleUse.js）

```
import configureStore from './configureStore';
import { loading, loaded } from '../actions/loading';
const store = configureStore();

console.log('========== Example store ===========');
store.dispatch(loading());
store.dispatch(loaded());
store.dispatch(loading());
store.dispatch(loaded());
console.log('========== end example store ===========');
```

导入 configureStore 方法并使用它创建 store

派发另一个 action

调用 store 的 dispatch 方法，并将 action 创建器的调用结果传递进去，action 创建器将返回 action 对象供 dispatch 方法使用

要派发这些 action，只需要将 exampleUse 文件导入主应用文件中，当打开应用时它就会运行。代码清单 10-7 展示了需要对 src/index.js 进行的小修改。一旦将 Redux 与 React 对接，将通过 React 组件与 Redux 交互，而不需要像下面这样出于演示的目的来手动派发 action。

代码清单 10-7 导入 exampleUse 文件（src/index.js）

```
import React from 'react';
import { render } from 'react-dom';

import { App } from './containers/App';
import { Home, SinglePost, Login, NotFound, Profile } from './containers';
import { Router, Route } from './components/router';
import { history } from './history';
import { firebase } from './backend';
```

```
import configureStore from './store/configureStore';
import initialReduxState from './constants/initialState';

import './store/exampleUse';
//...
```

导入这个 store 文件，以便在打开应用时运行

如果在开发模式下加载应用（使用 `npm run dev`），应该会看到 Redux 开发者工具的图标变为启用状态。当应用运行时，被导入的文件将运行并多次调用 store 的 dispatcher，将 action 发送到 store。目前还没有为 action 设置任何处理程序（通过 reducer），也没有将任何东西挂接到 React 上，因此不会有任何有意义的变化。但如果打开开发者工具并查看 action 历史，应该会看到，每个“加载”action 都已经被派发并记录下来。图 10-5 展示了该上下文中的 action 派发图以及在 Redux 开发者工具中应该看到的结果。

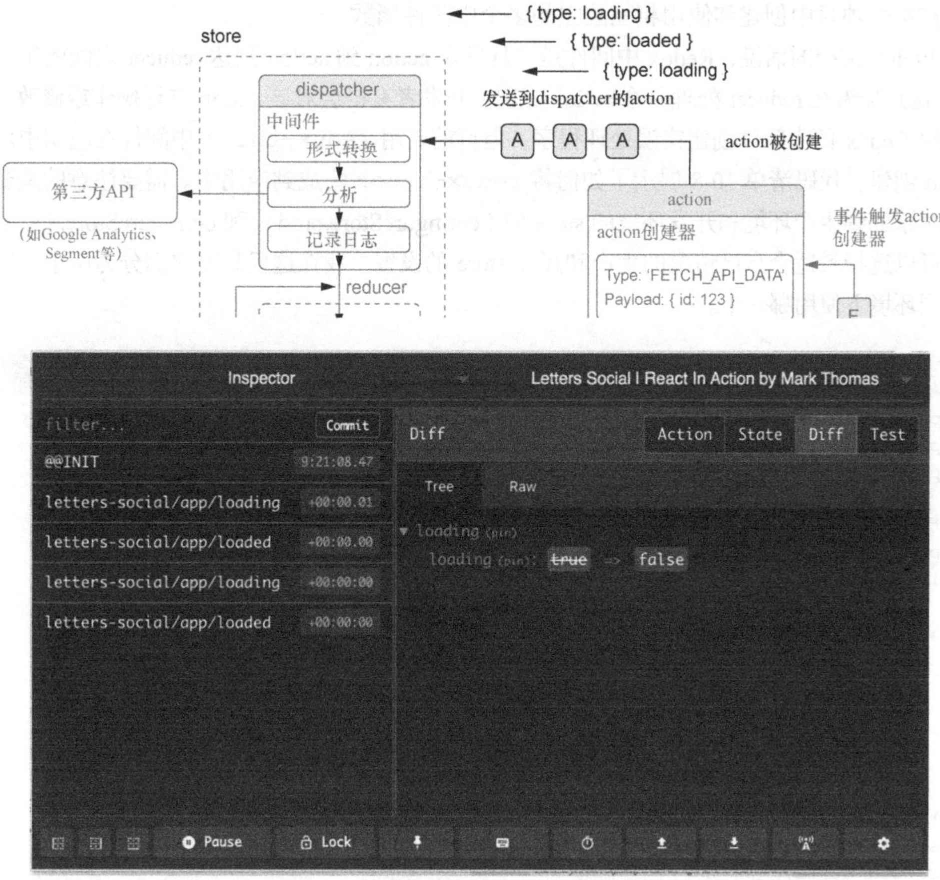

图 10-5　当运行应用时，我们创建的示例 store 将接收 action 创建器的结果并将这些结果发送到 store。目前还没有设置任何 reducer 来做任何事情，所以什么也不会发生。一旦设置了 reducer，Redux 将根据所派发的 action 类型来决定对状态进行哪些更改

10.2.4　异步 action 和中间件

我们已经可以派发 action 了，但目前它们还是同步的。很多情况下开发者会希望基于异步的 action 对应用进行更改，可能是一个网络请求、从浏览器读取一个值（通过本地存储器、cookie 存储等）、处理 WebSocket 或其他的异步操作。Redux 不支持开箱即用的异步 action，因为它期望 action 只是对象（而不是 Promise 或其他任何东西），但我们可以通过集成一个已安装的库来启用它，这个库就是 redux-thunk。

redux-thunk 是 Redux 的一个中间件库，这意味着它以一种"途经"或"传递"的方式在 Redux 中起作用。你可能使用过其他应用这个概念的 API，如 Express 或 Koa（Node.js 的服务器端框架）。中间件的工作方式是让开发者以一种可组合的方式介入到某个周期或流程中，这意味着可以在单个项目中创建和使用相互独立的多个中间件函数。

用 Redux 文档的话说，Redux 中间件是"从发送 action 到 action 到达 reducer 之间的第三方扩展点"。这意味着在 reducer 处理一个 action 之前，开发者有机会对该 action 进行操作或修改。接下来将使用 Redux 的中间件创建错误处理程序，但目前要用 redux-thunk 中间件在应用中启用异步 action 创建。代码清单 10-8 展示了如何将 redux-thunk 集成到应用中。需要注意的是要将中间件同时添加到生产环境和开发环境的 store 中（configureStore.prod.js 和 configureStore.dev.js）。请记住，可以选择最适合自己情况的生产和开发 store 的设置，我在这里只将它们分为两个，以便明确在不同环境下使用哪一个。

代码清单 10-8　通过 redux-thunk 启用异步 action 创建器

```
import thunk from 'redux-thunk';
import { createStore, compose, applyMiddleware } from 'redux';
import rootReducer from '../reducers/root';

let store;
export default (initialState) => {
  if (store) {
    return store;
  }
  const createdStore = createStore(rootReducer, initialState, compose(
    applyMiddleware(
      thunk,
    ),
    window.devToolsExtension()
    )
  );
  store = createdStore;
  return store;
};
```

为了将中间件集成到 Redux store 中，导入 applyMiddleware 实用程序

在 Redux 中使用 applyMiddleware 方法插入和排列中间件——这里将 redux-thunk 中间件插入 store 中

安装了 redux-thunk 中间件之后，就可以创建异步 action 创建器了。为什么我说的是异步 action 创建器而不是异步 action？因为即使在做异步的事情（如进行网络请求），你创建的 action

也不是异步任务本身。相反，当一个 Promise 到来的时候，`redux-thunk` 让 Redux store 知道如何处理一个 Promise。这个 Promise 的过程就是开发者向 store 派发 action 的方式。Redux 并没有真正改变什么，这些 action 仍然是同步的，但是 Redux 现在知道在将 Promise 传递给 `dispatch` 方法时，需要等待着 Promiser 去解析。

在前面几章中，我们创建了一些使用 `isomorphic-fetch` 库从 API 获取文章的逻辑并使用 React 展示它们。执行这样的异步操作通常需要派发多个 action（通常是“加载中”“成功”和“失败”的 action）。例如，希望用户上传文件到服务器，服务器在上传期间发回进度数据。将这一过程的不同部分映射到 action 的一种方式是，创建一个表示上传开始的 action、一个告知应用其他部分当前有东西正在加载的 action、一个表示从服务器发回的进度更新的 action、一个表示上传结束的 action 和一个处理错误的 action。

`redux-thunk` 通过包装 store 的 `dispatch` 方法来工作，这样它就可以处理派发普通对象以外的东西（如 Promise，一个处理异步流的 API）。随着 Promise 被执行，中间件将异步派发创建的 action（例如，在请求的开始和结束时），并让开发者适当地处理这些更改。如前所述，这里的关键区别在于 action 本身仍然是同步的，但当它们被派发并发送到 reducer 时，它们是异步的。图 10-6 展示了这一过程。

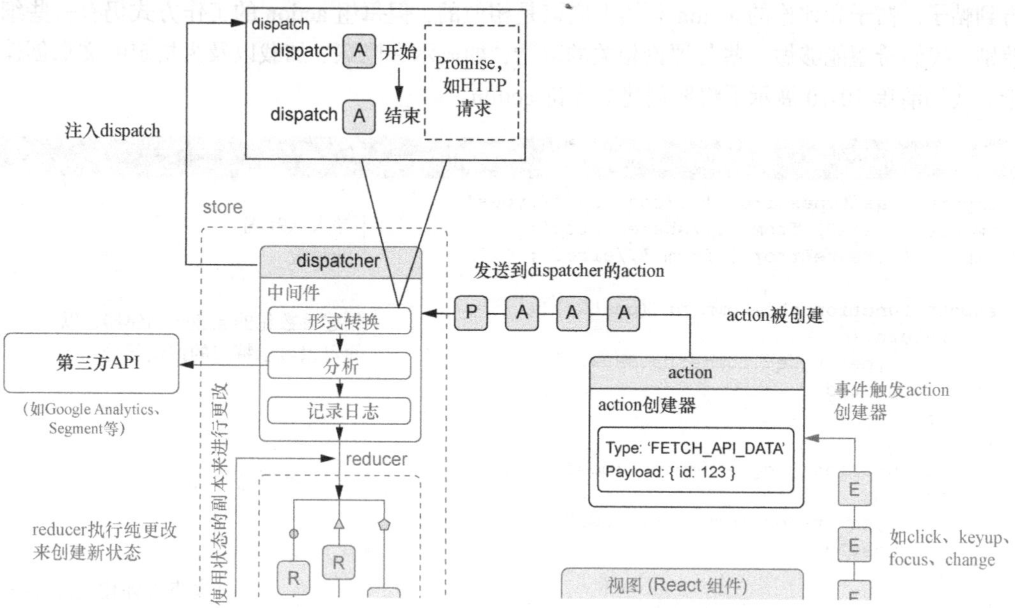

图 10-6 redux-thunk 这样的中间件库支持异步 action 创建器，它允许开发者除 action 之外还可以派发诸如 Promise（一个完成异步工作的方法，是 JavaScript 规范的一部分）之类的内容。它会解析 Promise 并允许开发者在 Promise 的生命周期的不同时间点（执行前、完成、出错等）派发 action

接下来将根据我们对异步 action 创建器的了解来编写一些处理帖子获取和帖子创建的 action 创

建器。因为 redux-thunk 包装了 store 的 dispatch 方法，所以可以从 action 创建器中返回一个函数，该函数接收 dispatch 方法作为函数，允许开发者在一个 Promise 的执行过程中派发多个 action。代码清单 10-9 展示了这类 action 创建器的样子。我们将创建几个异步 action 创建器和一个同步 action 创建器。我们先创建一些 action，用于处理帖子和评论的用户交互。先是一个 error action，如果出现问题，将使用它来显示用户错误信息。在更大型的应用中，可能需要创建不止一种方式来处理错误，但对我们而言，这应该足够了。我们可以在这里使用这个 error action，也可以在任何组件的错误边界中使用这个 error action。componentDidCatch 将提供可以派发到 store 的错误信息。

代码清单 10-9 创建 error action（src/actions/error.js）

```
import * as types from '../constants/types';
export function createError(error, info) {
    return {
        type: types.app.ERROR,
        error,
        info
    };
}
```

这个 action 创建器是参数化的——开发者期望将错误信息发送到 store

这个 action 拥有通用的应用错误类型——在更大型的应用中将会有很多种错误类型

传递实际错误和信息

现在有了处理错误的方式，可以开始编写一些异步 action 创建器了。我们将从评论开始，然后再到帖子。帖子和评论的 action 总体上应该是相似的，但每组 action 的工作方式仍有一些细微的差别。我们希望能够做一些与评论相关的事情，如显示和隐藏、加载以及为指定的文章创建新评论。代码清单 10-10 展示了将要创建的评论 action。

代码清单 10-10 创建评论 action（src/actions/comments.js）

```
import * as types from '../constants/types';
import * as API from '../shared/http';
import { createError } from './error';

export function showComments(postId) {
    return {
        type: types.comments.SHOW,
        postId
    };
}
export function toggleComments(postId) {
    return {
        type: types.comments.TOGGLE,
        postId
    };
}
export function updateAvailableComments(comments) {
    return {
        type: types.comments.GET,
        comments
    };
}
export function createComment(payload) {
```

导入 API 辅助函数

创建参数化的 action 创建器，以便可以显示特定的评论部分

切换评论的功能

创建获取评论的功能——此文件中的异步 action 创建器将使用这个函数

从给定荷载中创建评论，返回一个函数而不是普通对象

```
    return dispatch => {
        return API.createComment(payload)
            .then(res => res.json())
            .then(comment => {
                dispatch({
                    type: types.comments.CREATE,
                    comment
                });
            })
            .catch(err => dispatch(createError(err)));
    };
}
export function getCommentsForPost(postId) {
    return dispatch => {
        return API.fetchCommentsForPost(postId)
            .then(res => res.json())
            .then(comments => dispatch(updateAvailableComments(comments)))
            .catch(err => dispatch(createError(err)));
    };
}
```

注释：
- Fetch API 实现了诸如 json()和 blob()这样的基于 Promise 的方法
- 使用从服务器获得的评论的 JSON 来派发创建评论的 action
- 如果收到一个错误，则使用 createError action 来将其发送给 store
- 获取指定帖子的评论并使用 updateAvailableComments action
- 如果有的话，处理错误

随着创建完这些 action 和其他 action，将继续使用 `isomorphic-fetch` 库来执行网络请求，而 `isomorphic-fetch` 库遵循的 Fetch API 在浏览器中正变得更为标准，而且现在已经是执行网络请求的事实上的方式了。如果可能的话，建议你继续使用遵循相同规范的 Web 平台 API 或库。

创建完评论的 action，现在可以开始创建帖子的 action 了。帖子的 action 与刚刚创建的 action 类似，但会使用一些评论的 action。能够混合和搭配整个应用内的不同 action 是 Redux 能够成为良好的应用架构的另一个原因。它提供了一种结构化的、可重复的方式来利用 action 创建功能，然后在整个应用内使用该功能。

接下来将继续创建 action 并为帖子添加一些功能。前几章创建了用于获取和创建帖子的功能，现在将创建为帖子点赞和踩帖子的功能。代码清单 10-11 展示了与应用中的帖子相关的 action 创建器。现在将从 4 个 action 创建器开始，然后在代码清单 10-12 中探索更多 action 创建器。

代码清单 10-11 同步和异步 action 创建器（src/actions/posts.js）

```
import parseLinkHeader from 'parse-link-header';

import * as types from '../constants/types';
import * as API from '../shared/http';
import { createError } from './error';
import { getCommentsForPost } from './comments';


export function updateAvailablePosts(posts) {
    return {
        type: types.posts.GET,
        posts
    };
}
export function updatePaginationLinks(links) {
```

注释：
- JSON API 使用链接头信息来表示分页选项
- 就像对评论所做的那样，这个 action 创建器将把新评论一起传给 store
- 相应地更新 store 中的分页链接

```
    return {
        type: types.posts.UPDATE_LINKS,
        links
    };
}
export function like(postId) {                    使用 ID 来为特定帖子点赞
    return (dispatch, getState) => {
        const { user } = getState();              Redux 会将 dispatch 和 getState
        return API.likePost(postId, user.id)      方法注入这个返回的函数中
            .then(res => res.json())
            .then(post => {
                dispatch({                        派发 LIKE action 并将帖子作
                    type: types.posts.LIKE,       为元数据附加在其上
                    post
                });
            })
            .catch(err => dispatch(createError(err)));
    };
}
export function unlike(postId) {                  踩帖子涉及相同的流程，只是
    return (dispatch, getState) => {              派发不同的 action 类型
        const { user } = getState();
        return API.unlikePost(postId, user.id)
            .then(res => res.json())
            .then(post => {
                dispatch({
                    type: types.posts.UNLIKE,
                    post
                });
            })
            .catch(err => dispatch(createError(err)));
    };
}
```

我们需要为帖子创建更多 action 类型。现在已经可以给帖子点赞或踩帖子，但仍然没有移植之前创建的发帖功能，而且还需要获取多个和单个帖子的功能。代码清单 10-12 展示了相应的需要创建的 action 创建器。

代码清单 10-12 创建更多的帖子 action 创建器（src/actions/posts.js）

```
//...

export function createNewPost(post) {
    return (dispatch, getState) => {              就像之前一样，使用 getState
        const { user } = getState();              方法来访问状态快照
        post.userId = user.id;
        return API.createPost(post)               在新帖子中嵌入用户 ID
            .then(res => res.json())
            .then(newPost => {
                dispatch({                        派发创建帖子的 action
                    type: types.posts.CREATE,
                    post: newPost
                });
```

```
            })
            .catch(err => dispatch(createError(err)));
    };
}

export function getPostsForPage(page = 'first') {
    return (dispatch, getState) => {
        const { pagination } = getState();          // 抓取分页状态对象
        const endpoint = pagination[page];
        return API.fetchPosts(endpoint)
            .then(res => {
                const links = parseLinkHeader(res.headers.get('Link'));   // 使用链接头解析器并传入链接头
                return res.json().then(posts => {
                    dispatch(updatePaginationLinks(links));   // 派发链接 action
                    dispatch(updateAvailablePosts(posts));    // 派发更新帖子的 action
                });
            })
            .catch(err => dispatch(createError(err)));
    };
}
export function loadPost(postId) {
    return dispatch => {
        return API.fetchPost(postId)                 // 从 API 加载帖子并获取它的相关评论
            .then(res => res.json())
            .then(post => {
                dispatch(updateAvailablePosts([post]));
                dispatch(getCommentsForPost(postId));
            })
            .catch(err => dispatch(createError(err)));
    };
}
```

希望现在你已经开始掌握异步 action 创建器的诀窍了。在许多应用中，这类 action 创建器非常常见。但可能性还不止于此。我发现，使用 `redux-thunk` 本身就足以满足大多数需要异步创建 action 的应用，但人们已经创建了许多其他库来满足这一需要。

10.2.5 要不要使用 Redux

完成了这些 action 创建器之后，就已经做好了用于创建帖子和评论的初始功能。但仍旧缺少一个方面：用户身份验证。前几章使用 Firebase 的辅助方法来检查用户的身份验证状态并使用该状态更新本地组件状态。是否需要对身份验证做同样的事情呢？这又引出了另一个值得讨论的问题：哪些东西属于 Redux，哪些不属于 Redux？继续之前，让我们先看看这个有争议的问题。

从“store 里想放什么就放什么”到“一切都应放到 store 中”，React 和 Redux 社区的观点五花八门。只在 Redux 情境下使用 React 的工程师有一种倾向，就是将 Redux 与 React 一起使用看作唯一的方法并认为 React 和 Redux 是一回事。人们常常被自己的经验所限制，但我希望在形成固定的看法之前，我们可以花些时间思考事实并权衡利弊。

首先，必须谨记，尽管 React 和 Redux 非常契合，但这些技术本身并没有内在联系。构建 React 应用并不需要 Redux，我希望读者已经从本书中了解了这一点。Redux 只是工程师可以使用的另一个工具而已，它不是构建 React 应用的唯一方式，而且肯定不会使“常规”的 React 概念（如本地组件状态）失效。在某些情况下，将组件状态引入 Redux 可能只会徒增开销。

那该怎么办呢？到目前为止，Redux 已经被证明是为应用提供健壮架构的好办法，它对更好地组织代码和功能很有帮助（我们甚至还没有涉及 reducer！）。根据目前的经验，你可能很快就会同意“一切都应放到 store 中”的观点，但我想告诫大家不要冲动，而是要权衡利弊。

根据我的经验，我们可以通过几个问题来引导决定哪些东西属于 Redux store，而哪些不属于。

第一个问题是：应用的很多其他部分需要了解该状态或功能吗？如果是，那这个状态或功能应该放入 Redux store 中。如果状态完全是组件的本地状态，则应该考虑将该状态从 Redux store 中删除。例如下拉菜单，它不需要被用户之外的东西控制。如果应用需要控制下拉菜单是打开还是关闭，并需要对它的打开或关闭做出响应，那么这些状态的改变应该通过 store 进行。但如果不是，那么将状态保持在组件本地就好了。

另一个问题是正在处理的状态是否会被 Redux 简化或更好地表示。如果只是为了使用 Redux 而将组件的状态和行为转换到 Redux 中，那这样做可能只会引入额外的复杂度，却并不能从中得到什么好处。但是，如果状态非常复杂或特殊，而 Redux 却可以使其更容易使用，那就应该将该状态纳入 store 中。

带着这些问题，让我们重新考虑是否应该将用户和身份验证逻辑集成到 Redux 中。应用的其他部分需要了解用户吗？当然需要。能更好地用 Redux 来表达用户逻辑吗？如果不将用户和身份验证逻辑集中到 store 中，可能就需要在应用的不同页面之间重复这些逻辑，这就不太理想了。目前看来，将用户和身份验证逻辑集成到 Redux 中是有意义的。

来看看如何创建这些 action 吧！代码清单 10-13 展示了将要创建的与用户相关的 action。这些示例中将使用 `async/await` 这个 JavaScript 语言的现代特性。如果不熟悉这部分语言的工作原理，那么通读 Mozilla Developer Network 的文档以及 Axel Rauschmayer 博士的 *Exploring ES2016 and ES2017* 可能会有所帮助。

代码清单 10-13　创建用户相关的 action（src/actions/auth.js）

```
import * as types from '../constants/types';
import { history } from '../history';
import { createError } from './error';
import { loading, loaded } from './loading';
import { getFirebaseUser, loginWithGithub, logUserOut, getFirebaseToken }
    from '../backend/auth';
export function loginSuccess(user, token) {
    return {
        type: types.auth.LOGIN_SUCCESS,
        user,
        token
    };
}
export function logoutSuccess() {
```

导入与验证相关的 action 所需的模块

创建登录和登出 action 创建器，登录 action 将被参数化以接受 user 和 token

```
        return {
            type: types.auth.LOGOUT_SUCCESS
        };
    }
    export function logout() {                     <── 使用 Firebase
        return dispatch => {                           登出用户
            return logUserOut()                    <──
                .then(() => {
                    history.push('/login');                   将用户推到登录页面，派发登出 action，
                    dispatch(logoutSuccess());                并清理用户上下文（用于错误跟踪的库）
                    window.Raven.setUserContext();
                })
                .catch(err => dispatch(createError(err)));
        };                                                                使用 Firebase
    }                                                                     登录用户
    export function login() {
        return dispatch => {                                                    async/await 使用 try/catch 的
            return loginWithGithub().then(async () => {                 <──     错误处理语法
                try {                                                   <──
                    dispatch(loading());
                    const user = await getFirebaseUser();              使用 await 从 Firebase
尝试找到从 Firebase 的  const token = await getFirebaseToken();         中获取 user 和 token
API 返回的用户，如果    const res = await API.loadUser(user.uid);
它们不存在（404），必   if (res.status === 404) {
须使用 Firebase 的信息      const userPayload = {
为其注册                        name: user.displayName,
                                profilePicture: user.photoURL,
                                id: user.uid
                            };
            创建新用户      const newUser = await API.createUser(userPayload).then(res
                                => res.json());
                            dispatch(loginSuccess(newUser, token));       使用新用户派
                            dispatch(loaded());                           发登录 action，
                            history.push('/');                            并从函数返回
                            return newUser;
                        }
                        const existingUser = await res.json();            如果用户已存在，派
                        dispatch(loginSuccess(existingUser, token));      发相应的登录 action
                        dispatch(loaded());                               并返回
                        history.push('/');
                        return existingUser;
                    } catch (err) {
                        createError(err);              <──  捕获登录过程中的错误
                    }                                       并将错误派发给 store
                });
            };
        }
```

这样就已经为用户相关的操作、评论、帖子、加载和错误创建了 action。虽然这看起来很多，但是让人高兴的是我们所做的已经创建了应用的大部分原始功能。下一节，我们仍然需要教 Redux 如何使用 reducer 响应状态更改，然后将所有东西连接到 React，但这些重新创建的 action 代表了我们（或用户）可以与应用交互的所有基本方式。这是 Redux 的另一个优点：开发者最终

要做的工作是将功能转换为 action，但最后会得到一个相当全面的用户可以在应用中执行的操作的集合。这比充斥着大量意大利面条代码的代码库要清晰得多，这些代码库往往无法获得准确方法来搞清应用，更不用说采取不同的行动了。

10.2.6 测试 action

接下来，在继续介绍 reducer 之前，我们将为这些 action 编写一些快速测试。方便起见，我不打算为创建的每个 reducer 或 action 编写测试，我只提供一些代表性的示例，以便读者了解如何测试 Redux 应用的不同部分。如果想查看更多示例，可以在应用源代码中查看 test 目录。

Redux 使测试 action 创建器、reducer 和 Redux 架构的其他部分变得简单且直接。更好的是，它们可以独立于前端框架进行测试和维护。这在大型应用中尤其重要，因为测试在这些应用（商业应用而不是周末的业余项目）中是一项重要的工作。对于 action，通常的想法是断言预期的 action 类型，任何必要的荷载信息都基于给定的 action 进行了创建。

大多数 action 创建器都可以很容易地进行测试，因为它们通常返回的是带有类型和荷载信息的对象。虽然有时候也需要做一些额外的设置来适应异步 action 创建器之类的东西。要测试异步 action 创建器，需要使用本章开头安装的模拟的 store（`redux-mock-store`）并使用 `redux-thunk` 来配置它。这样，我们就可以断言异步 action 创建器派发了某种 action，并验证它是否按预期工作。代码清单 10-14 展示了如何在 Redux 中测试 action。

代码清单 10-14 在 Redux 中测试 action（src/actions/comments.test.js）

```
jest.mock('../../src/shared/http');
import configureStore from 'redux-mock-store';
import thunk from 'redux-thunk';
import initialState from '../../src/constants/initialState';
import * as types from '../../src/constants/types';
import {
    showComments,
    toggleComments,
    updateAvailableComments,
    createComment,
    getCommentsForPost
} from '../../src/actions/comments';
import * as API from '../../src/shared/http';

const mockStore = configureStore([thunk]);
describe('login actions', () => {
    let store;
    beforeEach(() => {
      store = mockStore(initialState);
    });
    test('showComments', () => {
      const postId = 'id';
```

使用 Jest 来模拟 HTTP 文件从而免于发起网络请求

导入模拟 store 和 redux 中间件，这样就可以创建模拟 store 来镜像原有的 store

导入需要测试的 action

导入 API，以便可以在其上模拟特定的方法

创建模拟 store 并在每个测试之前重新初始化它

```
        const actual = showComments(postId);
        const expected = { type: types.comments.SHOW, postId };
        expect(actual).toEqual(expected);
    });
    test('toggleComments', () => {
        const postId = 'id';
        const actual = toggleComments(postId);
        const expected = { type: types.comments.TOGGLE, postId };
        expect(actual).toEqual(expected);
    });
    test('updateAvailableComments', () => {
        const comments = ['comments'];
        const actual = updateAvailableComments(comments);
        const expected = { type: types.comments.GET, comments };
        expect(actual).toEqual(expected);
    });
    test('createComment', async () => {
        const mockComment = { content: 'great post!' };
        API.createComment = jest.fn(() => {
            return Promise.resolve({
                json: () => Promise.resolve([mockComment])
            });
        });
        await store.dispatch(createComment(mockComment));
        const actions = store.getActions();
        const expectedActions = [{ type: types.comments.CREATE, comment:
    [mockComment] }];
        expect(actions).toEqual(expectedActions);
    });
    test('getCommentsForPost', async () => {
        const postId = 'id';
        const comments = [{ content: 'great stuff' }];
        API.fetchCommentsForPost = jest.fn(() => {
            return Promise.resolve({
                json: () => Promise.resolve(comments)
            });
        });
        await store.dispatch(getCommentsForPost(postId));
        const actions = store.getActions();
        const expectedActions = [{ type: types.comments.GET, comments }];
        expect(actions).toEqual(expectedActions);
    });
});
```

断言 action 创建器将输出具有正确类型和数据的 action

创建模拟评论并传递给 action 创建器

使用 Jest 模拟来自 API 模块的 createComment 方法

派发 action 并使用 await 等待 Promise 解析完

断言 action 按预期创建

10.2.7 创建用于崩溃报告的自定义 Redux 中间件

现在已经创建了一些 action，但在继续介绍 reducer 之前，还可以添加一些自己的中间件。中间件是 Redux 允许开发者连接到数据流过程中的一种方式（action 被派发到 store，经由 reducer 处理，更新状态，通知监听器）。Redux 的中间件方法类似于 Express 或 Koa（Node.js 的 Web 服务器框架）等工具，只是它解决的问题有所不同。图 10-7 展示了一个以中间件为中心的流的示例，它可能出现在 Express 或 Koa 之类的框架中。

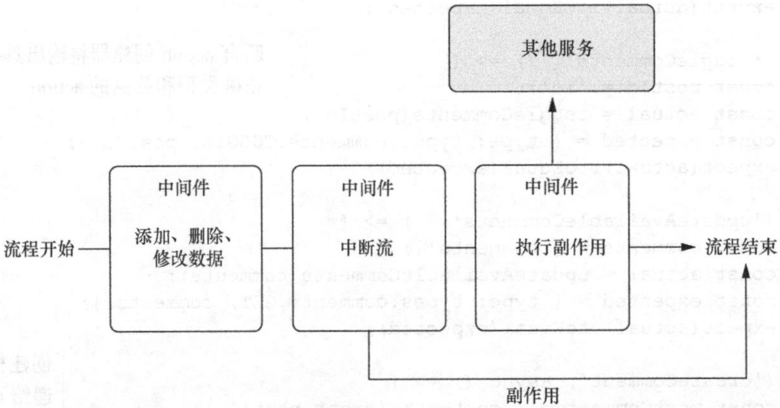

图 10-7 中间件位于流程的起点和终点之间并允许使用者在这之间做各种事情

有时开发者可能希望中断流、将数据发送到另一个 API，或者解决应用的一些其他问题。图 10-7 展示了一些中间件的不同用法：数据修改、流中断和执行副作用。这里的一个关键点是中间件应该是可组合的——开发者应该能够对其中任何一个进行重新排序而不必担心它们会相互影响。

Redux 的中间件允许开发者在派发 action 和 action 到达 reducer 之间做操作（参见图 10-7 的"中间件"部分）。这是一个关注 Redux 应用所有部分的共同问题的好地方，否则很多地方需要重复的代码。

练习 10-1 定义

将术语与其定义相匹配：

A. Store

B. reducer

C. Action

D. Action 创建器

____Redux 的中心状态对象，真相之源。

____包含与更改相关的信息的对象。它们必须有一个类型并且可以包含用于传达事情发生的任何额外的信息。

____Redux 用来根据发生的事情计算状态变化的函数。

____用于创建关于应用中所发生的事情的类型和荷载信息的函数。

例如，使用中间件是集中处理错误、将分析数据发送到第三方 API、记录日志等的好方法。我们将实现一个简单的崩溃报告中间件，该中间件可以确保任何未处理的异常都报告给错误跟踪和管理系统。我使用的是 Sentry，这是一款用于跟踪和记录异常以便以后进行分析的应用，但可以选择使用任何对开发者或团队最合适的工具（Bugsnag 是另一个不错的选择）。代码清单 10-15 展示了如何创建一些基本的错误报告中间件，当 Redux 遇到错误时，这些中间件将对错误进行日志输出并将其发送到 Sentry。通常，当应用出现异常时，工程师会收到某种类型的通知（立即或在仪表盘中），Sentry 会记录这些错误并告诉开发者错误发生的时间。

代码清单 10-15 创建简单的崩溃报告 Redux 中间件

```
// ... src/middleware/crash.js
import { createError } from '../actions/error';
export default store => next => action => {
    try {
        if (action.error) {
            console.error(action.error);
            console.error(action.info);
        }
        return next(action);
    } catch (err) {
        const { user } = store.getState();
        console.error(err);
        window.Raven.setUserContext(user);
        window.Raven.captureException(err);
        return store.dispatch(createError(err));
    }
};
```

- Redux 的 middleware 是由 Redux 注入的复合函数组成的
- 如果没有错误，则继续下一个 action
- 如果有错误，则报告它
- 获取用户信息并将其和错误一起发出；发送错误到 store

```
//... src/store/configureStore.prod.js
import thunk from 'redux-thunk';
 import { createStore, compose, applyMiddleware } from 'redux';

import rootReducer from '../reducers/root';
import crashReporting from '../middleware/crash';

let store;
export default function configureStore(initialState) {
  if (store) {
    return store;
  }
  store = createStore(rootReducer, initialState, compose(
    applyMiddleware(thunk, crashReporting)
  ));
  return store;
}
```

- 引入要在生产中使用的中间件
- 为生产环境添加中间件

这只是使用 Redux 中间件所能做的一个小尝试。Redux 的大量文档包含了 Redux 的丰富信息以及设计和 API 用法的洞察，并且提供了优秀的示例。

10.3 小结

下面是本章的主要内容。

- Redux 是一个库，也是一种应用架构，它不需要与任何特定的库或框架一起使用。但它尤其适用于 React，它作为状态管理和应用架构的首选工具，在很多 React 应用中广受欢迎。
- Redux 注重可预测性，并强制使用严格的数据处理方法。
- store 是一个作为应用的真相之源的对象，它是应用的全局状态。
- Flux 允许有多个 stores，但 Redux 只允许一个。
- reducer 是 Redux 用来基于给定 action 计算状态变化的函数。
- Redux 在许多方面与 Flux 类似，但 Redux 引入了 reducer 的思想，只有单一 store，并且它的 action 创建器不直接派发 action。
- action 包含了关于发生的事情的信息。它们必须具有类型，但可以包含 store 和 reducer 需要的确定如何更新状态的任何额外信息。在 Redux 中，整个应用只有一棵状态树，所有状态都位于一个区域且只能通过特定的 API 进行更新。
- action 创建器是一个函数，这个函数返回可由 store 派发的 action。通过特定的中间件（参见下一项），开发者可以创建异步 action 创建器，这对于调用远程 API 之类的事情非常有用。
- Redux 允许开发者编写中间件，将自定义行为注入 Redux 状态管理流程。中间件在 reducer 激发之前执行，它允许开发者为应用实现一些副作用或实现一些全局解决方案。

在下一章中，我们将继续使用 Redux，了解 reducer 并将它们集成到 React 应用中。

第 11 章 Redux 进阶及 Redux 与 React 集成

本章主要内容

- reducer——Redux 决定状态如何改变的方法
- 在 React 应用中使用 Redux
- 将 Letters Social 转换为使用 Redux 应用架构
- 为应用添加给帖子点赞和评论的功能

在本章中，我们会继续上一章的工作，构建 Redux 架构的基本元素。我们将把 Redux 的 action 和 store 集成到 React 中，并探索 reducer 的工作原理。Redux 是 Flux 模式的一个变种，但它在设计时就考虑了 React，所以能很好地与 React 的单向数据流和 API 一起工作。虽然它并非普遍选择，但许多大型 React 应用在实现状态管理解决方案时都会将 Redux 作为首选之一。读者在 Letters Social 中也会跟着这样做。

如何获取本章代码

和每章一样，读者可以去 GitHub 仓库检出源代码。如果想从头开始编写本章代码，可以使用第 7 章和第 8 章的已有代码（如果跟着编写了示例）或直接检出指定章的分支（chapter-10-11）。

记住，每个分支对应该章末尾的代码（例如，chapter-10-11 对应本章末尾的代码）。读者可以在选定目录下执行以下终端命令之一来获取当前章的代码。

如果还没有代码库，请输入下面的命令来获取：

```
git clone git@github.com:react-in-action/letters-social.git
```

如果已经克隆过代码仓库：

```
git checkout chapter-10-11
```

如果你是从其他章来到这里的，则需要确保已经安装了所有正确的依赖：

```
npm install
```

11.1　reducer 决定状态应该如何改变

我们能够创建和派发 action 以及处理错误，但还不能做任何事情来改变状态。还需要设置 reducer 来处理传入的 action。记住，action 只是用来描述发生了什么事情并说明所发生事情的相关信息的一种方式，仅此而已。而 reducer 的工作则是指定 store 的状态应当怎样响应这些 action 进行改变。

图 11-1 展示了 reducer 如何纳入到我们一直关注的 Redux 全局图中。

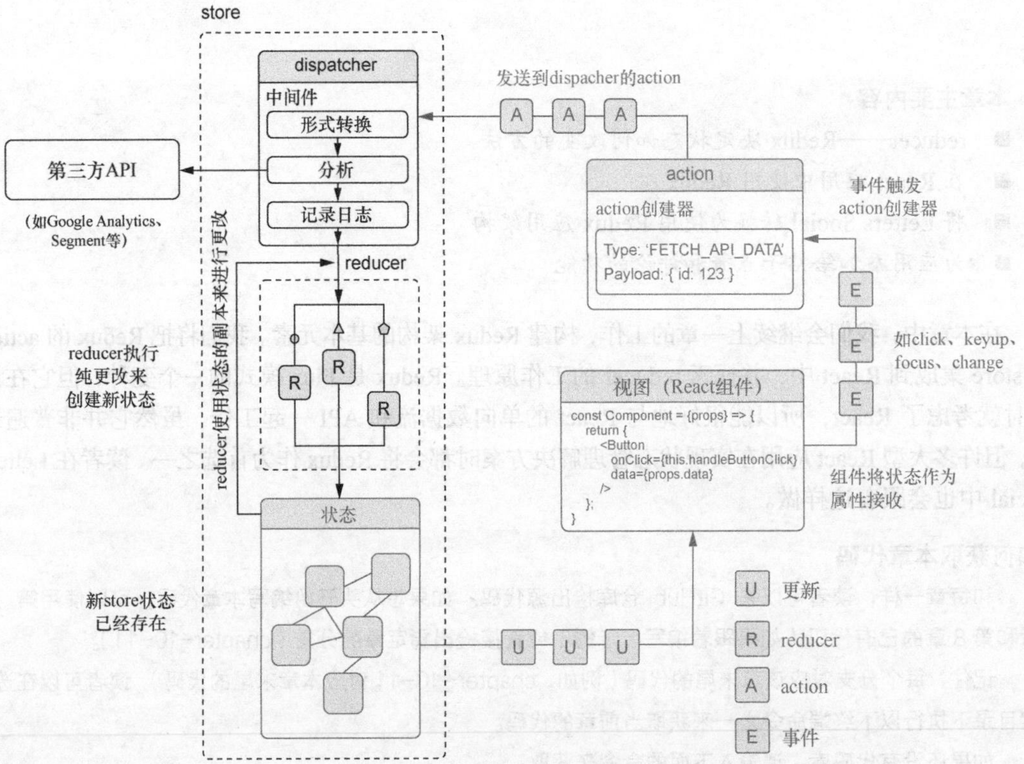

图 11-1　reducer 只是函数，用于确定应该对状态进行哪些更改。可以将它们视为某种应用程序状态网关，用来严格控制传入的更改

但什么是 reducer？到目前为止，如果喜欢 Redux 的简单便捷，将不会对 reducer 感到失望：它们（reducer）只是一些简单的、目标单一的函数。reducer 是把前一个状态和 action 当作参数，返回下一个状态的纯函数（上下文无关的函数）。根据 Redux 的文档，这些函数之所以叫作 reducer 是因为它们的方法签名与传递给 `Array.prototype.reduce` 的一样（举个例子，`[1, 2, 3].reduce((a, b)=>a + b, 0)`）。

reducer 必须是纯函数，意思就是给这个函数同样的输入，每次都会产生相同的相关输出结果。这与产生副作用并常常进行 API 调用的 action 或中间件形成鲜明对比。在 reducer 中执行任何异步或者不纯的操作（如调用 `Date.now` 或者 `Math.random()`）是反模式的，可能降低应用的性能和可靠性。Redux 文档中明确指出："给定相同的参数，reducer 应该计算下一状态并将它返回。没有意外，没有副作用，没有 API 调用，没有更改，只是计算。"

11.1.1 状态的结构与初始状态

reducer 即将开始处理单个 Redux store 的修改，因此是时候讨论一下采用什么结构的 store。设计任何应用程序的状态结构即会影响应用 UI 的工作方式，也会受应用 UI 工作方式的影响，但是通常最好将"原始"数据与 UI 数据尽可能地分离。一种方式是将诸如 ID 之类的数据与其对应的数据分开存储，并使用 ID 来查询数据。

我们将创建一个初始状态文件来帮助确定状态的形式和结构。在 constants 目录中，创建一个名为 initialState.js 的文件。这将是任何 action 被派发或任何更改发生之前 Redux 应用的状态。这个状态文件将包含有关错误和"加载中"状态的信息，以及关于帖子、评论和用户的一些信息。我们将在数组中存储评论和帖子的 ID，并将这些 ID 对应的主要信息存储在可以轻松引用的对象中。代码清单 11-1 展示了设置初始状态的示例。

代码清单 11-1 初始状态以及状态结构（src/constants/initialState.js）

```
export default {
    error: null,                    <-- Redux 用作其初始状态的对象
    loading: false,
    postIds: [],
    posts: {},                      将评论 ID 和帖
    commentIds: [],                 子 ID 与实际数
    comments: {},                   据分开存储
    pagination: {
        first: `${process.env
            .ENDPOINT}/posts?_page=1&_sort=date&_order=DESC&
    _embed=comments&_expand=user&_embed=likes`,
        next: null,
        prev: null,
        last: null
    },                              <-- 存储分页链接（通过 HTTP 头接收）——这只是众多分页实现方式的一种
    user: {
        authenticated: false,       <-- 存储用户身份验证状态信息
        profilePicture: null,
        id: null,
        name: null,
        token: null
    }
};
```

11.1.2 设置 reducer 来响应传入的 action

设置好初始状态之后，我们应该创建一些 reducer 来处理传入的 action，以便 store 能够得到更新。reducer 通常使用 switch 语句来匹配传入的 action 类型，而后更新状态。它们返回一个将被用到的新的状态副本（不是经过更改的同一个版本）来更新 store。reducer 还执行兜底行为，以确保未知类型的 action 仅返回现有状态。有一个之前已经提及的重要事项需要再次重申：reducer 执行计算并且应该根据给定的输入每次返回相同的输出；不应该引起任何副作用或者执行不纯的操作过程。

reducers 负责计算 store 如何改变。在大部分应用程序中，开发人员会有很多 reducers，它们各自负责 store 的一个切片。这有助于保持这些文件整齐划一。开发人员最终会使用 Redux 的 combineReducers 方法将多个 reducer 合并成一个。大部分 reducer 都使用 switch 的 case 语句处理不同的 action 类型并用底部的 default 来保证未知的 action 类型（如果有的话，也许是意外创建的）不会对状态产生任何意外影响。

reducer 还会创建状态的副本，而不会直接改变现存的 store 状态。如果回看图 11-1，可以看到 reducer 执行工作时使用了状态。这种方法类似不可变数据结构的工作方式；创建改变的副本而不是直接改变。代码清单 11-2 展示了如何设置“加载中”状态的 reducer。注意，这种情况仅需要处理一个“扁平”的状态切片（布尔类型的 loading 属性）所以仅需返回 true 或 false 给新状态。读者经常会处理具有多个键或者嵌套属性的状态对象，并且 reducer 需要做比返回 true 或 false 更多的事情。

代码清单 11-2 设置“加载中”状态的 reducer（src/reducers/loading.js）

```
import initialState from '../constants/initialState';
import * as types from '../constants/types';

export function loading(state = initialState.loading, action) {
  switch (action.type) {
    case types.app.LOADING:
      return true;
    case types.app.LOADED:
      return false;
    default:
      return state;
  }}
```

函数接收两个参数，state 和 action

如果 action 有“加载中”的类型，返回 true 给新状态值

处理已加载的情况并返回相应的 false

默认返回现有状态

通常，会使用 switch 语句来明确处理每个 action 类型，以及在默认情况下返回现有状态

现在，当一个与“加载中”相关的 action 被派发，Redux store 对此将能有所行动。当一个 action 传进来并通过所有中间件，Redux 将会调用 reducer 来根据 action 确定应该创建什么新状态。在设置任何 reducer 之前，store 无法知道 action 中包含的更改信息。为了展示这一点，图 11-2 从

流程中删除了 reducer；看看 action 为何无法到达 store？

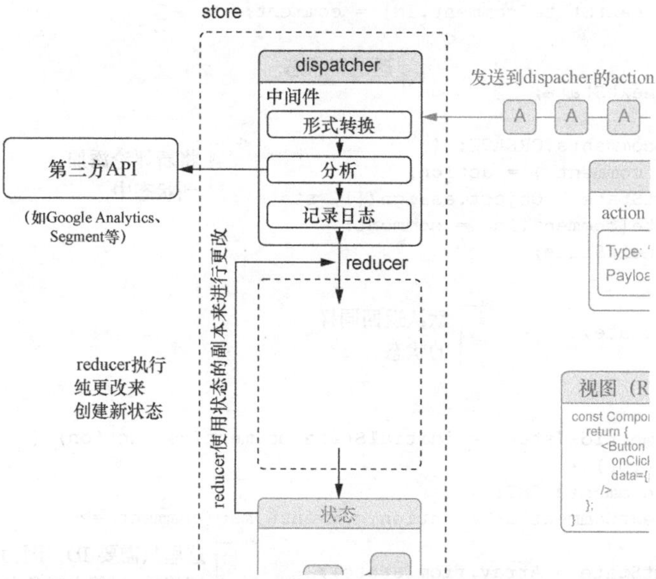

图 11-2　有 reducer 在，当 actions 被派发时，Redux 将会知道如何对 store 进行更改。在中等复杂的应用程序中，通常有很多不同的 reducer，各自负责自己的 store 状态“切片”

接下来，我们会创建另一个 reducer 来让 Redux 技能发挥作用。毕竟，许多 reducer 不会仅仅返回 `true` 或者 `false`，或者至少如果它们这样做，也会比计算 `true` 或者 `false` 要做的更多。Letters Social 应用的另一个关键部分是显示和创建帖子，我们需要将其迁移到 Redux。就像将一个真实的 React 应用迁移到 Redux 一样，应该能够保留很多应用已经使用的逻辑并将它们转换成 Redux 友好的形式。我们将创建两个 reducer 来处理帖子以及一个 reducer 来追踪帖子的 ID。在大型应用中，我们也许会将这些合并到另一个健下，但现在让它们保持分开的状态也不错。这也作为设置多个 reducers 来处理单个 action 的示例。代码清单 11-3 展示了如何创建评论的 reducer。虽然会在这里创建不少 reducer，但一旦完成，应用将不仅对可能发生的 action 有全面的描述，而且会对状态可能改变的方式有全面的描述。

代码清单 11-3　创建评论的 reducer（src/reducers/comments）

```
import initialState from '../constants/initialState';
import * as types from '../constants/types';
export function comments(state = initialState.comments, action) {
    switch (action.type) {
        case types.comments.GET: {
            const { comments } = action;
            let nextState = Object.assign({}, state);
```

用 switch 语句决定如何响应传进来的 action

reducer 是函数，其接收状态对象和 action

引入初始状态

对于 GET，创建状态的副本并添加还没有的评论

```
            for (let comment of comments) {
                if (!nextState[comment.id]) {
                    nextState[comment.id] = comment;
                }
            }
            return nextState;        // 返回新状态
        }
        case types.comments.CREATE: {        // 将新评论添加到状态中
            const { comment } = action;
            let nextState = Object.assign({}, state);
            nextState[comment.id] = comment;
            return nextState;
        }
        default:        // 默认返回同样的状态
            return state;
    }
}

export function commentIds(state = initialState.commentIds, action) {
    switch (action.type) {
        case types.comments.GET: {
            const nextCommentIds = action.comments.map(comment =>
    comment.id);        // 这里只需要 ID，因为我们将 ID 与其主对象分开存储了
            let nextState = Array.from(state);        // 创建前一个状态的副本
            for (let commentId of nextCommentIds) {
                if (!state.includes(commentId)) {
                    nextState.push(commentId);
                }
            }
            return nextState;
        }
        case types.comments.CREATE: {        // 存入新 ID
            const { comment } = action;
            let nextState = Array.from(state);
            nextState.push(comment.id);
            return nextState;
        }
        default:
            return state;
    }
}
```

现在，当派发与评论相关的 action 时，store 的状态会相应更新。注意到程序是如何能够响应那些严格说来不是相同类型的 action 吗？reducer 可以响应在其管辖范围内的 action，即使它们不是完全相同的类型。这是必须做到的，因为即使“帖子”的状态分片管理着帖子，其他类型的 action 仍然可能影响它。这里的要点是，reducer 负责决定状态的特定方面如何改变，而不管传入是哪个 action 或哪种 action 类型。有些 reducer 可能需要知道许多不同类型的 action，而这些 action 与 reducer 操纵的资源（帖子）没有特定关系。

现在已经创建了评论的 reducer，可以创建处理帖子的 reducer 了。这与评论的 reducer 非常相似，可以采用相同的策略将它们分别存储为 ID 和对象。这里还需要了解如何处理为帖子点赞和踩

帖子（我们已经在第 10 章为这个功能创建了 action）。代码清单 11-4 展示了如何创建这些 reducer。

代码清单 11-4 创建帖子的 reducer（src/reducers/posts.js）

```
import initialState from '../constants/initialState';
import * as types from '../constants/types';
export function posts(state = initialState.posts, action) {
    switch (action.type) {
        case types.posts.GET: {                           ◁— 处理获得的新帖子
            const { posts } = action;
            let nextState = Object.assign({}, state);
            for (let post of posts) {
                if (!nextState[post.id]) {
                    nextState[post.id] = post;
                }
            }
            return nextState;
        }
        case types.posts.CREATE: {
            const { post } = action;
            let nextState = Object.assign({}, state);
            if (!nextState[post.id]) {
                nextState[post.id] = post;
            }
            return nextState;
        }
        case types.comments.SHOW: {                       ◁— 显示或隐藏对一个帖子的评论
            let nextState = Object.assign({}, state);
            nextState[action.postId].showComments = true;
            return nextState;
        }
        case types.comments.TOGGLE: {
            let nextState = Object.assign({}, state);
            nextState[action.postId].showComments =
    !nextState[action.postId].showComments;
            return nextState;
        }
        case types.posts.LIKE: {                          ◁— 给帖子点赞或者踩帖子，这涉及用来自 API 的新数据更新状态内的特定帖子
            let nextState = Object.assign({}, state);
            const oldPost = nextState[action.post.id];
            nextState[action.post.id] = Object.assign({}, oldPost, action.post);
            return nextState;
        }
        case types.posts.UNLIKE: {
            let nextState = Object.assign({}, state);
            const oldPost = nextState[action.post.id];
            nextState[action.post.id] = Object.assign({}, oldPost, action.post);
            return nextState;
        }
        case types.comments.CREATE: {
            const { comment } = action;
            let nextState = Object.assign({}, state);
            nextState[comment.postId].comments.push(comment);
            return state;
```

```
        }
        default:
            return state;
    }
}

export function postIds(state = initialState.postIds, action) {  ◁─ 用与处理评论相同的方式处理新 ID
    switch (action.type) {
        case types.posts.GET: {
            const nextPostIds = action.posts.map(post => post.id);
            let nextState = Array.from(state);
            for (let post of nextPostIds) {
                if (!state.includes(post)) {
                    nextState.push(post);
                }
            }
            return nextState;
        }
        case types.posts.CREATE: {
            const { post } = action;
            let nextState = Array.from(state);
            if (!state.includes(post.id)) {
                nextState.push(post.id);
            }
            return nextState;
        }
        default:
            return state;
    }
}
```

这些文件中包含了两个 reducer，因为它们密切相关而且处理相同的基础数据（帖子和评论），但读者也许会发现，大部分情况下开发人员为了简单只想每个文件一个 reducer。多数情况下，reducer 的设置会反映或者至少遵循 store 的结构。读者或许已经注意到其中的微妙之处——设计 store 结构的方法（参见本章早前设置的初始状态）会极大地影响如何定义 reducer，并在较小的程度上也会影响如何定义 action。由此得出的结论是，一般而言花费更多时间来设计状态的结构比随意处理它要好。在设计上花费太少时间也许会导致大量返工来改善状态的结构。而坚实的设计外加 Redux 所给予的模式会让添加新功更容易。

迁移到 Redux：值得吗？

我在本章中已经提过好几次，Redux 的初始设置可能颇费周章（也许读者正在感受），但最终这往往是值得的。显然，不可能所有情况都如此，但我发现我参与的项目的确如此，而且我认识的其他工程师参与的项目也是如此。我参与的一个项目涉及将应用程序从 Flux 完全迁移到 Redux 架构。整个团队大约花费了一个月的时间，但我们能够以最小的不稳定性和 bug 来开始应用程序的重写。

然而，正是因为 Redux 帮助我们落实到位的那些模式，总体结果是能够更快地对产品进行迭代。迁移到 Redux 的几个月后，我们最终完成了应用的一系列重新设计。即使我们最终重构了应用的大部分 React，但 Redux 架构意味着只需对应用的状态管理和业务逻辑部分进行相对较少的修改。更重要的是，Redux 提供的模式使得在必要之处添加应用状态时非常简单。集成 Redux 的好处超过了初始设置以及将应用迁移到 Redux 上的付出，而且会在之后很长时间持续产生效益。

处理了一些更为复杂的 reducer 之后，我们将通过创建错误处理、分页和用户的 reducer 来完结 Redux 的 reducer 部分。在代码清单 11-5 中，我们将从创建错误处理的 reducer 开始。

代码清单 11-5　创建错误处理的 reducer（src/reducers/error.js）

```
import initialState from '../constants/initialState';
import * as types from '../constants/types';
export function error(state = initialState.error, action) {
    switch (action.type) {
        case types.app.ERROR:
            return action.error;
        default:
            return state;
    }
}
```

这个状态分片并不复杂，派发 action 上的错误

接下来，需要确保分页状态可以被更新。现在，分页只与帖子相关，但更大的应用中或许要为应用的许多不同部分设置分页（举个例子，当一个拥有非常多评论的帖子需要一下展示出来时）。对于这个示例应用，只需要处理简单的分页即可，所以我们在代码清单 11-6 中创建了一个分页 reducer。

代码清单 11-6　创建分页的 reducer（src/reducers/pagination.js）

```
import initialState from '../constants/initialState';
import * as types from '../constants/types';
export function pagination(state = initialState.pagination, action) {
    switch (action.type) {
        case types.posts.UPDATE_LINKS:
            const nextState = Object.assign({}, state);
            for (let k in action.links) {
                if (action.links.hasOwnProperty(k)) {
                    if (process.env.NODE_ENV === 'production') {
                        nextState[k] =
    action.links[k].url.replace(/http:\/\//, 'https://');
                    } else {
                        nextState[k] = action.links[k].url;
                    }
                }
            }
            return nextState;
        default:
            return state;
    }
}
```

用新的分页信息来更新那些 URL

创建前一个状态的副本并合并 action 的荷载中的 URL

更新每个链接类型的 URL

由于部署到 ZEIT 时 Letters Social 会终止 SSL，如果无须自己部署，请忽略应对此问题的办法

现在，需要创建 reducer 来响应用户相关的事件，比如登入和登出。在这个 reducer 中，还会

将一些 cookie 存储在浏览器上，以便之后第 12 章处理服务端渲染时使用它们。cookie 是服务端发送给用户浏览器的小片数据。虽然读者可能由于日常使用计算机而熟悉 cookie（有些网站会出于法律原因提醒用户），但也许之前从未以编程方式处理过它们。没关系。我们将使用 js-cookie 库与 cookie 交互，我们所要做的就是当用户验证状态变化时设置或删除特定的 cookie。代码清单 11-7 展示了创建用户的 reducer 来实现这一点。

代码清单 11-7 创建用户的 reducer（src/reducers/user.js）

```
import Cookies from 'js-cookie';                                   ◁── 导入 js-cookie 库以便使用
import initialState from '../constants/initialState';
import * as types from '../constants/types';
export function user(state = initialState.user, action) {
    switch (action.type) {
        case types.auth.LOGIN_SUCCESS:                             ◁── 从 action 中取得 user 和 token
            const { user, token } = action;
            Cookies.set('letters-token', token);                   ◁── 使用 js-cookie 将 token 作为
            return Object.assign({}, state.user, {                     cookie 存储到浏览器上
                authenticated: true,
                name: user.name,
                id: user.id,
                profilePicture: user.profilePicture ||             ◁── 返回新用户数据（包括 token）
    '/static/assets/users/4.jpeg',                                     的状态副本
                token
            });
        case types.auth.LOGOUT_SUCCESS:                            ◁── 当用户登出时，将用户状态置为
            Cookies.remove('letters-token');                           初始状态并清除 cookie
            return initialState.user;
        default:
            return state;
    }
}
```

11.1.3 将 reducer 合并到 store

最后，需要确保将 reducer 与 Redux store 整合在一起。尽管已经创建了这些 reducer，但它们目前没有任何联系。让我们重新看一下第 10 章创建的根 reducer，看看如何向其添加新 reduer。代码清单 11-8 展示了如何将我们创建的 reducer 添加到根 reducer。这里务必要注意的是，`combineReducers` 会根据传入的 reducer 在 store 中创建键。对于代码清单 11-8 中的情况，store 的状态会拥有 `loading` 和 `posts` 键，每个都由它们自己的 reducer 管理。这里使用了 ES2015 的简洁属性表示法，如果读者想的话，也可以把最终的键命名为不同名称。一定要注意，不要觉得函数名必须直接绑定到 store 的键上。

代码清单 11-8 将新 reducer 添加到已存在的根 reducer（src/reducers/root.js）

```
import { combineReducers } from 'redux';
```

```
import { error } from './error';
import { loading } from './loading';
import { pagination } from './pagination';
import { posts, postIds } from './posts';
import { user } from './user';
import { comments, commentIds } from './comments';

const rootReducer = combineReducers({
    commentIds,
    comments,
    error,
    loading,
    pagination,
    postIds,
    posts,
    user
});

export default rootReducer;
```

导入 reducer，以便可以将它们添加到根 reducer 中

combineReducers 会将每个 reducer 挂载到相应的键上，如想要，也可以改变键的名称

11.1.4 测试 reducer

得益于 reducer 纯函数和没有耦合的特性——它们只是函数，测试 Redux 的 reducer 非常简单直接。要测试 reducer，应该断言对于给定的输入它们应该生成特定的状态。代码清单 11-9 展示了如何测试为帖子和帖子 ID 的状态所创建的 reducer。和 Redux 的其他部分一样，reducer 是函数这一点使它们易于隔离和测试。

代码清单 11-9 测试 reducer（src/reducers/posts.test.js）

```
jest.mock('js-cookie');

import Cookies from 'js-cookie';

import { user } from '../../src/reducers/user';
import initialState from '../../src/constants/initialState';
import * as types from '../../src/constants/types';

describe('user', () => {
    test('should return the initial state', () => {
        expect(user(initialState.user, {})).toEqual(initialState.user);
    });
    test(`${types.auth.LOGIN_SUCCESS}`, () => {
        const mockUser = {
            name: 'name',
            id: 'id',
            profilePicture: 'pic'
        };
        const mockToken = 'token';
        const expectedState = {
            name: 'name',
            id: 'id',
            profilePicture: 'pic',
```

模拟 js-cookie 库

导入需要测试的 reducer 和类型

断言默认会返回初始状态

创建要断言的模拟用户、token 和期望状态

```
            token: mockToken,
            authenticated: true
        };
        expect(
            user(initialState.user, {
                type: types.auth.LOGIN_SUCCESS,
                user: mockUser,
                token: mockToken
            })
        ).toEqual(expectedState);
        expect(Cookies).toHaveBeenCalled();
    });
    test(`${types.auth.LOGOUT_SUCCESS}, browser`, () => {
        expect(
            user(initialState.user, {
                type: types.auth.LOGOUT_SUCCESS
            })
        ).toEqual(initialState.user);
        expect(Cookies).toHaveBeenCalled();
    });
});
```

给定一个登录 action，断言状态按预期改变

断言模拟 cookies 会被访问

对 LOGOUT_SUCCESS 的 action 进行相似的断言

到目前为止，我们介绍了 Redux 应用的大部分基础知识：store、reducer、action 以及中间件！Redux 生态系统很健壮，有很多领域读者可以自行浏览。我们忽略了 API 及 Redux 生态系统的某些部分，比如中间件的高级用法、选择器（与 store 状态交互的优化方案）等。我们还特意省略了对 store API 的全面介绍（举个例子，如使用 `store.subscribe()`与更新事件交互）。这是因为处理这部分 Redux 的具体细节将被抽象到 `react-redux` 库中。我还在我的博客上整理了 React 生态系统的指南，也包括 Redux。

练习 11-1 判断对错

虽然 Redux 相对于它做的事情还只是一个很小的库，但它对于数据流如何处理 store、reducer、action 和中间件还有一些明确的观点。花点时间评估下面的陈述来检查对此的理解（判断对错）。

- reducer 应该直接修改现有状态。（T|F）
- Redux 默认包含一种处理异步任务（比如网络请求）的方法。（T|F）
- 为每个 reducer 缺省包含一个初始状态是个不错的主意。（T|F）
- reducer 可以被合并，这让分离状态分片更容易。（T|F）

11.2 将 React 和 Redux 结合起来

我们在 Redux 上已经取得不错的进展，但此刻 React 组件对此一无所知。我们还需要以某种方式将它们结合起来。我们已经构建出要使用的 reducer、action 和 store，完成了 Redux 的设置过程，现在可以开始将新架构与 React 进行结合。读者也许已经注意到，不需要对 React 做太多工作就可以让 Redux 启动并运行起来。这是因为 Redux 可以在不考虑特定框架的情况下进行实现——或者根本不需要任何框架。诚然，Redux 的工作方式与 React 应用尤为契合，而这至少是

Redux 成为 React 应用架构最受欢迎的选择之一的部分原因。但记住，即使开始集成 React 和 Redux，仍然可以将 Redux 和 Angular、Vue、Preact 或者 Ember 集成。

11.2.1 容器组件与展示组件

当把 Redux 集成到 React 应用中时，几乎可以肯定要用到 `react-redux` 库。这个库作为抽象，涵盖了将 Redux 的 store、action 集成到 React 组件中。我会介绍一些 `react-redux` 的使用方式，包括如何将 action 引入组件，以及讨论一些新组件类型：展示组件和容器组件。我们不再需要将状态分配到多个组件中，因为 Redux 负责用 action、reducer 和 store 来管理应用的状态。再次注意，创建不使用 Redux 的 React 应用本身并没有任何问题，开发人员依然可以继续得到使用 React 的其他所有好处。Redux 的可预测性及增加的结构使设计和维护大型复杂 React 应用更加容易，而这正是许多团队选择使用它而非“纯”React 的原因所在。

这两个新类别的组件（展示组件和容器组件）实际上只是组件已经做的事情的更有针对性的表现形式。“任何旧”组件与展示组件或容器组件之间的区别就在于它们做什么。展示组件处理 UI 和 UI 相关的数据，容器组件处理应用程序数据（按 Redux 的方式），而不是让任何组件去处理样式、UI 数据和应用数据。

理解容器组件和展示组件之间的区别很重要，程序也在做相同的事情，但是以更好的关注点分离的方式进行。我们并没有将全新的东西引入到使用 Redux 的应用中；React 组件仍然接收属性，维护状态，响应事件，并使用与之前相同的生命周期来渲染。`react-redux` 提供的关键不同在于将 store、reducer 和 action 整合到了组件中。而展示组件和容器组件之间的新划分不过是一种让生活更轻松的模式罢了。

让我们看看这两种在 Redux 架构的 React 应用程序中使用的通用组件。如前所述，展示组件是“只用于 UI”的组件。这意味着它们通常与确定应用程序数据如何更改、更新或发送没有太大关系。

以下是展示组件的一些基础知识。

- 它们处理事物如何展示而不是数据如何流动或确定。
- 它们仅在必要时才拥有自己的状态（它们是带有支撑实例的 React 类）；大多数时候，它们应该是无状态的函数组件，通过 `react-redux` 的绑定接收来自于 Redux 的属性。
- 当它们拥有自己的状态时，应该是 UI 相关的数据，而不是应用程序数据。举个例子：一个打开或关闭的下拉菜单项和它的状态。
- 它们不决定数据如何加载或者改变，那应该主要发生在容器组件中。
- 它们通常由“手工”创建，而不是通过 `react-redux` 库。
- 它们也许会持有样式信息、像 CSS 类这样的东西、其他样式相关的组件以及任何其他 UI 相关的数据。

如果正在探索 React/Redux 生态系统，可能听别人提过“smart”组件（容器组件）和“dumb”组件（展示组件）。这种提法已经过时了，因为这非但一点帮助都没有反而还有轻蔑的意味，但如果读者看到那些术语，要能把它们对应到展示/容器分类上。鉴于此，容器组件完成以下所有事情。

- 作为数据源而且可以有状态，状态通常来自于 Redux store。
- 将数据和行为信息（如 action）提供给展示组件。
- 可以包含其他展示组件或容器组件；容器组件作为包含许多展示组件的父组件是很常见的。
- 通常使用 `react-redux` 库的 `connect` 方法来创建（稍后会详细介绍）而且通常是高阶组件（从其他组件创建新组件的组件）。
- 通常不会有与应用数据无关的样式信息。举个例子，在 Redux store 里的用户资料的状态分片也许会将“red”记录为用户“最喜欢的颜色”，但容器不会将该数据用于任何样式，它只会把数据传递给展示组件。

在本章中，我们会采用折中的方式，将组件分解为展示组件和连接组件或容器组件。对于每个想要连接到 Redux store 的组件，将会做如下事项。

- 除常规组件之外，通过导出连接组件来修改它。
- 将任何属性和状态移动到 `react-redux` 能够使用的特定函数中（稍后会详细介绍）。
- 引入任何需要的 action 并将其绑定到组件的 `actions` 属性上。
- 在适当的情况下将本地状态替换为已经与 Redux store 建立映射的属性。

图 11-3 会帮助我们更好地了解连接组件的工作原理。虽然相同的 Redux 元素还在，但已围绕 React 组件进行了“重新排列”，以便来自 store 的更新会传递给组件。

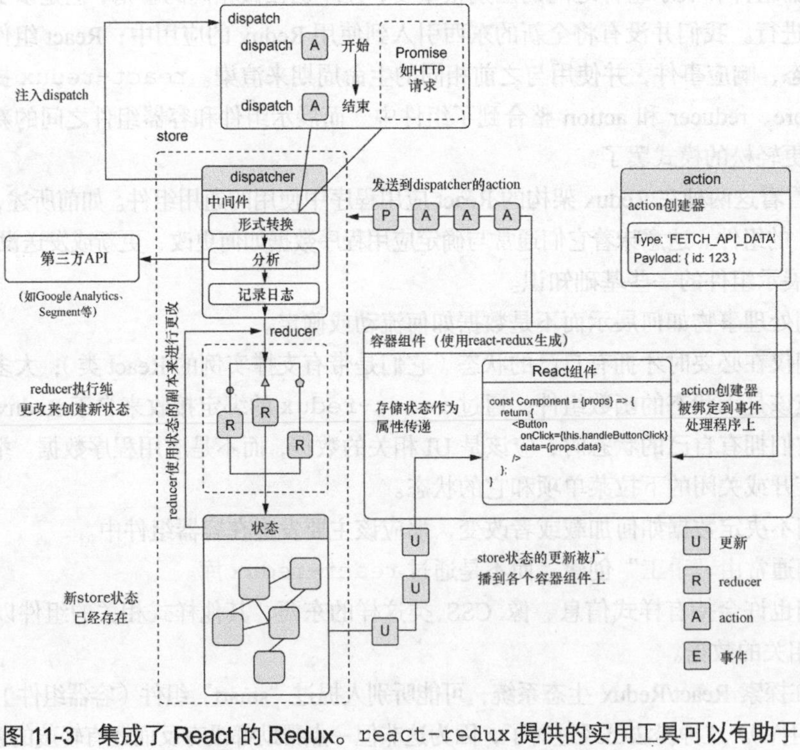

图 11-3 集成了 React 的 Redux。`react-redux` 提供的实用工具可以有助于生成组件（高阶组件——生成其他组件的组件）

本章没有足够的篇幅介绍我们在本书中接触到的所有组件的转换，但容器组件和展示组件之间的区别以及 React 和 Redux 的集成方式应该提供了一些良好的入门实践，从而指明正确的方向。

11.2.2 使用<Provider />将组件连接到 Redux store

将 Redux 设置集成到 React 应用的第一步是用 react-redux 提供的 Provider 组件来包装整个应用程序。这个组件接收 Redux store 作为属性并使该 store 对“连接”组件可用——另一种描述连接到 Redux 的组件的方法。几乎所有情况下，这都是 React 组件和 Redux 集成的核心。容器必须有一个可用的 store，否则应用程序就无法正常运行（甚至根本不会运行）。代码清单 11-10 展示了如何使用 Provider 组件以及更新用户验证监听器来处理 Redux 的 action。

代码清单 11-10 用 react-redux 的<Provider />包装应用程序

```
import React from 'react';
import { render } from 'react-dom';
import { Provider } from 'react-redux';
import Firebase from 'firebase';

import * as API from './shared/http';
import { history } from './history';

import configureStore from './store/configureStore';
import initialReduxState from './constants/initialState';

import Route from './components/router/Route';
import Router from './components/router/Router';
import App from './app';
import Home from './pages/home';
import SinglePost from './pages/post';
import Login from './pages/login';
import NotFound from './pages/404';

import { createError } from './actions/error';
import { loginSuccess } from './actions/auth';
import { loaded, loading } from './actions/loading';
import { getFirebaseUser, getFirebaseToken } from './backend/auth';

import './shared/crash';
import './shared/service-worker';
import './shared/vendor';
import './styles/styles.scss';

const store = configureStore(initialReduxState);

const renderApp = (state, callback = () => {}) => {
    render(
        <Provider store={store}>
            <Router {...state}>
                <Route path="" component={App}>
                    <Route path="/" component={Home} />
                    <Route path="/posts/:postId" component={SinglePost} />
```

这里导入我们需要的 Redux 相关模块

用初始状态创建一个 Redux store

用 react-redux 的 Provider 包装路由器并且将 store 传递给它

```
                <Route path="/login" component={Login} />
                <Route path="*" component={NotFound} />
            </Route>
        </Router>
    </Provider>,
    document.getElementById('app'),
    callback
  );
};

const initialState = {
    location: window.location.pathname
};

// Render the app initially
renderApp(initialState);

history.listen(location => {
    const user = Firebase.auth().currentUser;
    const newState = Object.assign(initialState, { location: user ?
     location.pathname : '/login' });
    renderApp(newState);
});
```

历史监听器保持不变

```
getFirebaseUser()
    .then(async user => {
        if (!user) {
            return history.push('/login');
        }
        store.dispatch(loading());
```

从 Firebase 获取用户并派发一个"加载中"action

```
        const token = await getFirebaseToken();
        const res = await API.loadUser(user.uid);
        if (res.status === 404) {
            const userPayload = {
                name: user.displayName,
                profilePicture: user.photoURL,
                id: user.uid
            };
            const newUser = await API.createUser(userPayload).then(res =>
 res.json());
            store.dispatch(loginSuccess(newUser, token));
            store.dispatch(loaded());
            history.push('/');
            return newUser;
        }
```

如果没有用户，就新建一个并派发 user 和 token

```
        const existingUser = await res.json();
        store.dispatch(loginSuccess(existingUser, token));
        store.dispatch(loaded());
        history.push('/');
        return existingUser;
    })
    .catch(err => createError(err));
//...
```

加载已存在的用户，然后派发

现在，store 对组件可用了，可以将它们连接到 store。记得图 11.3，react-redux 会将 store 状态作为属性注入到组件中，并在 store 更新时更改那些属性。如果没有使用 react-redux，则需要基于逐个组件手工订阅来自 store 的更新。

为了连接 store，需要使用 react-redux 的 connect 工具函数。它会生成一个连接到 Redux store 的容器组件（因此得名）并在 store 变化时应用更新。这个 connect 方法仅有几个参数，但它比乍看上去要复杂得多。对于正在完成的工作，即要使用订阅 store 的能力，也要使用注入 store 的 dispatch 函数，以便能够为组件创建 action。

为了注入状态，需要传入一个函数（mapStateToProps），该函数接收状态作为参数并返回一个对象，这个对象会与提供给组件的属性进行合并，每当这个组件接收到新属性时，react-redux 会再次调用这个函数。一旦使用 connect 包装了组件，就需要调整组件内部使用属性的方式（接下来会介绍 action）；不应该使用 state，除非它与特定的 UI 数据相关。记住，虽然这被认为是最佳实践，但并不意味着不存在展示组件和容器组件之间界限模糊的情况。即使这种情况很少，但是它们的确存在。要为团队和特定情况做出最好的工程决策。

代码清单 11-11 展示了如何使用 connect 以及如何调整 Home 组件内属性的访问方式并将 Home 组件转换为无状态函数组件。我们将使用最终传递的两个参数中的第一个来完成连接：mapStateToProps。这个函数接收状态（store 的状态）及 ownProps 这个额外的参数，它将用来传递任何要传给容器组件的额外属性。现在还不会用到这个参数，但 API 提供它以防需要。

代码清单 11-11 mapStateToProps（src/pages/Home.js）

```
import PropTypes from 'prop-types';
import React, { Component } from 'react';
import { connect } from 'react-redux';
import orderBy from 'lodash/orderBy';          <-- 使用 Lodash 的 orderBy 函数来对帖子排序

import Ad from '../components/ad/Ad';
import CreatePost from '../components/post/Create';
import Post from '../components/post/Post';
import Welcome from '../components/welcome/Welcome';     导入 Home 页显示的组件

export class Home extends Component {
    render() {
        return (
            <div className="home">
                <Welcome />
                <div>
                    <CreatePost />
                    {this.props.posts && (          <-- 在 posts 上调用 map
                        <div className="posts">
                            {this.props.posts.map(post => (
                                <Post
                                    key={post.id}
                                    post={post}      传入帖子和帖子 ID（mapStateToProps 将会进一步处理）
                                />
                            ))}
                        </div>
                    )}
                    <button className="block">
                        Load more posts
```

```
                </button>
            </div>
            <div>
                <Ad url="https://ifelse.io/book" imageUrl="/static/
    assets/ads/ria.png" />
                <Ad url="https://ifelse.io/book" imageUrl="/static/
    assets/ads/orly.jpg" />
            </div>
        </div>
      );
    }
}
//...
export const mapStateToProps = state => {
    const posts = orderBy(state.postIds.map(postId => state.posts[postId]),
     'date', 'desc');
    return { posts };
};
export default connect(mapStateToProps)(Home);
```

通过 map 得到 posts 并使用 orderBy 对其进行排序

mapStateToProps 函数返回用于连接组件的属性

导出连接组件

现在运行应用（使用 npm run dev），应该不会遇到任何运行时错误，但也看不到任何帖子，这是因为没有任何 action 来做任何事情。但如果打开 React 开发者工具，应该能够看到 react-redux 在创建连接组件。注意 connect 是如何创建另一个组件来包装传入的组件并提供给它一组新属性的。在幕后，它还会订阅来自 Redux store 的更新并将它们作为新属性传递给容器组件。图 11-4 展示了当打开开发者工具和应用时会看到的内容。

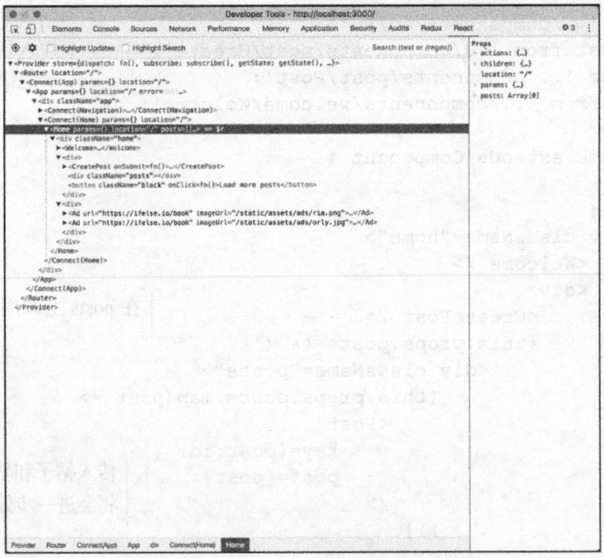

图 11-4 如果打开 React 开发者工具，能够找出新连接的容器以及 connect 传递给它的属性。注意 connect 函数是如何包装传入的组件来创建新组件的

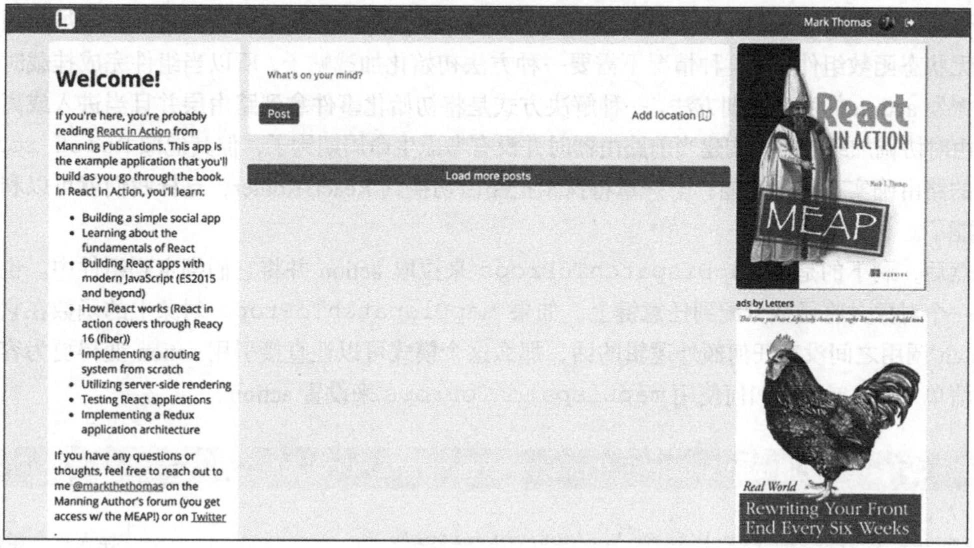

图 11-4　如果打开 React 开发者工具，能够找出新连接的容器以及 connect 传递给它的属性。注意 connect 函数是如何包装传入的组件来创建新组件的（续）

11.2.3　将 action 绑定到组件的事件处理器上

需要让应用程序再次响应用户的操作。做到这一点会用到第二个函数：mapDispatchToProps。这个函数的功能就如同其名称一样——它有一个 dispatch 参数，就是要注入到组件中的 store 的 dispatch 方法。也许读者已经从第 10 章的图 10-3 或者 React 开发者工具中注意到容器的属性中有一个注入的 dispatch 方法；可以按原样使用该 dispatch 函数，因为如果不提供 mapDispatchToProps 函数，它会自动被注入到属性中。但使用 mapDispatchToProps 是有好处的，可以使用它将组件特定的 action 逻辑从组件中分离出来并让测试变得更容易。

练习 11-2　源代码任务

react-redux 库提供了非常不错的抽象，这些抽象已经经过许多使用 Redux 和 React 的公司和个人的实战测试。但使用者并非一定要用这个库才能让 React 与 Redux 一起运行。作为练习，花些时间仔细阅读 react-redux 的源代码。这不是建议读者创造自己的方式来连接 React 和 Redux，而是应该能够了解这并不是“魔法”。

mapDispatchToProps 函数会被 react-redeux 调用，而结果对象会被合并到组件的属性中去。它会被用来设置 action 创建器并使其对组件可用。我们还会利用 Redux 提供的 bindActionCreators 辅助工具函数。bindActionCreators 将值为 action 创建器的对象转换为具有相同键的对象——不同之处在于每个 action 创建器都被包裹在一个 dispatch 调用中，以便它们被直接调用。

也许已经在代码清单 11-11 中注意到使用的是 React 类而不是无状态函数组件。虽然通常会创建无状态函数组件，但这种情况下需要一种方法初始化加载帖子，所以当组件完成挂载时需要能够派发 action 的生命周期方法。一种解决方式是将初始化事件拿到路由层并且当进入或离开某些路由时协调加载数据。构建当前路由器时并没有考虑生命周期钩子，但其他像 React-router 这样的路由确实有这个功能。下一章将探索把路由切换到 React Router，这样我们就可以利用这个功能了。

然后，剩下的是用 mapDispatchToProps 来拉取 action 并将它们绑定到组件中。也可以创建一个对象并将函数分配到任意键上。如果 mapDispatchToProps 对象上的函数在它们和 dispatch 调用之间没有任何额外逻辑的话，那么这个模式可以让直接引用 action 变得更为容易。代码清单 11-12 展示了如何使用 mapDispatchToProps 来设置 action。

代码清单 11-12 使用 mapDispatchToProps（src/containers/Home.js）

```
// ...
import { createError } from '../actions/error';
import { createNewPost, getPostsForPage } from '../actions/posts';
import { showComments } from '../actions/comments';
import Ad from '../components/ad/Ad';
import CreatePost from '../components/post/Create';
import Post from '../components/post/Post';
import Welcome from '../components/welcome/Welcome';
export class Home extends Component {
    componentDidMount() {
        this.props.actions.getPostsForPage();
    }
    componentDidCatch(err, info) {
        this.props.actions.createError(err, info);
    }
    render() {
        return (
            <div className="home">
                <Welcome />
                <div>
                    <CreatePost onSubmit={this.props.actions.createNewPost} />
                    {this.props.posts && (
                        <div className="posts">
                            {this.props.posts.map(post => (
                                <Post
                                    key={post.id}
                                    post={post}
                                    openCommentsDrawer=
        {this.props.actions.showComments}
                                />
                            ))}
                        </div>
                    )}
                    <button className="block"
        onClick={this.props.actions.getNextPageOfPosts}>
                        Load more posts
```

导入这个组件需要的 action

当组件挂载时加载帖子

如果组件中发生错误，用 componentDidCatch 来处理它，并将错误派发到 store

将创建帖子的 action 传递给 CreatePost 组件

通过 props 传递 showComments action

传递加载更多帖子的 action

```
                    </button>
                </div>
                <div>
                    <Ad url="https://ifelse.io/book" imageUrl="/static/
    assets/ads/ria.png" />
                    <Ad url="https://ifelse.io/book" imageUrl="/static/
    assets/ads/orly.jpg" />
                </div>
            </div>
        );
    }
}
//...
export const mapDispatchToProps = dispatch => {
    return {
        actions: bindActionCreators(
            {
                createNewPost,
                getPostsForPage,
                showComments,
                createError,
                getNextPageOfPosts: getPostsForPage.bind(this, 'next')
            },
            dispatch
        )
    };
};

export default connect(mapStateToProps, mapDispatchToProps)(Home);
```

使用 bindActionCreators 来绑定并将 action 包装在一个 dispatch 调用中

使用.bind()确保每次使用'next'参数调用 getPostsForPage

如此一来，已经将组件连接到 Redux 了！就像早先提到的，没有足够的篇幅介绍应用中每个使用 Redux 的组件的转换。好消息是它们都遵循相同的模式（用 `mapStateToProps` 和 `mapDispatchToProps` 创建，用 `connect` 导出），可以用 Home 页的相同处理方式将其转换到与 Redux 进行交互。以下是应用代码中已经连接到 Redux store 的其他组件：

- App——src/app.js；
- Comments——src/components/comment/Comments.js；
- Error——src/components/error/Error.js；
- Navigation——src/components/nav/navbar.js；
- PostActionSection——src/components/post/PostActionSection.js；
- Posts——src/components/post/Posts.js；
- Login——src/pages/login.js；
- SinglePost——src/pages/post.js。

随着所有这些组件都已集成，应用程序将会转变为使用 Redux！现在读者知道如何添加一个 Redux “环”（action 创建器，reducer 处理 action，以及连接任何组件），要如何添加用户资料这样的新的功能？还可以向 Letters Social 添加其他什么功能？幸运的是，Letters Social 应用还有很多可以扩展的地方和方法，可以通过它们来尝试使用 Redux。

11.2.4 更新测试

当将 Home 组件转换到 React 时，会破坏以前为它写的测试。现在将进行修复。幸运的是，现在大部分测试逻辑应该放在其他地方，因此如果可能，这些测试应该比它们以前更简单。代码清单 11-13 展示了 Home 组件更新后的测试文件。

代码清单 11-13 更新 Home 组件的测试（src/containers/Home.test.js）

```
jest.mock('mapbox');                                  ⊲ 模拟 Mapbox，因为 CreateComment 会尝
import React from 'react';                              试使用它，从 react-test-renderer 中导入
import renderer from 'react-test-renderer';           ⊲ renderer
import { Provider } from 'react-redux';

import { Home, mapStateToProps, mapDispatchToProps } from
    '../../src/pages/home';                                          ⊲
import configureStore from '../../src/store/configureStore';           用一些帖
import initialState from '../../src/constants/initialState';            子创建初
                                                                         始状态
const now = new Date().getTime();                                    ⊲
describe('Single post page', () => {
    const state = Object.assign({}, initialState, {                  ⊲
        posts: {
            2: { content: 'stuff', likes: [], date: now },
            1: { content: 'stuff', likes: [], date: now }
        },
        postIds: [1, 2]                            用初始状态来创
    });                                            建一个 store
    const store = configureStore(state);       ⊲
    test('mapStateToProps', () => {                  ⊲ 测试 mapStateToProps，
        expect(mapStateToProps(state)).toEqual({       断言特定的状态会产生
            posts: [                                    正确的 props
                { content: 'stuff', likes: [], date: now },
                { content: 'stuff', likes: [], date: now }
            ]
        });                                      断言 mapDispatchToProps 函
    });                                          数拥有所有正确属性
    test('mapDispatchToProps', () => {       ⊲
        const dispatchStub = jest.fn();
        const mappedDispatch = mapDispatchToProps(dispatchStub);
        expect(mappedDispatch.actions.createNewPost).toBeDefined();
        expect(mappedDispatch.actions.getPostsForPage).toBeDefined();
        expect(mappedDispatch.actions.showComments).toBeDefined();
        expect(mappedDispatch.actions.createError).toBeDefined();
        expect(mappedDispatch.actions.getNextPageOfPosts).toBeDefined();
    });                                                   执行快照测试来断言组件
    test('should render posts', function() {{        ⊲ 的输出不会改变
    const props = {
        posts: [
            { id: 1, content: 'stuff', likes: [], date: now },
            { id: 2, content: 'stuff', likes: [], date: now
```

```
            ],
            actions: {
                getPostsForPage: jest.fn(),
                createNewPost: jest.fn(),
                createError: jest.fn(),
                showComments: jest.fn()
            }
        };
        const component = renderer.create(
            <Provider store={store}>
                <Home {...props} />
            </Provider>
        );
        let tree = component.toJSON();
        expect(tree).toMatchSnapshot();   <-- 执行快照测试来断言组件的输出不会改变
    });
});
```

11.3 小结

下面是本章中我们学到的主要内容。

- reducer 是 Redux 用来基于给定的 action 计算状态更改的函数。
- 除了引入 reducer 概念，Redux 在很多方面与 Flux 相似，有单一的 store，以及 action 创建器不直接分发 action。
- action 包含有关变更的信息。它们必须有类型，但可以包含其他任何信息，store 和 reducer 需要用这些信息决定状态如何被更新。在 Redux 中，整个应用只有一个状态树；状态都存在于一个区域并只能通过特定 API 进行更新。
- action 创建器是函数，其返回可以被 store 分发的 action。使用某些中间件（参见下一个要点），可以创建异步 action 创建器，这对调用远程 API 之类的事情很有用。
- Redux 允许自己编写中间件，中间件是将自定义行为注入 Redux 状态管理过程的地方。中间件在 reducer 被调用之前执行并且容许执行有副作用或者实现应用的全局方案。
- `react-redux` 提供了绑定 React 组件的方法，让使用者可以将组件连接到 store，处理新 props 的传递，以及检查来自于 Redux 的更新（当 store 变化的时候）。
- 容器组件是仅处理数据且与 UI 无关的组件（想想“仅应用程序数据”）。
- 展示组件仅关心能看到什么或者 UI 相关的数据，比如一个下拉菜单是否打开（想想“所能看到的东西”）。
- Redux 强制单向数据流模式，其中数据更改由响应 action 的 reducer 计算并应用于 store。

在下一章中，我们会探索现代 Web 应用程序中服务端渲染的可能性，我们将开始在服务端使用 React。

第 12 章 服务器端 React 与集成 React Router

本章主要内容

- React 服务器端渲染
- 为应用添加服务器端渲染的时机
- 将路由设置转换为 React Router
- 使用 React Router 处理经过身份验证的路由
- 在服务器端渲染期间获取数据
- 在服务器端渲染过程中使用 Redux

你知道可以在浏览器之外使用 React 吗？这是因为 `react-dom` 库的某些部分不需要浏览器环境就可以工作，而且能够在 Node.js 运行时（或几乎任何有足够语言支持的 JavaScript 运行时）中运行。为了公平起见，大部分平台无关的 JavaScript 都能够在浏览器或服务器端运行，但 Node.js 平台上读取文件或加密等与 IO 相关的特性以及浏览器平台上与用户相关的事件和与 DOM 相关的方面除外。随着 Node.js 平台的壮大和普及，越来越多的框架开始编写时就考虑到对服务器和浏览器的支持。

对 React 来说也是如此，它通过 React DOM 的服务器端 API 来支持服务器端渲染（Server-Side Rendering，SSR）。这是什么意思呢？SSR 通常生成可以通过 HTTP 或其他协议发送到浏览器的静态 HTML 标记，SSR 仍旧是“渲染”，只不过是在服务器上下文中。应用程序集成 SSR 在某些情况下是有用的，但某些情况下却没有必要。我们将在本章研究一些服务器端渲染的历史背景，看看什么时候实现它是有意义的，并将它集成到 Letters Social 应用中，替换掉第 7 章和第 8 章中创建的路由器，以便更好地支持 SSR 并顾及后续改进。我们将使用 React 来实现一个简单版的服务器端渲染，借此来熟悉基本概念。

如何获取本章代码

和每章一样，读者可以去 GitHub 仓库检出源代码。如果想从头开始编写本章代码，可以使用第 10 章和第 11 章的已有代码（如果跟着编写了示例）或直接检出指定章的代码（chapter-12）。

记住，每个分支对应该章末尾的代码（例如，分支 chapter-12 对应本章末尾的代码）。读者可以在选定目录下执行以下终端命令之一来获取当前章的代码：

如果还没有代码库，请输入下面的命令来获取：

```
git clone git@github.com:react-in-action/letters-social.git
```

如果已经克隆过代码仓库：

```
git checkout chapter-12
```

如果你是从其他章来到这里的，则需要确保已经正确安装了所有的依赖：

```
npm install
```

12.1 什么是服务器端渲染

在研究服务器端使用 React 之前，让我们先简要回顾一下 Web 应用程序渲染的历史。如果已经熟悉 SSR 的工作原理（也许以前使用过 Ruby on Rails 或 Laravel 之类的框架，或者已经了解了这种机制），可以跳到 12.1.4 节，直接开始为应用程序实现 SSR。

在过去（今天许多应用仍然如此），只拥有服务器端渲染视图的应用才是普遍情况。通常这些应用会创建带有用户相关信息或其他数据的 HTML 字符串并通过 HTTP 将这些字符串发送到浏览器。虽然情况最终会有所好转，但一开始甚至服务器端也很原始。开发人员创建简单的服务器端脚本，这些脚本手动将 HTML 字符串的各个部分连接在一起，然后将形式的这个整体作为响应发送出去。这种方法虽然奏效，但让事情变得更为困难，因为手动创建连接起来的视图非常耗时而且可能很难更改。随着时间的推移，一些框架甚至语言被开发或创建出来以使开发人员能够更好地构建主要在服务器端渲染的用户界面。

图 12-1 展示了这个过程的大致情况。其基本思想是，服务器使用动态生成的 HTML 响应来自浏览器的请求，这些 HTML 以某种方式包含了特定于请求用户的信息。ERB 模板示例展示了工程师在创建 HTML 时要处理的内容。如果你之前接触过 Node.js 社区，可能会熟悉 Pug（别名 Jade）模板语言。

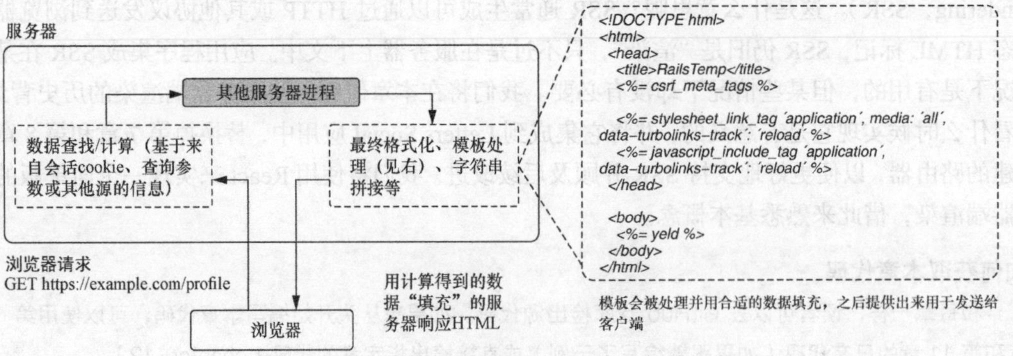

图 12-1　服务器端渲染的简单概览

Ruby on Rails、WordPress（基于 PHP 的内容管理框架）以及其他框架被开发并发展起来，以满足用这种方式构建应用的需求。这种以服务器为中心的方式运作得很好，现在仍然如此。但随着客户端 JavaScript 变得更加健壮以及浏览器变得更加强大，开发人员终于开始不再只是使用 JavaScript 为应用程序添加基本交互，而是开始用 JavaScript 生成和更新带有动态数据的界面。这意味着服务器更少地用于模板输出，而更多地用作数据源。因此，你会发现许多应用程序（如我们的应用程序）使用健壮的客户端应用程序来管理 UI，并使用远程 API（通常是 REST）提供动态数据。这是我们在本书中到目前为止一直在使用的范式。但本章将稍作改变，混合使用服务器端渲染模式和客户端渲染模式。下一节将展示服务器端渲染的一些更为具体的示例。图 12-2 展示了这种设置的示例，与图 12-1 进行对比。

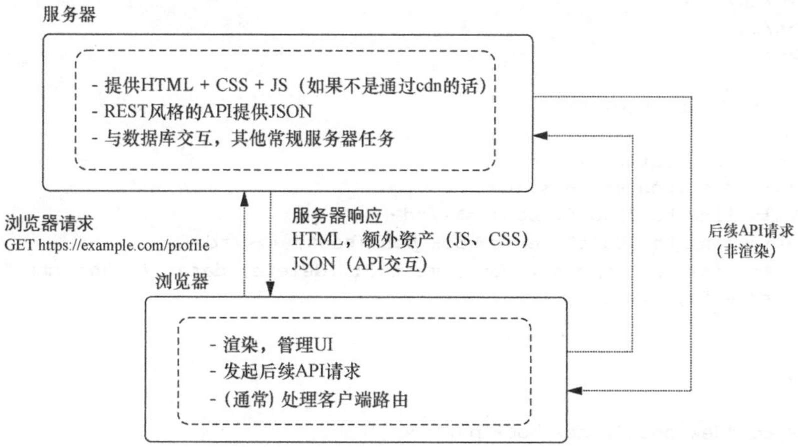

图 12-2 随着浏览器和 JavaScript 语言的发展（有时发展速度很慢），客户端 JavaScript 承担了更多的责任。如果回头查看图 12-1 并将其与本图进行比较，你会发现它们正在完成相同的基本任务（获取或计算数据，并向用户显示），但客户端和服务器又分别承担了不同的责任

深入服务器端渲染

在开始实现 SSR 之前，我们将继续在非 React 的上下文中介绍 SSR 的更多方面，以便开始将它构建到应用程序中时，工作更有意义。来看一个使用 ERB（Embeded Ruby）的 SSR 示例。我们在图 12-1 中看到的 ERB（Embedded Ruby）是 Ruby 编程语言的一个特性，可以用来为 HTML（或其他类型的文本，如用于 RSS feed 的 XML）创建模板。如果对此有兴趣，可以了解更多关于 ERB 和 Ruby on Rails 的信息。

许多 Ruby on Rails 应用程序将合并使用 ERB 模板生成的视图。框架将读取开发人员创建的.erb 模板文件并使用来自服务器或其他地方的数据填充这些文件。填充数据后，生成的文本将被发送到用户的浏览器。使 HTML 视图模板化的能力与 JSX 类似，只是语法和语义不同。React 会创建和管理 UI，而像 ERB 这样的模板方法只涉及“创建”部分。代码清单 12-1 展示了 ERB

文件的简单示例，以演示在服务器端渲染的应用程序中经常使用的这类模板。除了语法上的差异，ERB 与惯用的其他模板语言（如 Handlebars、Jade、EJS 甚至是 React）没有太大不同。这些模板语言的很大部分都允许使用编程语言中可用的许多基本结构，如循环、变量访问等，React 的 JSX 也不例外。

代码清单 12-1 ERB 模板

```
<h1>Listing Books</h1>
<table>
  <tr>
    <th>Title</th>
    <th>Summary</th>
    <th></th>
    <th></th>
    <th></th>
  </tr>
<% @books.each do |book| %>                                          #A
  <tr>
    <td><%= book.title %></td>
    <td><%= book.content %></td>
    <td><%= link_to "Show", book %></td>
    <td><%= link_to "Edit", edit_book_path(book) %></td>
    <td><%= link_to "Remove", book, method: :delete, data: { confirm: "Are
     you sure?" } %></td>
  </tr>
<% end %>
</table>
<br>
<%= link_to "New book", new_book_path %>
```

快速看一下服务器端渲染过程中发送给浏览器的内容，这可能对了解我们想要构建的机制有所帮助。服务器处理了类似代码清单 12-1 中的模板后，便向浏览器发送文本响应，结果如代码清单 12-2 所示，它展示了 HTTP 响应（版本 1/1.1）的文本表示形式。这与我们在服务器上渲染 Letters Social 应用程序时发送给浏览器的内容非常相似。

我用了一个常用的命令行工具 cURL 来从 http://example.com 获取 Web 页面，这样我们就可以看到原始的 HTTP 请求。你的电脑上可能已经安装了 cURL，如果没有，需要先安装一下。代码清单 12-2 展示了运行 `curl -v https://example.com` 后的“原始”HTTP 响应输出示例。简洁起见，我省略了一些内容，但保留了 cURL 的>和<符号以表示发出（>）和传入（<）的消息。如果不想使用 cURL，可以在浏览器中访问 http://example.com 并打开开发者工具。Chrome、Firefox 和 Edge 的开发者工具都有一个网络标签，可以检查 HTTP 请求。

代码清单 12-2 HTTP 请求示例

```
> GET / HTTP/1.1
> Host: example.com                | 使用 cURL 发送
> User-Agent: curl/7.51.0          | 到服务器的请求
> Accept: */*
```

```
< HTTP/1.1 200 OK
< Cache-Control: max-age=604800
< Content-Type: text/html
< Date: Mon, 01 May 2017 16:34:13 GMT
< Etag: "359670651+gzip+ident"
< Expires: Mon, 08 May 2017 16:34:13 GMT
< Last-Modified: Fri, 09 Aug 2013 23:54:35 GMT
< Server: ECS (rhv/81A7)
< Vary: Accept-Encoding
< X-Cache: HIT
< Content-Length: 1270
<
<!doctype html>
<html>
<head>
    <title>Example Domain</title>

    <meta charset="utf-8" />
    <meta http-equiv="Content-type" content="text/html; charset=utf-8" />
    <meta name="viewport" content="width=device-width, initial-scale=1" />
</head>

<body>
<div>
    <h1>Example Domain</h1>
    <p>This domain is established to be used for illustrative examples in
     documents. You may use this
    domain in examples without prior coordination or asking for
     permission.</p>
    <p><a href="http://www.iana.org/domains/example">More
     information...</a></p>
</div>
</body>
</html>
```

响应头提供了诸如响应状态和其他一些有用的信息（缓存控制、过期等）

响应头提供了诸如响应状态和其他一些有用的信息（缓存控制、过期等）

响应体，即将要用 React 生成的东西

到本章结束时，读者可能期望其应用程序的服务器部分能够创建与代码清单 12-2 相同的结果（当然，特定于应用）。希望到目前为止，服务器端渲染的基本思想是有意义的。在接下来的两节中，我们将探讨何时将此功能构建到应用中是有意义的，而何时是没有意义的。

12.2 为什么在服务器上渲染

为什么要做 SSR 呢？基于使用的情况，可能会有一些非常有说服力的理由。例如，有一些坊间证据表明，服务器端渲染的应用在被搜索引擎索引和爬取时表现得更好。虽然像谷歌这样的大型搜索引擎似乎可以在服务器上执行或至少模拟 JavaScript 和 DOM，但似乎那些不使用 DOM 呈现动态内容的站点表现得更好。很难确定 SSR 和非 SSR 应用对搜索引擎优化（SEO）的确切影响，因为谷歌和其他公司的网站排名算法都是严格保密的，但至少有来自业内人士和团队的坊间证据表明 SSR 可以产生积极的影响。因此，如果有一个非常依赖在搜索引擎结果中进行展示

的高度公开的应用程序，那么除了其他所有 SEO 优化，还可以考虑使用 SSR 来提升爬虫程序的友好度。

本书中，我们一直在开发一款需要交互并允许用户动态创建内容的应用程序，但并不是每个应用都有这些要求。如果只想要 React 的静态方面，那么可以很轻松地使用 React-DOM 的静态渲染功能来创建静态页面生成器或模板库。

优化用户体验可能是需要在服务器上渲染的另一个原因。如果应用程序需要尽可能快地向用户显示内容，那么在服务器上渲染可能比等待客户端渲染更快。例如，当应用程序很大程度上依赖于向用户显示广告或其他静态付费内容，并且资源不是很大时，就是一个典型场景。如果希望在不带交互的情况下快速显示内容，那么可能会更关心“白屏时间”，即用户第一次能够在浏览器中看到内容所用的时间。

白屏时间是可以用来判断浏览器渲染应用程序的性能的众多指标之一。另一个指标是感知速度指数（通常仅为*速度指数*）[①]，它是通过记录页面在一段时间内完成了多少渲染量来计算的。浏览器会在页面加载时录制视频并确定在给定的时间间隔内页面加载的百分比。这个指标总体上对于理解给定页面相对于用户的加载速度非常有用。SSR 通过在加载过程的早期让网站有更多东西可以被浏览器渲染来潜在加快感知速度。

大部分应用程序会从更快的感知速度和更短的白屏时间中获益。但在其他情况下，开发者可能对尽快向用户显示内容这件事不太关心，他们更希望让用户尽快使用应用程序。如果应用程序是高度交互的富应用，如 Basecamp 或 Asana，那么*可交互时间*（time to interactive，TTI）（直到用户能够与应用或页面进行交互所花费的时间）可能更为重要。对于这些应用程序，SSR 可能没有意义，因为它们不是公开访问的，而且与快速向用户展示内容相比它们更依赖交互。

让我们通过几个应用程序来了解如何将 TTI 纳入进来。

- Basecamp（*项目管理应用*）：用户希望能搜索问题，更新待办事项，查看项目状态。这种情况下，会想要优化应用让其尽可能快地加载 JavaScript 文件而不是尽快向用户展现内容。
- Medium（*博客/写作应用*）：用户想要尽可能快地阅读和浏览文章。这些功能并不取决于应用的交互性，所以这种情况下我们会想要优化白屏时间。

考虑 SSR 时，可能还需要权衡服务器端渲染和客户端渲染的资源使用。如果正在渲染大量数据（可能是一个数千行的在线电子表格），在服务器上渲染可能需要向浏览器发送更大的初始荷载。依次地，这可能意味着更长的 TTI，更长的 TTI 可能会妨碍用户的使用，并且可能使用更多的服务器资源。但假如在应用程序加载后获取相同信息量的 JSON 格式数据可能带来更小的荷载并获得更好的用户体验。

① 虽然作者在原文将 perceptual speed index 和 speed index 认定为一种指标，但实际上这是两种指标，其统计方式并不相同。前者采用了 Structural Similarity Image Metric 算法，后者则采用了 Mean Pixel-Histogram Difference 算法，其中 Perceptual Speed Index 的统计结果更贴近用户的真实感受。——译者注

企业级应用与消费级应用中的服务器端渲染

你可能会觉得我们在本章对服务器端渲染的讨论只是永远不会用到的理论上的东西。但我相信你会发现服务器端渲染比想象中更为普遍，并且是很多团队会切实考虑的一个选项。从我自己的经历和我遇到的其他工程师的经历来看，这一点确实是正确性的。我曾经做过面向公众的消费级产品和封闭的企业级应用，并有机会看到在不同业务场景中考虑服务器端渲染。在这两种情况中，我们都希望为用户做到最好，并将服务器端渲染作为一种选择。

在企业级应用中，我们应对的用户希望尽可能快地与应用交互，而不只是快速渲染。我们还必须提供可能包含数百甚至数千行金融数据的页面（这可能会抵消服务器端渲染所获得的收益）。应用程序由几个较小的应用程序组成，我们基于给定时间在使用哪个应用来提供不同的 JavaScript 包。然而，让问题变得更复杂的是，数据完整性和安全性是我们最为关心的问题，所以服务器端渲染可能会引入一个从安全角度进行防护和评估的新领域。

这些因素使服务器端渲染“值得拥有”，这在它被重新计算时可以节省一些未来的时间。我们发现还可以做些其他事情来帮助用户，如提高服务器性能，优化应用资源服务，以及将客户端的数据获取延迟到只在需要时进行。有趣的是，人们对不同类型的应用有着不同的期望。类似 Facebook、Twitter 和 Amazon 这样的消费级应用都在争夺用户，这些用户有着非常多的选择，因此这类应用会在许多方面与其他应用直接竞争。根据我的经验，企业用户对他们在工作中使用的应用程序的期望往往略有不同。速度当然非常重要，但稳定性、可靠性、明确性和其他重要方面对企业级应用来说也同样重要。因此，对工程团队来说，在这些维度上进行优化而不是花费同样的时间优化一个影响较小的指标是合理的。当然，情况并非总是如此，但从我参与的一些项目来看确实是这样的。

我参与的一些其他项目的需求却大不相同。其中一个应用来自电子商务领域。因为白屏时间和 SEO 的考量对其极为重要，所以服务器端渲染就非常有意义了。我们努力减小资源包的大小并尽可能快地向用户显示内容。任何迟缓的表现都有可能阻止用户继续购物。这些应用程序也与营销工作紧密结合，因此确保 SEO 的稳定性能是重中之重。

还有一些其他的案例可以应用服务器端渲染，但我希望这两个简单的例子能帮助我们理解本章讨论的内容的实用性。

开发人员大可不必在 SSR 实现上孤注一掷。如果必须渲染一个几千行的电子表单，应该让客户端来进行这方面的渲染，而在服务器上渲染注册和登录页面可能更有意义，因为这些页面更小，更依赖于白屏时间而不是及时可交互性。开发人员还可以选择在服务器上渲染页面的某些部分，但允许客户端来处理所有未来的数据获取和渲染。如果有兴趣了解更多关于 Web 性能的知识，最好从谷歌的 Web 基础指南开始。

12.3 可能并不需要 SSR

尽管 SSR 有一些潜在的好处，但你应该只在真正需要的时候才把它构建到应用中，因为它会引入显著的复杂性（取决于其集成的深度）。在本章我们将实现一个基本的最简版 SSR（服务器端渲染）来熟悉概念，但要构建能够处理 SSR 所有细微差别的健壮的专门实现，则要求深度的技术参与。

至少有几个原因可以解释为什么集成服务器端渲染会增加复杂度。下面是其中一些。

- 需要以某种方式同步服务器与客户端，以便客户端了解其何时接管。这可能涉及设置 HTML、事件处理程序以及客户端可能需要的更多内容。身份验证的实现也需要考虑来自服务器或客户端的请求，这些请求可能需要做些更改。
- 客户端和服务器在不同的范式内运作，这些范式并非总是那么容易相互映射（例如，没有 DOM，没有文件系统，等等）。必须协调切换和渲染，并确保没有使用或者已经正确处理了依赖浏览器环境的组件。
- 尽管有一些例外存在，React（以及任何 JavaScript）非常可靠地运行在 Node.js 运行时上。这可能会将客户端和渲染它的服务器耦合在一起，因为它们现在都需要支持 JavaScript。这可能是一件好事，但它的确意味着你正比正常情况下更多地将自己与 JavaScript 语言/平台绑在一起。
- 微调 SSR 可能需要对客户端和服务器进行专门调优。性能提升通常是通过关注特定功能的小而渐进的提升来实现的，且几乎总是涉及权衡。这有时意味着进行快速更改时灵活性更差以及维护过程更复杂。服务器端渲染为这个过程又增加了一个方面。

总的来说，这里谨慎的主要原因是“仅用所需”这样的观念。我不希望读者认为如果不使用 SSR，React 应用就不完整或者“不够 React”。最好的工程决策过程包含对所涉及权衡的全面思考（不只是其他人用什么或者流行什么！），这一观点在这里也适用。一个例子可能是作为个人副业项目正在编写一个简单的博客应用程序。事实上，如果不是 Netflix，就不需要 Netflix 的基础设施和编排技术。即便如此，也不是所有大公司都做 SSR。编写本书时，甚至 Instagram 似乎都没有用 React 做 SSR，而他们在 React 上投入巨大。仅用所需。

12.4 在服务器上渲染组件

我们已经简要地了解了服务器端渲染的一些权衡，现在就可以开始深入研究并了解如何使用 React 实现服务器端渲染。让我们从要用的 React API 开始。ReactDOMServer（通过 `require('react-dom/server')` 或 `import ReactDOM from 'react-dom/server'` 来访问）暴露了 4 个重要方法，可以用于为组件生成初始 HTML：

- `renderToString`；
- `renderToStaticMarkup`；
- `renderToNodeStream`；
- `renderToStaticNodeStream`。

依次来看一下这些方法。

首先，我们有 `ReactDOMServer.renderToString`。`renderToString` 所做的正如其

名：它接收一个 React 元素，并根据调用该方法时存在的初始状态和属性（默认值或传递进来的值）从组件生成对应的 HTML 标记。如前面几章所了解的，React 元素是 React 应用最小的构建单元。它们是用 `React.createElement`（或者更通常地说，由 JSX）创建的，而且它们要么从字符串类型创建，或是从 React 组件类创建。这个方法看起来像这样：

```
ReactDOMServer.renderToString(element) string
```

当在服务器上渲染时，就像往常一样使用组件和传递属性。到目前为止，在服务器上使用 React 与以往最主要的区别是，在服务器上使用 React 缺乏 DOM 和浏览器环境。这意味着，React 不会运行 `componentWillMount` 这样的生命周期方法，也不会保存状态或使用其他特定于 DOM 的特性。

练习 12-1

服务器端渲染可能涉及大量的复杂性，不应该被视为所有应用程序标准的或者“必备”的特性。花点时间考虑如何实现（或者选择不实现）以下类型的应用的服务器端渲染：

- 没有面向公众部分的企业级应用；
- 严重依赖广告的社交媒体网站；
- 电子商务应用；
- 视频托管平台。

`ReactDOM.renderToStaticMarkup` 会做与 `renderToString` 一样的事情，但不会附加任何 React 在客户端“接管”时需要的额外的 DOM 属性。当想要进行基本的模板或静态站点的生成而不需要任何额外的属性时，这非常有用。`renderToStaticMarkup` 与 `renderToString` 几乎完全相同：

```
ReactDOMServer.renderToStaticMarkup(element) string
```

在此之后我们将不再使用 `renderToStaticMarkup`，但是了解了如何使用 React 来实现 SSR，在将来的项目中使用它就应该很简单了。

你可能已经注意到，前两个方法与 `renderToNodeStream` 和 `renderToStaticNodeStream` 存在明显的互补关系。你猜对了。这两个方法与前两个方法基本相同，只是它们利用了 Node 的 Streams API，并且是在 React 16 中与 Fiber Reconciler 及许多其他更改一起被引入的。Streams 通常在 Node.js 中使用，如果你用过 Node 可能会对其有所了解。如果没有用过，也没有关系，我们的目的在于，这些基于流的方法是异步的，这使它们相对于其同步方法具有显著的优势。有段时间，React 服务器端渲染的一个小缺点就是这些方法是同步的。如果应用需要渲染包含许多组件的复杂页面，这对应用无疑是个挑战。在本章稍后，在了解将服务器端数据获取作为服务器端渲染的一部分时，我们会探讨这些方法。

对可用的 API 方法有了一定了解之后，我们就可以专注于 `renderToString` 了。`RenderToString` 会生成 React 可以在客户端处理和使用的代码。React-DOM 还有另外一个方法 `hydrate`，其工作原理与我们常用的常规的 `render` 方法几乎一模一样，主要区别在于 `hydrate` 专门处理服务器端渲染生成的标记内容。

如果在一个节点上（该节点已经有了 React-DOM 在服务器上生成的标记内容）调用 ReactDOM.hydrate()，那么 React 会保留现有的 HTML 标记并比以往少做些工作。这通常意味着在初始启动时，除了更快的初始加载（取决于发送了多少数据，以及服务器负载、网络、天气等其他因素），React 要做的工作要少得多。我不会再强调这一点，但请记住，SSR 不是魔法，如果做的事情是加载大型 JavaScript 文件、不切分代码或违背其他最佳实践，会轻易抵消任何性能改进。

到目前为止，还没有接触任何服务器文件。本章范围有限，服务器编程超出了本书的范围，因此我们不会太多涉及 Node.js 运行时或 Web 服务器编程范式。如果想了解更多关于 Node 和服务器端编程的内容，去看看 Alex Young 等人编写的《Node.js 实战（第 2 版）》。

我们将通过关注需要在服务器上进行的更改来开始 SSR 的构建。代码清单 12-3 展示了主应用程序服务器代码，这是在让其与 React 协同工作之前的样子。我已经包含了所有东西，以便你对这段代码做什么有个大概感受。大多数代码都是简单的 Express 应用可能会用到的样板中间件，但它们中的大多数与 SSR 没有直接关系。图 12-3 将代码清单 12-3 中的代码置于本章到目前所讨论的渲染方法的上下文中。

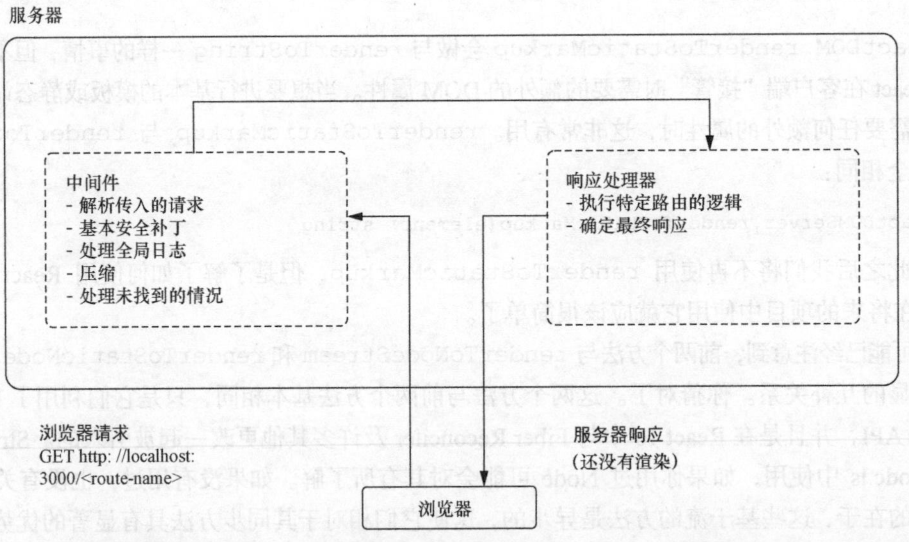

图 12-3　如代码清单 12-3 所示，这是服务器代码所做的基本工作。它设置好服务器，添加一些样板中间件，然后提供一个精简的 HTML 文件，其会依次下载应用文件

代码清单 12-3 展示了应用程序的（基本）服务器设置。当将其放入本章讨论的 SSR 方法的上下文中时，它符合以客户端为中心的范式。在这种方式中，服务器通常只发送一个不包含预先渲染内容的 HTML 文件。构建工具目前负责生成和提供 HTML 文件。该文件包含对脚本的引用，这些脚本将下载并执行应用的渲染和管理工作，但服务器上没有做任何渲染（目前还没有！）。

代码清单 12-3 从服务器开始（server/server.js）

```
import { __PRODUCTION__ } from 'environs';
import { resolve } from 'path';
import bodyParser from 'body-parser';
import compression from 'compression';
import cors from 'cors';
import express from 'express';
import helmet from 'helmet';
import favicon from 'serve-favicon';
import hpp from 'hpp';
import logger from 'morgan';
import cookieParser from 'cookie-parser';
import responseTime from 'response-time';
import * as firebase from 'firebase-admin';
import config from 'config';

import DB from '../db/DB';

const app = express();
const backend = DB();

app.use(logger(__PRODUCTION__ ? 'combined' : 'dev'));
app.use(helmet.xssFilter({ setOnOldIE: true }));
app.use(responseTime());
app.use(helmet.frameguard());
app.use(helmet.ieNoOpen());
app.use(helmet.noSniff());
app.use(helmet.hidePoweredBy({ setTo: 'react' }));
app.use(compression());
app.use(cookieParser());
app.use(bodyParser.json());
app.use(hpp());
app.use(cors({ origin: config.get('ORIGINS') }));

app.use('/api', backend);
app.use(favicon(resolve(__dirname, '..', 'static', 'assets', 'meta',
    'favicon.ico')));

app.use((req, res, next) => {
    const err = new Error('Not Found');
    err.status = 404;
    next(err);
});

app.use((err, req, res) => {
    console.error(err);
    return res.status(err.status || 500).json({
        message: err.message
    });
});

module.exports = app;
```

使用 ES 模块语法，通过 ESM 在 Node 8.5 或更高版本中可用

设置可应用于所有传入请求的中间件，处理日志、一些基本的安全保护、传入请求的解析

响应请求，将在此与 React-DOM 进行集成

错误处理代码，它将捕获从其他路由转发的错误并将这些错误发送给客户端

我们期望迈出的第一步是引入 React-DOM 并尝试渲染一个简单的组件。在继续集成应用之前，

先渲染一个包含一些文本的简单 div。在这个小示例中我们将使用 React.createElement，这样就不必处理服务器文件的转译问题，但是稍后将组件拉进来使用时，将能够在其他文件中使用 JSX。这是因为使用了 babel-register，一个用于开发的 Babel 库，其能够动态转译代码。可以在 index.js 中看到引入的 babel-register。在生产环境中不要这么做。我们会使用 Webpack 和 Babel 之类的工具将代码编译成包。

对于第一次尝试，要做的所有事情就是插入一条简单的消息作为 div 的子内容并将其发送给客户端。一旦准备好了，就运行服务器并检查返回的结果。图 12-4 展示了代码清单 12-4 所做的工作。

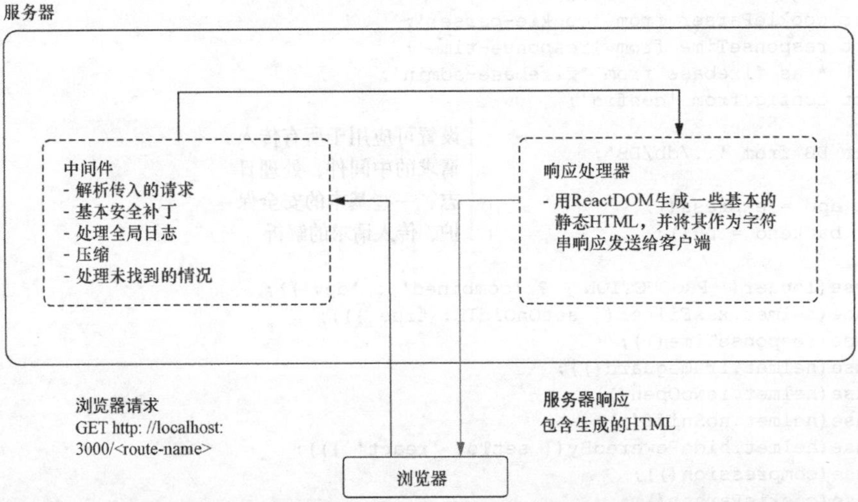

图 12-4　现在使用 React-DOM 来渲染简单的 HTML 字符串并将其发送到客户端。从某种意义上说，这就是 SSR 的全部（创建静态标记，并将其发送到客户端）。我提到的复杂性往往来自（除了其他事项）获取创建文本所需要的所有数据、协调与客户端的流程，以及进行优化

代码清单 12-4　尝试服务器端渲染

```
//...
app.use('/api', backend);
app.use(favicon(resolve(__dirname, '..', 'static', 'assets', 'meta',
    'favicon.ico')));
app.use('*', (req, res, next) => {
    const componentResponse = ReactDOMServer.renderToString(
        React.createElement(
            'div',
            null,
            `Rendered on the server at ${new Date()}`
        )
    );
    res.send(componentResponse).end();
});
//...
```

在请求处理程序中，创建 HTML 字符串并将其发送出去

使用 renderToString 并传入一个基本的 React 元素

用 div 来创建一个不带属性的元素

传入一个带有时间戳的简单文本作为子内容

将响应发送到客户端

进行了代码清单 12-4 中的更改之后，在终端执行 node server/run.js 启动服务器，然后通过另一个会话用 cURL 发送请求，接着应该就会看到从服务器返回的响应。在此之前，我们每次从服务器发送相同的 HTML 字符，而该文档会在此之后加载应用的脚本。React 会运行并将应用程序渲染为 DOM（创建 DOM 节点，分配事件监听器，等等），通过这种新方式，可以将首次渲染委托给服务器并让 React 接手。代码清单 12-5 展示了如何运行服务器并使用 cURL 查看从服务器返回的响应。

代码清单 12-5　检查第一个服务器端渲染的响应

```
$ npm run server:dev

// ... in a different terminal session

$ curl -v http://localhost:3000          ← 请求运行服务器，检查返回的内容
> GET / HTTP/1.1
> Host: localhost:3000
> User-Agent: curl/7.51.0
> Accept: */*
>
< HTTP/1.1 200 OK                        ← 应该能在请求中得到返回的头信息，但最关心的是响应体
< X-Powered-By: react
< X-XSS-Protection: 1; mode=block
< X-Frame-Options: SAMEORIGIN
< X-Download-Options: noopen
< X-Content-Type-Options: nosniff
< Access-Control-Allow-Origin: *
< Content-Type: text/html; charset=utf-8
< Content-Length: 144
< ETag: W/"90-gXhNJUy73fc2MSrpr7eaKDZ7OV8"
< Vary: Accept-Encoding
< X-Response-Time: 0.795ms
< Date: Mon, 08 May 2017 10:26:55 GMT
< Connection: keep-alive
<
* Curl_http_done: called premature == 0
* Connection #0 to host localhost left intact

<div data-reactroot="">Rendered on the server at Mon May 08 2017 03:26:55
    GMT-0700 (PDT)</div>                 ← 最外层的 HTML 元素上有特定的 react-root 和 react-checksum 属性
```

至此，已经完成了第一次服务器端渲染。使用 React 来创建 React 组件的字符串表示形式并将其发送给客户端。现在，因为 React 还没有被加载，因此它无法从服务器放手的地方接续，但一经引入，它就能接管了。尝试运行相同的命令，但选择使用 renderToStaticMarkup，看看来自服务器的 HTTP 响应有何不同。

12.5　切换到 React Router

之前几章中构建的路由器针对浏览器内的路由处理进行了优化，但其设计并没有考虑服务器

端渲染。深入研究和了解 React 能做什么主要靠自己动手去构建，而不只是安装一个第三方库，我希望能让读者了解如何以不同的方式使用组件。

这个路由器对于示例应用这样相对简单的需求可能已经够用了，但它在某些方面可能还有所欠缺。它有一个非常简陋的 API，如果可以支持路由钩子（路由之间的转换）、middleware（可以应用于多个路由的逻辑）之类的就好了。随着逐步深入 React 服务器端渲染，将需要更多功能，例如，能够根据请求 URL 生成要渲染的组件树。这就是为什么要转而使用 React Router V3。

React Router 似乎是 React 中最常用和最先进的 React 路由解决方案，它在 GitHub 上拥有强大的追随者和社区贡献者，并经历了几次重大修订。

在撰写本书时，React Router 的最新主版本是 4。当前还在更新，有可能在你阅读本书时它已经被新的主版本所取代。我们将使用版本 3，因为它的 API 和之前创建的路由器非常类似，应该只需要做很少的修改就能使用。之所以使用它还因为它是由 React 开源社区持续开发的一种健壮的技术，它比之前的那个简单的路由器强多了，甚至已经超出了当前的需求。

选择第三方库与自己造轮子

切换到 React Router 而不是坚持自己的解决方案的另一个原因是，React Router 更适合开发者及其团队所处的业务环境。开发者通常会选择 React Router 这样的开源解决方案而不是自己编写。这是因为，根据开发者的需求，构建和维护问题的健壮解决方案所需要的时间有可能值得，也有可能不值得。当涉及外部依赖关系时，在“自建还是购买”的决策上进行抉择可能很棘手。我这里的意见是牢记这两件事情：（1）不必因为别人用什么就用什么；（2）构建自己的解决方案需要做的工作通常要比初期工作多得多——维护才是最为耗时的事。拥有大量开源贡献者的大型社区通常会在自建者遇到 bug 之前就捕获到这些 bug。

值得注意的是，React Router 是一项非常重要的技术，我们这里只是简单地了解其核心能力。这个项目包含了许多场景的多种路由特性。最新的主版本（撰写本书时是 4）甚至包含了 React Native 平台的路由解决方案。使用和开发 React Router 的大量开发者助力这个项目，使其变得非常有用，但它也有缺点，就是主版本之间有时会有巨大的变化。正是由于这个原因，加上版本 3 和我们从头构建的路由器的相似之处，我们不会使用最新版本的 React Router。如果想要使用最新版本的 React Router，我在自己的博客中有一篇文章中介绍了 React 16 与 React Router v4 的使用。我还注意到，尽管 API 在不同版本的 React Router 之间发生了变化，大多数相同的概念仍然适用——只需在转换时将功能重新映射到新的 API 即可。

设置 React 路由器

我们已经决定使用 React Router 作为自己路由器的生产环境替代品，让我们看看如何设置它。第一步是确保已经安装了 React Router 并切换了当前的路由器。虽然技术不一样，但要使用的 API 应该是非常相似的。

React Router 应该已经作为项目依赖被安装了。现在需要开始将项目过渡到 React Router 并准备一个允许执行 SSR 的设置。让我们从当前的 src/index.js 文件开始。这是设置应用主要部分的入口文件，包括监听浏览器历史记录、渲染路由器组件，以及激活身份验证事件监听器。

这对 SSR 的设置没有用，因为有太多的代码依赖于浏览器环境而且也不需要 React Router 的所有功能来让应用运作。真正需要保留的是身份验证监听器。在添加任何内容之前，先创建一个帮助工具供以后使用。代码清单 12-6 展示了如何创建一个简单的实用程序来检查你当前是否处在浏览器环境中。一些工具技术，如 Webpack，可以帮助我们打包环境相关的代码。但就我们的目的而言，会保持这个更简单的方式。

代码清单 12-6 检查浏览器环境（src/utils/environment.js）

```
export function isServer() {
    return typeof window === 'undefined';
}
```

现在可以使用这个帮助方法来确定所处的环境并根据需要有条件地执行代码。它并不会进行详尽的检查来确保处于浏览器环境中，但应该满足当前的需求。在构建具有 SSR 功能的应用程序或在客户端和服务器之间共享代码的应用程序（有时被称为“通用”或“同构”）时，必须考虑代码的运行环境。根据我的经验，这也可能是那些难以追踪的 bug 的常见来源，特别是如果安装的第三方依赖项没有考虑到环境的影响。

到目前为止，React 社区中的许多现有技术通常要么已经支持 SSR，要么会指出可能导致问题的地方。但情况并非总是如此。几年前使用 React 的早期版本时，我遇到了 React 自己的 bug，其会导致某些库的某些方面无法预料地失败。不过现在情况好多了，SSR 不只是 React 社区考虑的问题，也是核心团队考虑的问题。

继续之前，我们需要对其中一个 reducer 进行微调以便将服务器环境考虑进来。user reducer 会使用 `js-cookie` 在浏览器中设置 cookie。服务器通常不允许存储 cookie（虽然有些库可以模拟这一行为，如 `tough-cookie`），所以需要使用刚才的环境判断实用程序来调整这段代码。代码清单 12-7 展示了需要做的修改。

代码清单 12-7 修改 user reducer

```
export function user(state = initialState.user, action) {
    switch (action.type) {
        case types.auth.LOGIN_SUCCESS:
            const { user, token } = action;
            if (!isServer()) {
                Cookies.set('letters-token', token);
            }
            return Object.assign({}, state.user, {
                authenticated: true,
                name: user.name,
                id: user.id,
```

只在浏览器环境中才尝试使用浏览器 cookie

```
            profilePicture: user.profilePicture ||
'/static/assets/users/4.jpeg',
            token
        });
    case types.auth.LOGOUT_SUCCESS:
        Cookies.remove('letters-token');
        return initialState.user;
        default:
            return state;
    }
}
```

回到手头的任务。你需要将 React Router 设置好。与自建的路由器非常相似，React Router（版本 3）允许使用嵌套的<Route/>组件层次结构来指示应该将哪些组件映射到哪些 URL。正如之前提到的，React Router 是一个广泛使用和经过“实战检验”的解决方案，具有许多我们自己没有添加到路由器的特性，我们关注使用它直接替换自己的路由器，而不是去探索它能做哪些事情。

为我们的路由器创建一个新文件 src/router.js。将路由分解到它们自己的文件中，因为服务器和客户端都要访问它们。对客户端代码和服务器代码并存的应用程序来说，这很方便。但如果路由文件存放在其他地方（通过 npm、Git 子模块等），可能需要寻找其他方式将其引入到服务器中。路由文件应该与之前自建的路由器很相似，仅有一些细微差异。我们之前添加了在同一个<Route/>组件中指定 index 组件的功能，而 React Router 也为此提供了一个单独的组件。图 12-5 从较高层次展示了路由配置的作用，它的工作方式与之前自建的路由器相同，用于将 URL 映射到组件或组件树（当嵌套时）。

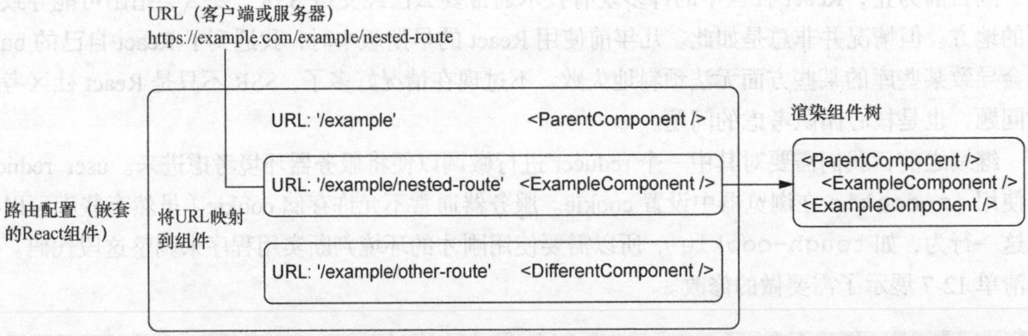

图 12-5 一如我们构建的路由器，React Router 的路由配置将 URL 映射到组件。为了跨页面或子区域共享 UI 的某些部分（如 Navbar 或其他共享组件），可以嵌套组件

代码清单 12-8 展示了如何将 React Router 集成到路由设置中。

代码清单 12-8 为 React Router 创建路由（src/routes.js）

```
import React from 'react';

import App from './pages/app';
import Home from './pages/index';
```

```
import SinglePost from './pages/post';
import Login from './pages/login';
import NotFound from './pages/404';

import { Route, IndexRoute } from 'react-router';

export const routes = (
    <Route path="/" component={App}>
        <IndexRoute component={Home} />
        <Route path="posts/:post" component={SinglePost} />
        <Route path="login" component={Login} />
        <Route path="*" component={NotFound} />
    </Route>
);
```

用 App 组件将整个应用包裹起来

使用 React Router 的 IndexRoute 组件来确保能在 index（/）路径下显示组件

就像自己的路由器那样使用路径来匹配组件

现在已经设置了一些路由，可以使用 React Router 将它们导入主应用程序文件中使用。客户端和服务器上将使用相同的路由，这正是你可能听说过的 SSR“通用”或“同构”发挥作用的地方。在客户端和服务器上复用代码可能是件大事，但在当前如此有限的情况下，可能不会得到更多的好处，这里得到的好处是，可以很容易地以“正常”的 React 方式将客户端组件暴露给服务器。

现在将路由导入服务器。代码清单 12-9 展示了如何将路由导入服务器并在渲染过程中使用它们。服务器如何获取到正确的组件进行渲染呢？因为路由只是将 URL 映射到操作（这里是 HTTP 响应），所以需要能够查找与路径相关联的正确组件。在自建的路由器中，是用基本的 URL 正则匹配库来确定 URL 是否被映射到路由器中的组件上的。它做的工作就是基于 URL 确定渲染哪个组件（见图 12-5），如果有的话。React Router 允许在服务器端做同样的事。这样一来，就可以使用传入服务器的 HTTP 请求的 URL 去匹配要渲染为静态标记的组件。这是 React Router 和我们 SSR 目标之间的关键连接点。React Router 像通常那样使用 URL 来渲染组件或组件树，只不过是在服务器上。代码清单 12-9 展示了如何使用 React Router 设置 SSR 功能的初始服务器部分。

代码清单 12-9　在服务器上使用 React Router（server/server.js）

```
//...
import { renderToString } from 'react-dom/server';
import React from 'react';
import { match, RouterContext } from 'react-router';
import { Provider } from 'react-redux';

import configureStore from '../src/store/configureStore';
import initialReduxState from '../src/constants/initialState';
import { routes } from '../src/routes';
//...
app.use('*', (req, res) => {
    match({ routes: routes, location: req.originalUrl },
    (err, redirectLocation, props) => {
        if (redirectLocation && req.originalUrl !== '/login') {
            return res.redirect(302, redirectLocation.pathname +
     redirectLocation.search);
        }
```

从 React Router 导入一些实用方法，从 React DOM 导入 renderToString，导入 Redux Provider 组件、store 和路由

将 URL 和路由传入 match 函数

match 给出错误、重定向和属性，将用于渲染定制错误页面或重定向

```
            const store = configureStore(initialReduxState);
            const appHtml = renderToString(
                <Provider store={store}>
                    <RouterContext {...props} />
                </Provider>
            );

            const html = `
                <!doctype html>
                <html>
                    <head>
                        <link rel="stylesheet"
    href="http://localhost:3100/static/styles.css" />
                        <meta charset=utf-8/>
                        <meta http-equiv="X-UA-Compatible" content="IE=edge">
                        <title>Letters Social | React In Action by Mark
    Thomas</title>
                        <meta name="viewport" content="width=device-width,
    initial-scale=1">
                    </head>
                    <body>
                        <div id="app">
                            ${appHtml}
                        </div>
                        <script src="http://localhost:3000/bundle.js"
    type='text/javascript'></script>
                    </body>
                </html>
            `.trim();
            res.setHeader('Content-type', 'text/html');
            res.send(html).end();
        });
});

//... Error handling

export default app;
```

传入从 React Router 导入的 RouterContext 组件并把它包装在 Redux Provider 组件中

使用字符串模板创建一个 HTML 文档，并将应用的 HTML 插入其中

设置响应头并将其发回给浏览器

12.6　使用 React Router 处理已验证的路由器

现在服务器已经设置好了，你可以稍微清理一下应用程序的客户端。你需要确保使用了新的路由设置，还需要移动一些与身份验证相关的逻辑以便更好地使用 React Router。为此，将使用 React Router 提供的一组特性：钩子（hook）。与挂载、更新和卸载组件的生命周期方法的工作方式类似，React Router 为路由之间的跳转开放了某些钩子。有很多方式使用这些钩子，包括以下几种：

- 允许在完成 URL 转换之前，为页面触发数据获取或检查用户是否登录；
- 在用户离开页面时做清理工作或者结束分析会话，并不局限于进入相关的事件；
- 使用 React Router 的钩子甚至可以做同步或异步工作，所以你不会受任何限制；
- 将 pageview 事件发送到像 Google Analytics 这样的分析平台。

图 12-6 展示了在 React Router v3 中使用钩子的基本流程。React Router 在底层与 History API 进行交互，但公开这些钩子以便让应用程序中的路由更容易。如果想更多了解 React Router v3 API 或者探索社区编写的其他有用的指南，可以在 GitHub 上查看这些文档。

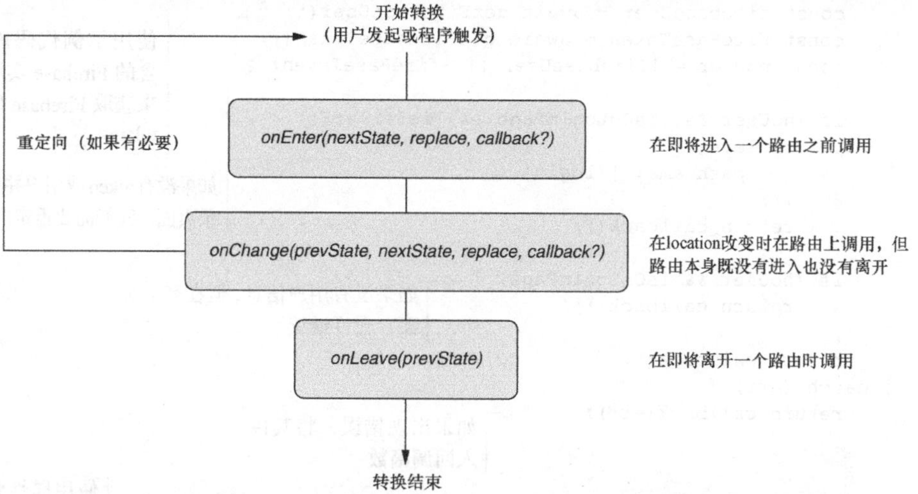

图 12-6 React Router 在 Route 组件上公开了一些事件处理器。可以用这些事件处理器挂钩到由用户或代码触发的路由跳转过程。注意“redirect”不是 3XX 状态码的 HTTP 重定向

使用 onEnter 钩子检查某些路由的已登录用户，如果没有经过身份验证的用户，则将其重定向到登录页面。现实中，开发者应该从安全的角度透彻地对应用进行思考并花费大量时间思考如何防止用户跳转到他们不应该访问的页面。还需要确保将安全策略延伸到服务器。但就目前而言，Firebase 和路由钩子应该足以保护一些路由。代码清单 12-10 展示了如何为受保护的页面设置 `onEnter` 钩子。你可能已经看出了上一章中的身份验证逻辑，之前在登录 action 中使用过这个逻辑。图 12-6 展示了这一过程如何工作。

代码清单 12-10 设置 onEnter 钩子（src/routes.js）

```
import React from 'react';

import { Route, IndexRoute } from 'react-router';

import App from './pages/app';
import Home from './pages/index';
import SinglePost from './pages/post';
import Login from './pages/login';
import Profile from './pages/profile';
import NotFound from './pages/error';
import { firebase } from './backend';
import { isServer } from './utils/environment';
import { getFirebaseUser, getFirebaseToken } from './backend/auth';

async function requireUser(nextState, replace, callback) {
```

React Router 钩子接受 3 个参数：nextState、replace 函数和回调函数

导入 Firebase 和 isServer 实用程序

```
    if (isServer()) {
        return callback();
    }
    try {
        const isOnLoginPage = nextState.location.pathname === '/login';
        const firebaseUser = await getFirebaseUser();
        const fireBaseToken = await getFirebaseToken();
        const noUser = !firebaseUser || !fireBaseToken;

        if (noUser && !isOnLoginPage && !isServer()) {
            replace({
                pathname: '/login'
            });
            return callback();
        }
        if (noUser && isOnLoginPage) {
            return callback();
        }
        return callback();
    } catch (err) {
        return callback(err);
    }
}

export const routes = (
    <Route path="/" component={App}>
        <IndexRoute component={Home} onEnter={requireUser} />
        <Route path="/posts/:postId" component={SinglePost}
    onEnter={requireUser} />
        <Route path="/login" component={Login} />
        <Route path="*" component={NotFound} />
    </Route>
);
```

如果在服务器上，则继续

需要知道当前是否处于登录页面，以避免无限重定向

使用示例代码库中包含的 Firebase 实用函数来获取 Firebase 用户和 token

如果没有 token 或用户并且不在登录页面，我们需要重定向用户

如果没有用户信息，但在登录页面，允许继续

如果出现错误，将其传入回调函数

使用属性将钩子添加到适当的组件上

在继续之前，需要做的最后一点设置是清理应用程序主文件并替换链接组件。代码清单 12-11 展示了客户端主文件的简化版本。

代码清单 12-11 清理应用的 index 文件（src/index.js）

```
import React from 'react';
import { hydrate } from 'react-dom';
import { Provider } from 'react-redux';

import { Router, browserHistory } from 'react-router';
import configureStore from './store/configureStore';
import initialReduxState from './constants/initialState';
import { routes } from './routes';

import './shared/crash';
import './shared/service-worker';
import './shared/vendor';
// NOTE: this isn't ES*-compliant/possible, but works because we use
    Webpack as a build tool
```

导入 Router 和 browserHistory

导入 routes

```
import './styles/styles.scss';

// Create the Redux store
const store = configureStore(initialReduxState);

hydrate(
    <Provider store={store}>
        <Router history={browserHistory} routes={routes} />
    </Provider>,
    document.getElementById('app')
);
```

将应用包装在 Redux Provider 中

把 routes 和 browser History 传入 Router 组件

从 React-DOM 导入并使用 hydrate 方法，这样它就可以处理服务器端渲染的 HTML 标记

已经使用 browserHistory 设置了 React Router，但同样也可以使用基于哈希或内存中的历史记录来进行设置。它们与浏览器的历史记录稍有不同，因为它们使用了不同的浏览器 History API。基于哈希的历史记录 API 可以通过更改 URL 中的哈希片段来工作，但不会更改用户的浏览器历史记录。基于内存的历史记录则根本不操作 URL，更适合本地开发或 React Native（下一章会介绍）。

如果在本地运行应用程序，应该能够看到服务器端渲染好了所有内容并将其发送到客户端。React 应该会如期接管并让应用产生交互。但你可能会注意到一件事：带链接的路由似乎不起作用了。这是因为我们构建了自己的链接组件，它还与旧路由器集成在一起。幸运的是，要解决这个问题，只需要把一直使用的历史模块替换成 React Router 使用的历史模块。这更改应该很简单，但值得指出的是，当选择或自建路由器时，可能会影响应用程序的大部分内容。链接、页面间的改变、属性的访问方式都可能会受到路由的影响，我们应该考虑到这一点。

我们需要做的主要更改是替换掉链接组件使用的历史模块。React Router 仍然使用浏览器 History API，但可以使用 React Router 提供的功能来与路由器进行同步，而不是使用之前使用的东西。由于我们集中包装了导航，因此任何需要路由用户的操作应该都能在新设置中很好地工作。代码清单 12-12 展示了需要修改的行。除此之外，不需要修改其他任何东西。

代码清单 12-12　替换历史模块（src/history/history.js）

```
import { browserHistory } from 'react-router';
const history = typeof window !== 'undefined'
    ? browserHistory
    : { push: () => {} };
const navigate = to => history.push(to);
export { history, navigate };
```

只需要修改几行代码；让 React Router 知道转换

做好这些修改后，应该就能在服务器上使用 React Router 进行渲染了！我们来总结一下。

- 当请求进来时，将请求的 URL 传递给 React Router 的 match 实用工具来获得想要渲染的组件。
- 使用 match 返回的结果，通过 React DOM 的 renderToString 方法来构建 HTML 响应并将其发回给客户端。
- 如果用 cURL 或开发者工具来检视开发服务器（使用 npm run server:dev 来运行），

应该能在响应中看到组件的 HTML（见图 12-7）。

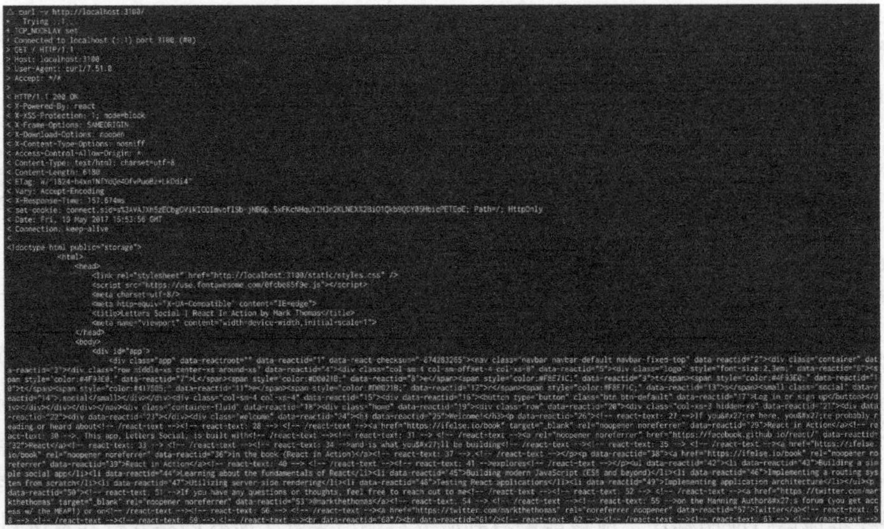

图 12-7　检视服务器端渲染的应用。可以使用 React-DOM 创建应用程序的 HTML，然后将其发送到客户端。注意，由于还没有进行任何服务器端的数据获取，因此不会期望看到任何动态数据填充到应用程序中（如 post）

12.7　带数据获取的服务器端渲染

服务器端渲染已经被集成到应用程序中了，这可能会对应用程序的接触和性能产生潜在的好处，但仍然还有改进的空间。我们在发送应用程序之前并没有将应用渲染到它的完整状态。不管用户是否登录，我们发送的荷载都是相同的。当前还是由浏览器来做接下来的事情，如开始身份验证流程和加载帖子。服务器端渲染也是同步的，因为还没有使用 `renderToNodeStream`。本节我们将改进服务器端渲染以利用这个 API 并在服务器端集成 Firebase，如此就可以进行对身份验证状态有感知的渲染。图 12-8 展示了集成了数据获取的服务器端渲染的概览。

Firebase 提供了一种与浏览器端方式类似的服务器端 API 交互的方式。这样，即使在服务器上也能继续将 Firebase 视为数据库。其他情况下，开发者可能会用 HTTP 调用微服务或数据库来确定用户是否存在以及他们是否处于验证状态。这里将持续使用 Firebase，因为我们关注的是 React，但要注意，这里可以在不同情况下将 Firebase 替换为查询微服务或数据库。

如果你尚未创建 Firebase 账户，那现在正是时候创建。我分发的应用源代码使用了该账户的公共 token，但要使用 Firebase 的用户管理 API，需要拥有真实的账户（可以使用它来访问用户信息，这是我不希望大家做的事情）。要设置 Firebase 账户，请注册一个账户（应该可以使用已有的谷歌账户）。在那里可以创建任意名称的项目。

之后，需要进行 Firebase Admin SDK 的设置。因为流程可能会随着时间变化，所以就不在这里进行详细说明了。我们最感兴趣的是用户管理 API。你不需要再在项目中安装任何其他东西，因为项目依赖中已经包含了 Node.js 的 Firebase SDK。

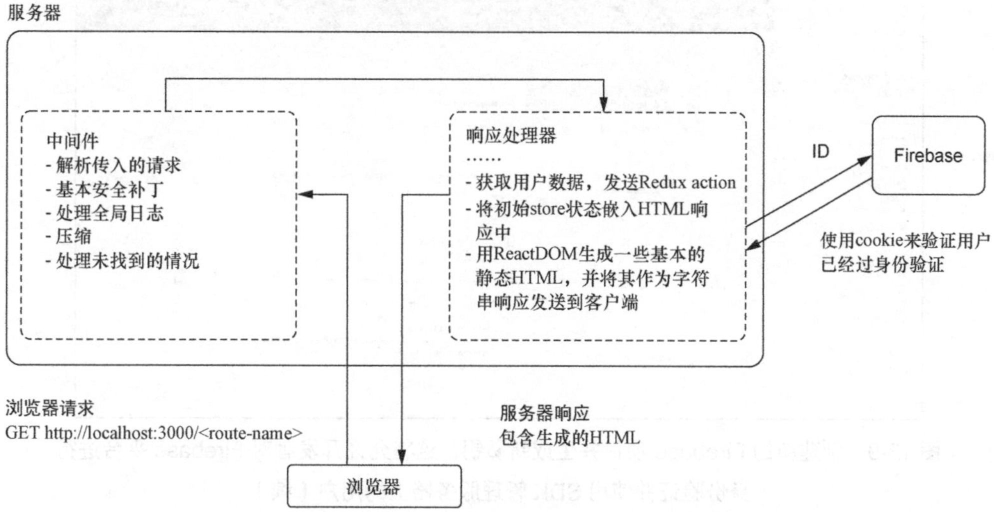

图 12-8 带数据获取的服务器端渲染。这总体上与我们所做的渲染是相似的，主要区别在于需要在渲染过程中获取数据。渲染输出会基于用户是否登录、用户数据的内容以及用户何时登录而不同

作为设置的最后一部分，你需要替换应用程序中的 Firebase 键，因为它们还是 Letter Social 项目的键，可能与你的键发生冲突。你可以在源代码的 config 目录中找到它们。development.json 和 production.json 这两个文件分别包含了开发环境和生产环境的配置变量。你可以根据需要随意编辑这些变量以及其他变量（也许想自己定制应用程序并将其部署到站点上！）。图 12-9 展示了 Firebase 控制台和服务账户页面。生成新私钥并将下载的文件移动到主应用程序的代码库中，我们之后将很快会用到它。

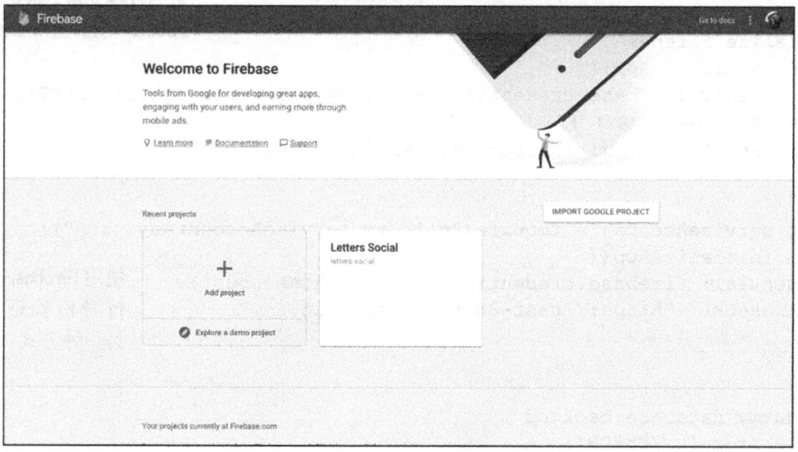

图 12-9 创建新的 Firebase 项目并生成新私钥，这将允许开发者对 Firebase 平台进行身份验证并使用 SDK 管理服务器上的用户

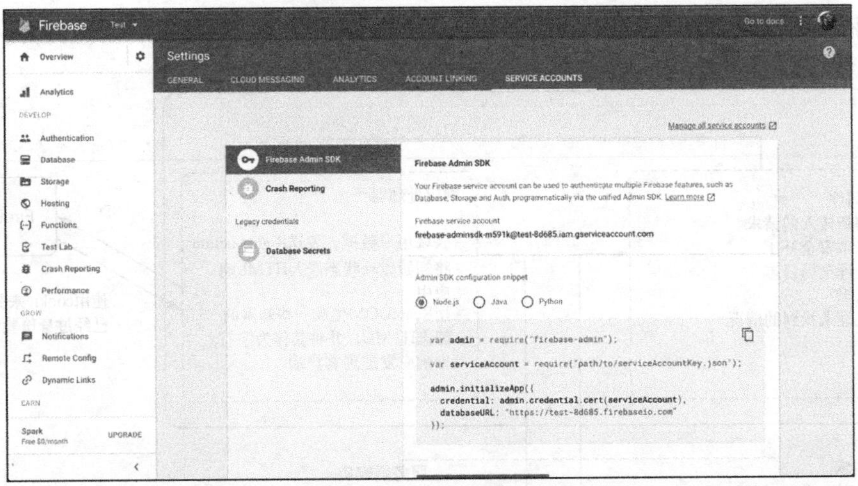

图 12-9 创建新的 Firebase 项目并生成新私钥，这将允许开发者对 Firebase 平台进行身份验证并使用 SDK 管理服务器上的用户（续）

现在已经解决了这些后勤方面的问题，可以继续编写代码了。我们希望使用 Firebase 平台来验证服务器应用，如此就能够验证和获取 Firebase 用户来渲染完整的应用程序状态。你可能已经在 Firebase 平台的页面上看到了如何进行该操作的示例代码片段，但代码清单 12-13 展示的是如何在服务器端配置 Firebase Admin SDK。

代码清单 12-13 在服务器端集成 Firebase (server/server.js)

```
// ...
import * as firebase from 'firebase-admin';
import config from 'config';

// Initialize Firebase
firebase.initializeApp({
    credential: firebase.credential.cert(JSON.parse(process.env.LETTERS_
     FIREBASE_ADMIN_KEY) ),
    databaseURL: 'https://letters-social.firebaseio.com'
});

// const serviceAccount = require("path/to/serviceAccountKey.json");
// admin.initializeApp({
//   credential: firebase.credential.cert(serviceAccount),
//   databaseURL: "https://test-8d685.firebaseio.com"
// });


// Our dummy database backend
import DB from '../db/DB';

//...
```

导入 Firebase Admin SDK

将字符串化的 JSON 文件设置为环境变量，解析它以便 Firebase 能够正常工作

使用 Firebase 进行身份验证的另一种方式

现在，当服务器运行时，它将自动连接到 Firebase 并让开发者使用 Admin SDK 与用户交互，这样开发者就能够通过了解发出请求的用户是谁的方式来获取数据。为什么这很重要？你可能还记得我在前面几章中说过，服务器端路由可能很复杂，因为它涉及客户端和服务器的同步。但我们在这里并不会做非常复杂的事情，而这正是我要指出的。服务器端渲染可能很快就会变得非常复杂。

万幸的是，开发人员并不需要做任何令人畏惧的事情，他们要做的是以一种以前可能没有用过的方式使用 Redux。由于 Redux 并没有限制只能在浏览器中运行，因此也可以将其用于服务器上的状态管理。这里简要罗列了完成允许数据获取的渲染所要做的事情：

- 从前面几章存储的 cookie 中获取用户 token；
- 使用 Firebase 验证 token 并且当用户存在时获取用户；
- 如果没有有效的 token（可能过期了），清除 cookie 并将其送往登录页面；
- 如果是有效用户，则从服务器获取用户信息并向 store 发送 action；
- 根据 store 的状态渲染合适的路由组件；
- `JSON.stringify` 当前 store 的状态并将其嵌入到需要发送给浏览器的 HTML 中。

这听起来挺复杂，但别着急，只是在之前执行的服务器端渲染流程中添加了一小步。我们从 Firebase 获取数据并使用这些信息进行渲染，而不是每次都渲染相同的内容。记住，这样做的好处是“完整”地渲染应用，这样用户就可以立即看到内容。

在服务器中使用 Redux 是“通用”JavaScript 的一个很好的例子。如果 Redux 严重依赖浏览器 API，那么很难甚至不可能将它集成到服务器上，你不得不采取完全不同的方式。实际上，可以根据需要重新创建 store，根据 API 和 Firebase 的响应更新它，然后就像在浏览器中那样用 store 来渲染应用程序。图 12-10 展示了在本章上下文中看到的服务器端渲染过程。

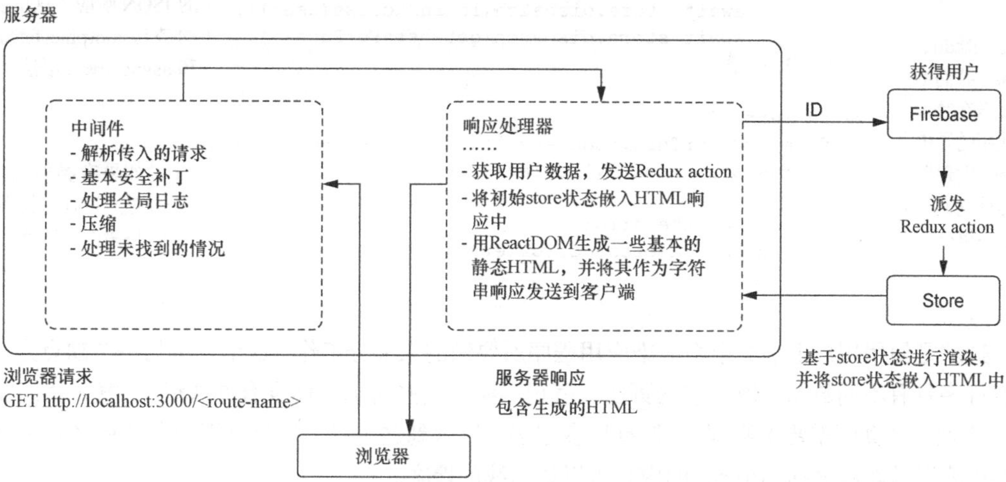

图 12-10 将数据获取作为渲染过程一部分的服务器端渲染

在这一流程中我们使用了来自浏览器的 cookie 验证用户的 token 是否有效，然后从 Firebase 获取用户并将 action 发送到服务器端创建的 Redux store 中。这里渲染的仍然是静态 HTML，但这次是使用更新后的状态进行渲染，这样应用程序就可以用新数据进行渲染了。这里还将状态嵌入到 HTML 响应中，如此浏览器就能够在服务器停下的地方继续。在执行此操作要注意的一点是，Redux store 不会在服务器的内存中被重新创建或者持久化。我曾参与过的一些项目在本地开发过程中曾短暂地发生过这样的问题，很难追踪。除了让人感到厌烦，这还意味着服务器会为每个发出请求的人渲染相同的用户数据，因为 store 状态没有被清理。这在生产环境中是无法接受的安全漏洞。我提到这一点是为了帮你认清现实，协调浏览器和服务器可能很复杂，必须小心谨慎，以便出现棘手的 bug 或者安全漏洞。

来看一下完成数据获取和渲染过程所需的代码。代码清单 12-14 展示了获取数据和处理一些（由于过期和无效 token 引起的）基本错误的初始步骤。下一步，我们使用 React-DOM 的 `renderToNodeStream` 集成异步服务器端渲染，进一步改善服务器端渲染。

代码清单 12-14 为服务器端渲染获取数据（server/server.js）

```
// ...
const store = configureStore(initialReduxState);
try {
  const token = req.cookies['letters-token'];
  if (token) {
    const firebaseUser = await firebase.auth()
                                  .verifyIdToken(token);
    const userResponse = await fetch(
      `${config.get('ENDPOINT')}/users/${firebaseUser.uid}`
    );
    if (userResponse.status !== 404) {
      const user = await userResponse.json();
      await store.dispatch(loginSuccess(user));
      await store.dispatch(getPostsForPage());.
    }
  }
} catch (err) {
  if (err.errorInfo.code === 'auth/argument-error') {
    res.clearCookie('letters-token');
  }
  // dispatch the error
  store.dispatch(createError(err));
}
//...
```

创建 Redux store 的实例

从请求的 cookie 中获取用户 token

用 Firebase 验证 token 并使用响应从 JSON API 获取用户

如果用户存在，拆包 API 的 JSON 响应（这里使用的是 isomorphic-fetch 库和 async/await 语法）

多亏 Redux-thunk，我们可以发送在登录时使用的异步 action 创建器并等待它们完成后再继续

如果有类似 token 过期这样的错误，将错误发送到 store

这就是使用用户上下文全面渲染应用程序所要做的大部分工作。这个方法的一个缺点是，如果有许多具有不同数据获取需求的页面，就很难满足这些需求。你没有办法说：“啊，我们在请求 *X* 页面，*X* 页面需要 *Y* 数据。”但有很多方法可以做到这一点，如果有兴趣了解更多有关这方面的内容以及新版 React Router 的内容可以访问我的博客。

为了完成渲染的改进工作，还需要再做些事情。首先，需要找到方法注入 React-DOM 返回

的 HTML 字符串。因为它需要与流一起工作，所以以前的模板字符串的方式需要修改。我们将使用两个函数来为应用程序编写 HTML，而不是直接注入生成的 HTML。其中一个函数将包含应用程序需要的头信息（关于应用程序的元信息、Open Graph 数据、CSS 链接等），另一个函数将在 HTML 响应中嵌入 Redux store 的状态。我们需要嵌入状态，以便浏览器接管时不会重新执行服务器已经完成的任何工作。我们希望尽量少地渲染，而不是更多。代码清单 12-15 展示了 HTML wrapper 组件，我们将把组件和 Redux store 的状态传递给它。

代码清单 12-15 嵌入 Redux 状态

应用程序的基本元数据——一些样板代码由于与当前讨论无关而被省略

```
const ogProps = {
    updated_time: new Date(),
    type: 'website',
    url: 'https://social.react.sh',
    title: 'Letters Social | React in Action by Mark Thomas from Manning
     Publications',
    description:
        'Letters Social is a sample application for the React.js book React in
    Action by Mark Thomas from Manning Publications. Get it today at
    https://ifelse.io/book'
};
```

将应用注入主 div 中，以便当 React-DOM 在浏览器端接管工作时，就不必重做服务器做过的工作

```
export const start = () => {
    return `<!DOCTYPE html><html lang="en-us">
        <head>
            <link rel="stylesheet" href="/static/styles.css" type="text/css" />
            <link rel="stylesheet" href="https://api.mapbox.com/mapbox.
    js/v3.1.1/mapbox.css" />
            <meta http-equiv="X-UA-Compatible" content="IE=edge" />
            <title>
                Letters Social | React in Action by Mark Thomas from Manning
    Publications
            </title>
            <link rel="manifest" href="/static/manifest.json" />
            <meta name="viewport" content="width=device-width,initial-scale=1" />
            <meta name="ROBOTS" content="INDEX, FOLLOW" />
            <meta property="og:title" content="${ogProps.title}" />
            <meta property="og:description" content="${ogProps.description}" />
            <meta property="og:type" content="${ogProps.type}" />
            <meta property="og:url" content="${ogProps.url}" />
            <meta property="og:updated_time" content="${ogProps.updated_time}" />
            <meta itemProp="description" content="${ogProps.description}" />
            <meta name="twitter:card" content="summary" />
            <meta name="twitter:title" content="${ogProps.title}" />
            <meta name="twitter:description" content="${ogProps.description}" />
            <meta property="book:author" content="Mark Tielens Thomas" />
            <meta property="book:tag" content="react" />
            <meta property="book:tag" content="reactjs" />
            <meta property="book:tag" content="React in Action" />
```

```
            <meta property="book:tag" content="javascript" />
            <meta property="book:tag" content="single page application" />
            <meta property="book:tag" content="Manning publications" />
            <meta property="book:tag" content="Mark Thomas" />
            <meta name="HandheldFriendly" content="True" />
            <meta name="MobileOptimized" content="320" />
            <meta name="theme-color" content="#4469af" />
            <link
                href="https://fonts.googleapis.com/css?family=
        Open+Sans:400,700,800"
                rel="stylesheet"
            />
        </head>
        <body>
            <div id="app">
    `;
};

export const end = reduxState => {
    return `</div>
        <script id="initialState">
            window.__INITIAL_STATE__ = ${JSON.stringify(reduxState)};
        </script>
        <script src="https://cdn.ravenjs.com/3.17.0/raven.min.js"
     type="text/javascript"></script>
        <script src="https://api.mapbox.com/mapbox.js/v3.1.1/mapbox.js"
     type="text/javascript"></script>
        <script src="/static/bundle.js" type="text/javascript"></script>
        </body>
    </html>`;
};
```

浏览器中的 Redux store 能够从服务器停止的地方接管，因此以 JSON 字符串格式化的形式嵌入 store

这样的话，就需要修改 Redux store 以便它可以接管。代码清单 12-16 中的代码主要做了两件事：确保每次在服务器上从头开始创建 Redux store（以防止出现前面提到的潜在 bug），并教会它从 DOM 读取初始状态。代码清单 12-16 展示了对生产 store 所做的这些小修改（开发版本不是由服务器渲染的，因此没有要接管的初始状态）。

代码清单 12-16　为 SSR 修改 Redux store（src/store/configureStore.prod.js）

```
//...
let store;
export default function configureStore(initialState) {
    if (store && !isServer()) {
        return store;
    }
    const hydratedState =
        !isServer() && process.env.NODE_ENV === 'production'
            ? window.__INITIAL_STATE__
            : initialState;
    store = createStore(
        rootReducer,
        hydratedState,
        compose(applyMiddleware(thunk, crashReporting))
```

如果是在服务器上，则希望每次都返回一个新的 store

如果不在服务器上且应用又处于生产模式，则从 DOM 上查找状态，如果找到就用它

```
    );
    return store;
}
```

现在 store 将能够从服务器嵌入的数据中读取初始状态，而不必重复工作。还剩下什么？你可能还记得在本章开头服务器端渲染有可用的异步选项。目前使用的是 React DOM 的 renderToString 方法，但它是同步的，如果很多用户同时访问应用，这可能会成为服务器的瓶颈。React 16 引入了一个用于服务器端渲染的异步选项，我们将在这里使用它。除了用 Node.js 的 streams 来替代同步方法，用法基本相同。

练习 12-2　开源代码库

你已经做了一些工作来将服务器端渲染集成到 Letter Social 应用中。你可以使用 Redux 进行服务器端渲染，但将其扩展到大型应用或引入新的数据获取需求的（如其他页面的数据），可能需要进行一些重构并重新思考如何实现服务器端渲染。有一些使用 React 进行服务器端渲染的开源库，他们可以帮助解决在服务器端渲染组件的问题。作为加深理解使用 React 进行服务器端渲染的练习，花点儿时间看看这些库和它们的源代码。你可能会惊喜地发现，通过服务器端渲染可以实现什么（优化的渲染，如 react-server）以及抽象能够让服务器端渲染变得多容易（如 Next.j）。

如果以前使用过 Node.js，那么可能会比较熟悉 streams。如果没有，也没关系。Node.js 中的 Streams 是处理流数据的抽象接口，包括读或写文件、转换和压缩图像以及处理 HTTP 请求和响应。代码清单 12-17 展示了如何利用 React-DOM 的新 API——renderToNodeStream。

代码清单 12-17　异步服务器端渲染（server/server.js）

```
res.setHeader('Content-type', 'text/html');
res.write(HTML.start());
const renderStream = renderToNodeStream(
    <Provider store={store}>
        <RouterContext {...props} />
    </Provider>
);
renderStream.pipe(res, { end: false });
 renderStream.on('end', () => {
    res.write(HTML.end(store.getState()));
    res.end();
});
```

- 写入 Content-type 头信息，这样浏览器就可以知道预期的内容类型
- 浏览器应该尽可能快地开始加载页面，因此先把应用的第一部分发送出去
- 创建一个用于应用渲染的流
- 用管道将渲染的应用连到浏览器上，但不要结束流
- 当流触发了结束事件并且渲染也完成了，发送剩余的 HTML 并结束响应

有了这些，Letter Social 现在就完全渲染给用户了。使用开发者工具检视文档加载过程并查看服务器发送的内容，就可以直接观察到这一点了（图 12-11 展示了与你看到的内容类似的画面）。如果在生产模式下运行应用，可能会看到速度上的差异，但在 Chrome 或 Firefox 的开发者工具中，可以逐帧查看应用程序的加载情况。你会看到服务器正在发送一个完整的 Web 页面，而不只是在应用程序加载完成之后渲染。

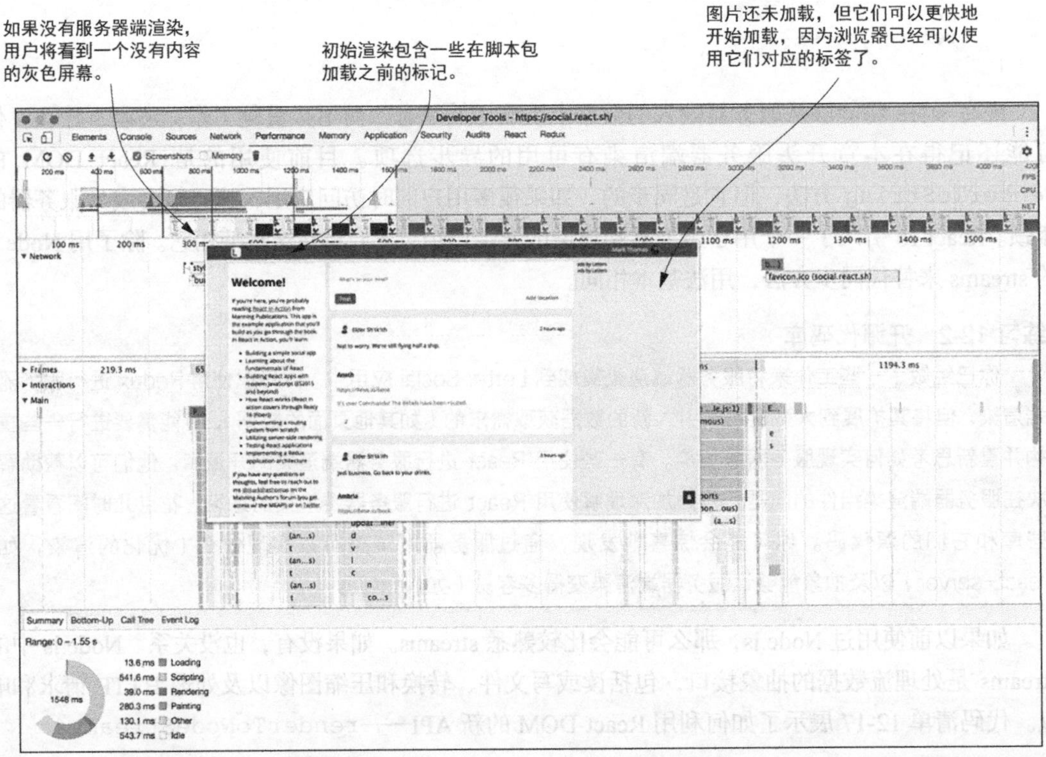
如果没有服务器端渲染，用户将看到一个没有内容的灰色屏幕。
初始渲染包含一些在脚本包加载之前的标记。
图片还未加载，但它们可以更快地开始加载，因为浏览器已经可以使用它们对应的标签了。
Developer Tools - https://social.react.sh/
Welcome!

图 12-11　如果使用 Chrome 开发者工具检视 social.react.sh 的 Performance 选项卡，我们将看到服务器正在发送已被完全渲染的 HTML，而不是等到应用包加载完毕后才开始渲染应用

12.8　小结

在本章中，我们讨论了如何将服务器端渲染功能构建到应用中。正如我们看到的，它可能涉及应用的很多方面，包括路由、数据获取和状态管理（Redux）。

- 服务器端渲染（SSR）是在服务器上为发送到客户端的 UI 生成静态标记。使用 React 的 SSR 涉及使用 React-DOM 渲染 React 在客户端运行时可以复用的 HTML 字符串（`ReactDOM.renderToString()`）或者使用 React-DOM 渲染在浏览器上保持静态的静态标记（`ReactDOM.renderToStaticMarkUp()`）。
- 并不是所有的 JS 框架和库都被构建用于处理 SSR，但 React 是，它可以“接管”在服务器上生成的标记而无须在浏览器上重新渲染已有元素。
- 使用像 React Router 这样的路由解决方案可以让开发者在客户端和服务器之间共享路由，以及跨平台共享一些代码。
- SSR 的实现可能非常复杂并且只在某些情况下才有意义。这些情况包括：当特别关注 SEO

时，当应用程序的关键路径需要较短的白屏时间时，或是当使用 React 作为静态标记生成器时。

- 通常只有在服务器发送的页面有效负载不太大时，SSR 所能提供的性能收益才会实现（这样就不会比之前花费更长时间加载）。更长的响应时间和更多的数据可能消除原本可以实现的较短的白屏时间。
- SSR 要求开发者考虑应用的哪些部分会在服务器上运行而哪些部分不会。那些需要浏览器环境的特性需要经过修补才能在服务器上工作，或者应该对这些特性进行处理以便不让它们在服务器上运行。
- 通过同步客户端和服务器之间的身份验证状态以及在服务器上做必要的数据获取工作来实现服务器上的“完整”渲染。
- 尽管有其他的 JS 平台实现，但 SSR 实际上要求运行一个 Node.js 服务器，或者至少调用一个 Node.js 服务器来生成 HTML 发送给客户端。

在下一章中，我们将简要地看看 React Native，并结束我们学习 React 基础知识的旅程。

第 13 章　React Native 介绍

本章主要内容

- React Native 概述
- React 和 React Native 之间的差异
- 了解更多 React Native 的方法

至此，我们已经学习了使用 React 的基础知识，实现了路由器，探索了 Redux，了解了服务器端渲染，甚至过渡到使用 React Router。还有什么可以学的？在 React 生态和社区中仍有许多值得学习和探索的地方。本章将从更高的层次了解 React Native——React 生态中由 Facebook 开发的另一个项目。使用 React Native 可以编写在 iOS 和 Android 这样的手机平台上运行的 React 应用程序。这意味着可以编写在 React Native 现在或未来目标平台（智能手机或其他任何平台）上运行的应用程序。在以类似 React 方式构建移动应用时，React Native 提供了出色的开发体验，这是 React Native 在 React 社区中变得越来越重要和越来越流行的主要原因。

由于 React Native 和移动开发涉及的领域非常广，我将让对 React Native 的讨论保持简明扼要，并主要聚焦在高层概念上。在本章结束时，读者应该了解 React Native 是什么以及为什么要使用它，同时还会了解如何开始学习更多有关它的知识。

13.1　介绍 React Native

在 React Native 出现之前，创建移动应用程序时会有几个选择。可以使用 iOS 和 Android 平台以及可用的语言，也可以选择一种可用的 hybrid 方法。虽然 hybrid 的实现方式各不相同，但它们通常使用了 Web 视图（可以认为是“移动端浏览器”）并暴露了一些原生 SDK 的接口。这种方法的一个缺点是虽然可以让开发者编写允许使用许多熟悉的 Web API 和风格的原生应用程序，但应用程序并不是“真正的原生”，并且有时在性能上和整体感觉上会有明显的差异。好处是没有移动开发经验的团队或开发人员也可以使用 Web 开发相关的技能并能够创建移动端应用程序。

移动开发主题以及平台、语言和硬件如何在这个世界扮演不同的角色超出了本书的范围。但 hybrid 与全原生方法之间的选择与 React Native 的讨论相关，因为 React Native 提供了一种新的可选方案。使用 React Native 可以构建“真正原生”的应用程序，但你可以结合使用 JavaScript 和平台特定的代码（如 Swift 或 Java）。

React Native 的目标是，将 React 构建用户界面的风格和概念带到移动应用程序的开发中，并融合移动和浏览器开发的最佳方面。它鼓励跨平台共享代码（同时针对 iOS 和 Android 设备的组件），允许在合适的地方编写原生代码，并编译成原生应用程序——同时使用许多与 React 类似的风格。

让我们看一下 React Native 的一些高级特性。

- 使用 React Native，可以编写使用原生代码（Swift 或 Java）的 JavaScript 应用程序并编译成运行在 iOS 或 Android 上的原生应用程序。
- React Native 可以在 Android 和 iOS 上创建相同的 UI 元素，潜在地简化移动应用程序的开发。
- 开发人员可以在需要时添加自己的原生代码，因此并没有限制只使用 JavaScript。
- React Native 应用与 React 共享习语，并且在某些情况下提供相同的组件驱动、声明性概念以及 API，在设计 UI 时使用。
- 用于构建 React Native 应用程序的开发者工具允许重新加载更改后的应用程序而无须等待很长的编译周期。这通常可以节省开发人员的时间并带来更愉快的体验。
- 共享代码和针对多个平台的能力有时可以减少投在构建特定应用或项目的工程师数量；也可以减少维护的代码库，让工程师可以更轻松地在 Web 和原生平台之间切换。
- 可以将 React Web 应用的逻辑和其他方面与 React Native 应用共享，如业务逻辑，甚至某些情况下的样式。

React Native 如何工作？它可能看起来像是某种神秘的黑盒子——接收 JavaScript 并输出编译后的原生应用。要使用它，并不需要了解 React Native 的每个部分如何工作，就像不需要知道 React-DOM 的细节也可以编写出色的 React 应用程序一样。但对正在使用的技术至少有个有效的了解往往是有帮助的。

使用 React Native 可以创建混合 JavaScript 和原生代码的应用程序。React Native 通过在应用程序和底层移动平台之间创建某种桥梁来使之成为可能。大多数移动设备都可以执行 JavaScript，React Native 正是利用这一点来运行 JavaScript。当 JavaScript 与任何原生代码一起执行时，React Native 的桥接系统使用 `React` 核心库和其他库将组件的层次结构（包括事件处理、状态、属性和样式）转换为移动设备上的视图。

当发生更新（例如，用户按下按钮）时，React Native 将原生事件（按下、摇动、地理定位事件或其他任何事件）转化为 JavaScript 或原生代码可以处理的事件，它还根据状态或属性的更改来渲染适当的 UI。React Native 还会打包所有代码并进行必要的编译，以便可以将应用程序发布到苹果应用商店或谷歌的 Play Store。

关于这些过程以及 React Native 的工作方式还有很多东西，但是在设备上运行的 JavaScript 与原生平台 API 和事件之间进行转换的基本过程就是 React Native“魔力”发生的地方。结果是一个不但可以使用而且在性能方面没有打折扣的平台。这是以前移动应用 hybrid 方法所面对问题的一个很好的折中，而且这也避免了传统移动开发的一些痛点。图 13-1 说明了其工作原理的概览。

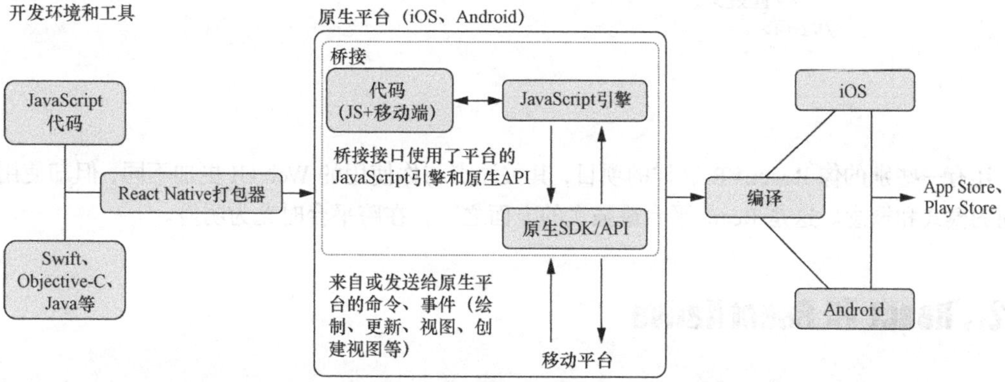

图 13-1　React Native 通过在 JavaScript 和底层原生平台之间创建桥接的方式来工作。大多数原生平台实现了 JavaScript 虚拟机或其他原生运行 JavaScript 的方式。该桥接方式支持运行应用程序的 JavaScript。React Native 桥接系统将在底层平台和 JavaScript 之间传递消息，以便将原生事件转换为 React 组件可以理解和响应的事件

这听起来与本书所学的 React 有所不同，在很多方面确实如此。但比差异更重要的是相似之处。我将在下一节介绍更多内容，可以查看代码清单 13-1 中的代码，看看 React Native 组件与目前使用的组件有多少相似之处。

尽管我在本章中没有介绍如何搭建 React Native 项目，但仍然可以看出代码清单 13-1 中的代码所做的工作。你可以用手机扫描二维码来查看 React Native 练习应用。这是尝试 React Native 的一个很好的方式，无须进行任何搭建或配置。

可能会注意到一件重要的事情，组件的元素（View、Text）类似于前面几章组件中的 `div` 和 `span` 元素。这是宽泛的 React 概念跨平台存在的例子。组件的各个元素是什么并不重要，重要的是可以复用以及组合它们，如代码清单 13-1 所示。

代码清单 13-1　React Native 示例组件

即使在原生应用中，仍然可以使用常规的 React.Component

React Native 内置了构建移动应用的基本要素

```
import React, { Component } from 'react';
import { Text, View } from 'react-native';
```

```
export default class WhyReactNativeIsSoGreat extends Component {
    render() {
        return (
            <View>
                <Text>
                    If you like React on the web, you'll like React Native.
                </Text>
                <Text>
                    You just use native components like 'View' and 'Text',
                    instead of web components like 'div' and 'span'.
                </Text>
            </View>
        );
    }
}
```

可以使用 React Native 组合组件，这里的 view 组件就像浏览器中的 div 标签（常用布局组件）

Text 更像是浏览器中的 span 标签

还有一些别的像 React VR 这样的项目，其关注点与你使用的 Web UI 更加不同，但却使用了相同的模式和概念。这是 React 平台最强大的方面之一，在跨平台时尤为明显。

13.2 React 和 React Native

React 和 React Native 有多相似？除共享名称之外，它们都使用了 `React` 核心库，但针对的是不同的平台（浏览器和移动设备）。本节将简要介绍 React 和 React Native 的一些异同之处。让我们比较一下 React 和 React Native 的一些重要方面。

- 运行时——React 和 React Native 针对的是不同的平台。React 针对浏览器，因此着重于使用浏览器特定的 API。你可以在每个 API 中看到这方面的一些结果。例如，class、ID 以及其他属性在基于 Web 的 React 组件中很常见。原生平台使用不同的布局和样式语义，因此在 React Native 组件上不会看到太多这样的属性。基于浏览器的应用和移动端的应用还在不同类型的设备上运行，因此，在考虑 React 和 React Native 时，不应该忽视线程、CPU 利用率以及底层技术的其他差异等。
- 核心 API——许多 React 特定的 API（如在组件生命周期、状态、属性等中使用的 API）在 React 和 React Native 中是相似的。但每个平台为网络、布局、地理定位、资源管理、持久化、事件和其他重要领域实现了不同的 API。React Native 旨在从面向浏览器的世界引入一些熟悉的 API，像用于网络的 Fetch API 和用于布局的 Flexbox API。React Native 也会暴露事件，但它们针对的更多是移动平台（如 `OnPress`）。这些差异可能是一个小的障碍，但幸运的是，有些库可以帮助消除 Web 和原生 API 之间的差异，如 `react-primitives`。
- 组件——基于 Web 的 React 项目没有“内置”组件（例如，用于图片、文本布局或其他 UI 元素）。开发人员需要自己创建这些组件。相对地，React Native 包含了用于文本、视图、图片等的组件。这些是为移动应用创建 UI 时所需的基本类型，类似于浏览器环境的

DOM 元素。

- React 核心库的使用——React 和 React Native 都使用 React 核心库进行组件定义。每个项目使用不同的渲染系统将所有内容连接在一起并与设备（浏览器或移动设备）进行交互。用于 Web 的 React 使用 react-dom 库，而 React Native 实现了自己的系统。这种做法让使用者能够用类似的方式跨平台地编写组件。
- 生命周期方法——React Native 组件也具有生命周期方法，因为它们继承自相同的 React 基类，并且这些方法由平台特定的系统（React-DOM 或 React Native）处理。
- 事件类型——React-DOM 实现了一个综合事件系统，它允许组件以标准的方式处理浏览器事件，移动应用程序暴露了其他事件。一个例子是手势。使用者可以用手势在触摸设备上进行平移、缩放、拖动等更多操作。用 React Native 组件编写的组件允许响应这些事件。
- 样式——由于 React Native 并不针对浏览器，因此需要以稍微不同的方式设计组件的样式。常规的移动开发中没有 CSS API，但可以将大多数 CSS 属性用于 React Native。React Native 提供了特定的 API，但属性之间不可能做到一一对应。以 CSS 动画为例。CSS 规范和浏览器实现它的方式与 iOS 和 Android 支持和实现动画的方式不同，因此需要以不同的方式制作动画并为每个平台使用正确的 API。学习用于样式的新 API 需要花费时间并且会阻碍在 Web 和原生项目之间直接共享 CSS 样式。然而，值得庆幸的是，有些库可以处理 React 和 React Native，如 styled-components。随着 React Native 日益普及，我们应该会看到更多这样的跨平台库被开发出来。
- 第三方依赖项——与 React 一样，仍然可以将第三方组件库用于 React Native。许多流行的库（如 React Router 和 styled-components）甚至包括针对 React Native 的变种（如前所述）。React Native 最吸引人的一个方面是它仍然可以利用 JavaScript 模块生态系统。
- 分发——虽然可以将 React 应用程序部署到几乎任何现代浏览器中，但 React Native 应用程序需要平台特定的分发工具来进行开发和最终发布（如 Xcode）。通常需要使用 React Native 构建过程来编译应用程序以进行最终上传。iOS 和 Android 工具的“walled garden”性质是开发移动应用程序的众所周知的权衡。
- 开发工具——针对 Web 的 React 运行在浏览器中，因此可以得益于任何浏览器特定的工具来辅助调试和开发。对于 React Native，并不需要有平台特定的工具，但工具仍然有用。项目间的一个关键区别是 React Native 专注于热加载，而默认情况下这并不属于 React。热加载可以加速移动开发，因为不必等待应用程序编译。图 13-2 展示了使用 React Native 时可以访问的一些开发者工具的示例。

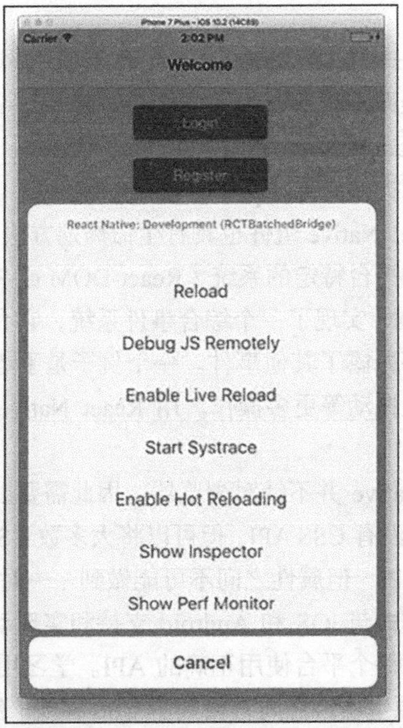

图 13-2　React Native 附带了许多有助于性能、调试和其他功能的开发者工具。这些工具还意味着，尽管仍然可以使用平台特定的工具进行开发，但开发者对 Xcode 这类开发工具的严格依赖降低了。虽然有很多原因，但 React Native 提供的出色的开发人员体验似乎是它作为一项技术被普遍接受的一个原因

13.3　何时使用 React Native

并不是每个开发人员或团队都需要 React Native。让我们想象几个可能会遇到的场景，看看 React Native 是否是应该考虑的东西。

- 独立开发者——如果你第一次学习 React 或者只是将它用于辅助项目，学习 React Native 可能是因为乐趣，或者是因为从事移动项目开发。如果没有深厚的原生开发经验但想要轻松地使用它或拥有更直接的应用程序，那么 React Native 也是个不错的考虑对象。如果已经了解 React，那么利用一些熟悉的概念来使用 React Native 进行移动开发是有意义的。
- 小型跨职能团队——小型创业公司通常处于这样的位置：工程师将在广泛的技术栈中工作，从服务器到客户端应用程序（Web、移动或其他）。这种情况下，React Native 有时可以让那些组织中身兼多职的工程师在没有丰富移动开发经验的情况下进行移动应用开发并让他们的 React 技术能力得以延续。这也适用于想要在应用或项目间轻松调动工程师的大型组织。
- 具有很少或者中等原生开发经验的团队——如果开发者或团队只有很少或中等移动开发经验，但熟悉 React 和 JavaScript，那么 React Native 可以更容易地将产品快速地整合起

来。经验无可替代，但无须全部使用 Swift（iOS）或 Java（Android）可能会节省时间。

- 拥有深厚的原生开发经验的团队——有些团队之所以选择 React Native，并不是因为它在某些方面降低了移动开发的门槛，而是因为它有助于在业务应用（移动和桌面）的各种实现中使习惯用法和模式标准化。但是，如果这不是一个问题而且你已经在移动开发上拥有丰富的经验并投入了大量时间，那么 React Native 可能需要进行更仔细的评估，以确定团队是否会从可用的抽象和模式中受益。

当考虑 React Native 时，除了要考虑团队和专业知识，还应该意识到现有技术固有的一些限制。

- JavaScript 的使用——如果团队或组织没有任何专注于 JavaScript 的开发人员或者已经具有丰富的移动开发经验，那么将工程师转到 JavaScript 和以 JavaScript 为中心的生态可能没有什么意义，这没问题。像用于 Web 的 React 一样，React Native 不是银弹，应该根据权衡利弊进行评估，而不是根据围绕着它的炒作进行评估。
- 特定的性能需求——React Native 是高性能的，但作为一种抽象事物，它可能对开发者或团队要达成的特定性能的目标造成另一个障碍。例如，如果应用的主要目标是渲染 3D 场景，那么 React Native 可能不是最合适的，其他框架（如 Unity）可能更适合。这与我刚刚提到的"React 不是银弹"的想法相契合，而且我已经尝试在前面几章中坚持这个观点。
- 高度专业化的应用程序——有些应用程序的类型不太适合 React 模型。增强现实（AR）、图形密集型或其他高度专业化的应用程序通常需要特定的库和大多数 Web 工程师不具备的技能。这并不是说不能用 React Native 来完成工作，但到目前为止 React Native 并未专注于解决这些需求。
- 内部应用——有时，大公司会开发内部使用的应用来帮助员工以各种方式更好地完成工作。React Native 非常适合这类应用程序，因为这些应用程序的 UI 通常相对简单而且可以由不擅长移动开发的工程师快速迭代。

当然，一项技术是否对使用者的使用场景有意义最终要由使用者和团队评估，但希望读者现在能够更好地了解使用 React Native 的时机。

13.4 最简单的"Hello World"

虽然我不会介绍如何将 React Native 与 Letters Social 集成，但本节还是会花点时间介绍一个基本的"Hello World"示例，以便可以看到 React Native 的实际效果。我们将在 Letters Social 的代码仓库之外工作，因此请随意将应用代码放在任何想要跟踪的地方。运行代码清单 13-2 中的命令即可开始。

代码清单 13-2 安装 create-react-native-app

```
cd ./path-to-your-react-native-sample-folder

npm install -g create-react-native-app

create-react-native-app .
```

运行完这些命令后，应该能够看到在所选的目录中创建了许多文件以及一些指令。这些命令与 Create React App（一个专注于 Web 平台的 React.js 的类似的项目）中的命令类似。图 13-3 显示了当开始使用 Create React Native App 库时应该看到的内容。

```
~/Code/oss/letters-native 6s
△ yarn start
yarn start v1.0.2
$ react-native-scripts start
00:16:28: Starting packager...
Packager started!

To view your app with live reloading, point the Expo app to this QR code.
You'll find the QR scanner on the Projects tab of the app.
```

```
Or enter this address in the Expo app's search bar:

  exp://10.0.1.5:19000

Your phone will need to be on the same local network as this computer.
For links to install the Expo app, please visit https://[redacted]o.io.

Logs from serving your app will appear here. Press Ctrl+C at any time to stop.

 › Press a to open Android device or emulator, or i to open iOS emulator.
 › Press q to display QR code.
 › Press r to restart packager, or R to restart packager and clear cache.
 › Press d to toggle development mode. (current mode: development)
```

图 13-3 当在开发模式下启动应用程序时，应该会看到 React Native 打包程序启动并看到类似此处所示的消息。按照指示确保在本地计算机上设置了 Expo XDE。根据所选的目标环境，打开 Android 或 iOS 模拟器

Create React Native App 工具安装了一些依赖项，创建了一些样板文件，设置了构建过程，并将 Expo React Native 工具包集成到项目中。Expo SDK 扩展了 React Native 的功能，使处理硬件技术变得更加容易。Expo XDE 开发环境使管理多个 React Native 项目变得容易，也让构建和部署变得轻松。

你不会构建任何实质性的东西，但可以思考并体验一下使用 React Native 开始构建应用程序是多么容易。一旦使用 `yarn start` 运行 React Native 打包器，打开其中一个模拟器（Android 或 iOS），就可以看到正在运行的应用程序。替换掉一些样板代码就能看到热加载的发生。代码清单 13-3 展示了一个简单的组件，它在挂载后会从星球大战 API 获取一些数据。请注意，React Native 已经使用了 Flexbox 和 Fetch 这样的现代 Web API（在前面几章中使用了 Fetch 的 polyfill）。

代码清单 13-3 简单的 React Native 示例（App.js）

```
import React from 'react';
import { StyleSheet, Text, View } from 'react-native';

export default class App extends React.Component {
    constructor(props) {
        super(props);
        this.state = {
            people: []
        };
    }
    async componentDidMount() {
        const res = await fetch('https://swapi.co/api/people');
        const { results } = await res.json();
        this.setState(() => {
            return {
                people: results
            };
        });
    }
    render() {
        return (
            <View style={styles.container}>
                <Text style={{ color: '#fcd433', fontSize: 40, padding: 10 }}>
                    A long time ago, in a Galaxy far, far away...
                </Text>
                <Text>Here are some cool people:</Text>
                {this.state.people.map(p => {
                    return (
                        <Text style={{ color: '#fcd433' }} key={p.name}>
                            {p.name}
                        </Text>
                    );
                })}
            </View>
        );
    }
}
```

不像 React，React Native 为 UI 提供了基础组件

构造函数、状态初始化以及生命周期方法在 React 和 React Native 中是一样的

也可以在 React Native 应用程序中使用像 async/await 这样的现代 JavaScript 特性

即使样式与在 React Native 中看起来比较相似，但这里不是在使用 CSS

JSX 表达式在 React Native 和 React 中是一样的

```
const styles = StyleSheet.create({
  container: {
    flex: 1,
    backgroundColor: '#000',
    alignItems: 'center',
    justifyContent: 'center'
  }
});
```

在 React Native 中创建样式表需要使用它的 Stylesheet API 对组件进行样式设置

如果对应用进行了更改，应该会看到打包器实时响应并更新正在运行的应用程序，如图 13-4 所示。我希望这能让你了解在 React Native 中构建应用程序是多么容易。你可能习惯于在 Web 上进行热加载，但对移动开发来说，编译-检查-重新编译的周期可能会占用大量时间。

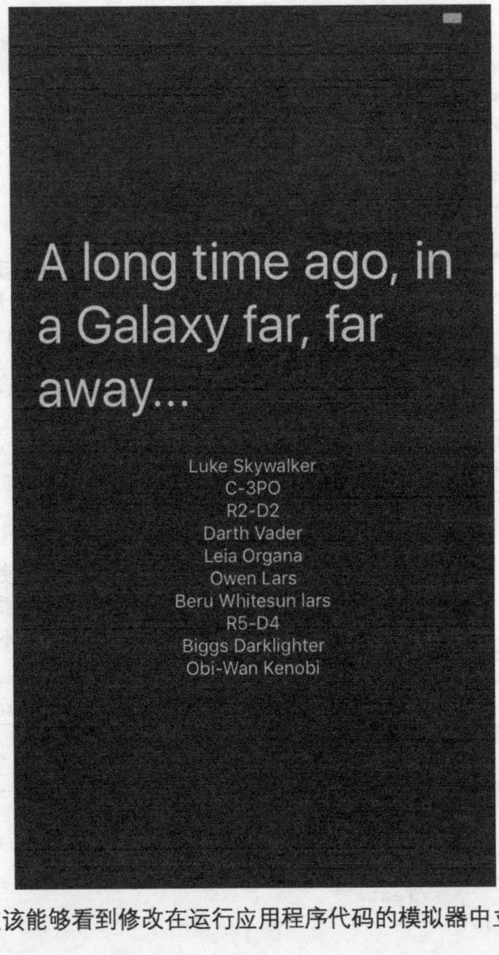

图 13-4 应该能够看到修改在运行应用程序代码的模拟器中立即得到反映

至此，已经创建了第一个 React Native 组件，并给出了相关的代码，这可以让你简要了解该技术的工作原理以及使用起来有多容易。

13.5 下一站

在 React 文档、库生态及社区中你会看到的短语之一是“一次学习，到处编写”（learn once, write anywhere）。这是对 Java 社区中流行的“一次编写，到处运行”（learn once，run anywhere）这个短语的一种致敬，这也是 React 范例的标志之一。正如我们在本章中所看到的，你可以学习 React 概念并将其应用于各种平台（从 Web 到移动再到 VR）。每当学习如何在新平台上使用 React 时，都会有平台特定的差异和细微差别，但大部分 React 知识都可以轻松转换。这就是使用 React 如此令人愉快原因之一。

如果想继续学习 React Native，有很多资源可供查看。一个是 Nader Dabit 的 *React Native in Action*，如图 13-5 所示，它可以与本书很好地搭配起来使用，因为它让你从学完 React 后继续学习，并对 React Native 做了一个极好的介绍。你运用到目前为止从本书中习得的知识，并借助这个势头投身于使用 React Native 构建移动应用程序。如果团队正在考虑将 React Native 用于接下来的项目，那么它也是一个很好的资源。

图 13-5 Nader Dabit 的 *React Native in Action* 为 iOS、Android 和 Web 开发人员提供了构建强大、复杂的 React Native 应用程序所需的技能。如果你仍然对 React 感到好奇，那么它是接下来的最佳选择

让你开始使用 React Native 的另一个好资源是 Create React Native App 项目。Create React

Native App 为新 React Native 项目提供了一个很好的起点，并为刚开始使用 React Native 的人提供了一个很好的示例应用。它包含一些用于构建 React Native 应用程序的预设库和工具，但允许“卸去”并重置为默认值。如果对 Create React App 或 Create React Native App 感兴趣，请在 GitHub 上查看 Create React Native App、Create React App 和 React Native 文档。

13.6 小结

回顾一下本章学到的内容。

- React Native 是 React 生态中的一项技术，开发人员可以使用该技术编写在移动 iOS 和 Android 设备上运行的 React 应用程序。
- React Native 使用 `React` 核心库来创建组件，但使用不同的库处理原生平台上应用程序的渲染以及处理与底层平台的交互（触摸事件、地理位置、摄像头访问等）。
- React Native 处理 JavaScript 与底层移动平台的桥接。
- React Native 使用许多与 Web API 相同或相似的 API。它使用 Flexbox 进行布局，使用 Fetch 处理网络请求，并且使用其他常见的 API。
- 在构建 React Native 应用程序时，可以混合 JavaScript 和原生代码。
- React Native 为开发和编译应用提供了一组强大的工具。
- React Native 的热加载开发工具通过不让使用者每次等待应用程序重新编译来节省时间。
- 使用 React Native 可以帮助使用者或团队降低移动开发的门槛。
- 不要想将 React Native 用于所有类型的移动应用程序，但是对大多数典型的移动应用来说它应该足够了。
- Nader Dabit 的 *React Native in Action* 是 React 旅程中下一个值得考虑的好资源。